园林建筑与景观设计

主　编：徐茜茜
王欣国
孔　磊
副主编：赵明晶

光明日报出版社

图书在版编目（CIP）数据

园林建筑与景观设计 / 徐茜茜, 王欣国, 孔磊编著. -- 北京 : 光明日报出版社, 2016.8

ISBN 978-7-5194-1548-8

Ⅰ. ①园… Ⅱ. ①徐… ②王… ③孔… Ⅲ. ①园林建筑–景观设计 Ⅳ. ①TU986.4

中国版本图书馆CIP数据核字(2016)第182565号

园林建筑与景观设计

编　　者：徐茜茜　王欣国　孔　磊　赵明晶

责任编辑：李　娟　　封面设计：海星传媒

责任校对：邓　贝　　责任印制：曹　　净

出版发行：光明日报出版社

地　　址：北京市东城区珠市口东大街5号，100062

电　　话：010-67022197（咨询），67078870（发行），67078235（邮购）

传　　真：010-67078227，67078255

网　　址：http://book.gmw.cn

E - mail：gmcbs@gmw.cn　lijuan@gmw.cn

法律顾问：北京德恒律师事务所龚柳方律师

印　　刷：三河市明华印务有限公司

装　　订：三河市明华印务有限公司

本书如有破损、缺页、装订错误，请与本社联系调换

开　　本：710 × 1000　1/16

字　　数：310千字　　印　张：20.25

版　　次：2017年5月第1版　　印　次：2018年5月第2次印刷

书　　号：ISBN 978-7-5194-1548-8

定　　价：62.00元

前　言

在人类长期的造园实践中，对于园林建筑的艺术布局、位置经营、景观设计等方面都积累了丰富的经验，尤其是在中国古典园林中，园林建筑往往作为园林的主景而布置在园林中，同时园林建筑也是园林中可赏、可游、可居的重要场所。现代园林中，植物景观已成为了园林的主角，园林建筑的比重大量地减少，使得园林的要素失衡。园林建筑作为造园四要素之一，是一种独具特色的建筑类型，既要满足建筑的使用功能要求，又要满足园林景观的造景要求，并与园林环境密切结合，与自然融为一体。

中国园林建筑艺术是我国传统文化艺术宝库中的一朵奇葩，在世界园林建筑艺术史上占据极高的地位。现在中国园林建筑的靓影遍及世界各地，成为中华民族的象征之一。如今中国正处于重构乡村和城市景观的重要历史时期。中国文化面临着西方文化的强烈冲击，我们面临的是，如何传承中华民族文化，重建中华民族的精神信仰。

有些人可能会把园林建筑和其它的建筑混为一谈，事实上，它们无论在情趣、构图原则、与环境的关系、空间处理以及立体造型上都存在着极大的差异和彼此独特的风格。虽然园林建筑在园林中的比例少了，但是这并不意味着其地位的降低。正好相反，我们应该在认真学习和借鉴古典园林造园经验的基础上，结合现代园林的特点，创作出具有时代特征的园林建筑精品，使园林建筑在景观创造、休闲游憩以及生活服务等方面发挥更大的作用。本书根据一些经典的建筑作品浅谈一些园林建筑设计的经验及想法。

本书由徐茜茜、王欣国、孔磊、赵明晶编写。编写情况如下：

徐茜茜（重庆应用技术职业学院）编写第一章、第二章、第三章计

12万字；

王欣国（岭南园林股份有限公司）编写第四章、第六章、第七章计12万字；

孔　磊（合肥师范学院艺术传媒学院）编写第五章、第九章、第十章计11万字；

赵明晶（沈阳工学院）编写第八章 计3万字 。

为了使大家对园林建筑与景观设计有一个更加理性、深刻的认识和了解，本书从园林建筑的基本理论入手，通过对园林风格与景观设计的研究、空间关系和实用功能的分析，阐述了园林建筑景观设计对于现代生活的重要作用。

目　　录

第一章

园林建筑

第一节 园林建筑概述

建筑是人们按照一定的建造目的、运用一定的建筑材料、遵循一定的科学与美学规律所进行的空间安排，是物质外显与文化内涵的有机结合。换言之，建筑是空间的“人化”，是空间化了的社会人生。

园林建筑是建造在园林和城市绿化地段内供人们游憩或观赏用的建筑物。常见的有亭、榭、廊、阁、轩、楼、台、舫、厅堂等。园林建筑在园林中主要起到以下几方面的作用：一是造景，即园林建筑本身就是被观赏的景观或景观的一部分；二是为游览者提供观景的视点和场所；三是提供休息及活动的空间；四是提供简单的使用功能，诸如小卖部、售票、摄影等；五是作为主体建筑的必要补充或联系过渡。

中国的园林建筑历史悠久，在世界园林史上享有盛名。在3000多年前的周朝，中国就有了最早的宫廷园林。此后，中国的都城和地方著名城市无不建造园林。中国城市园林丰富多彩，在世界三大园林体系中占有光辉的地位。

中国园林建筑包括宏大的皇家园林和精巧的私家园林，这些建筑将山水地形、花草树木、庭院、廊桥及楹联匾额等精巧布设，使得山石流水处处生情，意境无穷。

以山水为主的中国园林风格独特，其布局灵活多变，将人工美与自然美融为一体，形成巧夺天工的奇异效果。这些园林建筑源于自然而高于自然，隐建筑物于山水之中，将自然美提升到更高的境界。

中国园林的境界大体分为治世境界、神仙境界、自然境界三种。中国儒学中讲求实际、有高度的社会责任感、重视道德伦理价值和政治意义的思想反映到园林造景上就是治世境界。这一境界多见于皇家园林，著名的皇家园林圆明园中约一半的景点体现了这种境界。

神仙境界是指在建造园林时以浪漫主义为审美观，注重表现中国道家思想中讲求自然恬淡和修养身心内容的境界这一境界在皇家园林与寺庙园林中均有所反映，例如圆明园中的蓬岛瑶台、四川青城山的古常道观、湖北武当山的南岩宫等。

自然境界重在写意，注重表现园林所有者的情思。这一境界大多反映在文人园林之中，如宋代苏舜钦的沧浪亭，司马光的独乐园等。

我国园林建筑历史悠久，具有卓越的成就和独特的风格。经过长时期的封建社会，园林建筑逐步形成了一种成熟的独特体系，不论在规划上，建筑群，建筑空间处理，还是建筑细部装饰，都具有卓越的成就与贡献，而且在世界建筑史上占有极其重要的地位。中国建筑经过数千年继承演变，流布极广大的区域。民舍以至宫殿，均由若干单个独立的建筑物集合而成；而这单个建筑物，由古代简陋的胎形，到近代穷奢极巧的殿宇，均保持着三个基本要素：台基部分、柱梁或木造部分、屋顶部分。三个部分中，最庄严美丽、迥然殊异于西方建筑、为中国建筑博得最大荣誉的，自是屋顶部分。而屋顶的特殊轮廓，更为中国建筑外形上显著的特征。在这优美轮廓线上点缀着的是一些出自于动物原形并经过艺术加工的一种特殊的饰件——吻兽。这些美丽的装饰品有的在屋顶的正脊，有的在垂脊和岔脊上，有的在屋檐上，被称为中国建筑装饰的一大特点。

中西园林的不同之处在于：西方园林更多的是展现理性的精神力量，而非以建筑为主。在西方园林中，真正的建筑所占的面积很小，大多数以精神思维的表现具象化为主；中国园林则以自然景观和观者的美好感受为主，更注重天人合一。

中华文化的悠久历史和丰富资源，使我国文化产业孕育着产生巨大财富的机遇，文化产业吸引投资的领域不断扩大。各地各有关部门坚持以政府为主导、以公共财政为支撑、以基层为重点，大力发展文化事业。通过政府主导、引导多元投入，各地公共文化服务投入方式日趋多样化，多元投入机制正在形成。园林古建筑行业以及“文化产业”和“城市绿化”两个概念，近来受到更多商家的追捧。

园林古建筑行业作为受固定资产影响较大的行业，在城镇化的大背景下保持着较快的增长势头。以大唐芙蓉园为代表的城市园林古建筑运营模式、以宋城文化为代表的影视文化园林古建筑运营模式纷纷取得超额收益，并得到业界认可。与此同时，随着环境问题日益凸显，全社会日益重视生态环境。

园林绿化能够美化、改善人居环境。随着各地园林绿化水平的提高，园林绿化在功能上也有了新的拓展。比如利用植物营造一种隐性的围墙，增加住宅的私密性；位于高速公路附近的小区，可以利用植物打造绿色的屏障，使得车内的人无法在高速公路上看到小区，同时也起到隔音、降噪的作用。新建的园林项目都有更大的绿量要求，过去是“前人栽树，后人乘凉”，如今是“现在栽树，现在乘凉”，通过加大绿量可以快速改变城市面貌。园林绿化对植物多样性的要求越来越高，植物的多样性能带来景观的多样性，减少病虫害的发生。例如厦门一个小区所用植物就高达200多种，东北高寒地区有的公园应用的植物品种也达到80多种。植物在养生、医疗、环保等领域发挥着越来越大的作用。

建筑作为园林的要素最早可以追溯到商周时代苑、囿中的台榭。魏晋以后，在中国自然山水园中，自然景观是主要观赏对象，因此建筑要和自然环境相协调，体现出诗情画意，使人在建筑中更好地体会自然之美。同时自然环境有了建筑的装点往往更加富有情趣。所以中国园林建筑最基本的特点就是同自然景观相和谐。

中国最早的造园专著园冶对园林建筑与其他园林要素之间的关系作了精辟的论述。园冶共十章，其中专讲园林建筑的有立基、屋宇、装折、门窗、墙垣、铺地等六章。

中国的现代园林建筑在使用功能上与古代园林建筑已有很大的不同。公园已取代过去的私园成为主要的园林形式。园林建筑越来越多地出现在公园、风景区、城市绿地、宾馆庭园乃至机关、工厂之中。

园林建筑和普通建筑明显不同的地方，就在于它在满足人们休息和观赏风景这两种功能的同时，本身也成为了风景中不可或缺的一部分。具有点缀风景的艺术功能对于园林建筑的设计是至关重要的。我们在选址的时候应根据周围环境和视野所及范围，创造某种和大自然相协调并有着典型空间景效的园林艺术形式。园林建筑的选址，在环境条件上既要注意大的方面，又要珍视一切饶有趣味的自然景物，一树、一石、清泉溪涧，以至古迹传闻，或以借景、对景等手法将它们纳入画面，或专门设置具有艺术性的环境供人观赏。其实，景不在大，只要有天然情趣，画面动人，就能成为园林建筑的佳作。人们可以从中获得美的享受。

中国园林建筑丰富多样，无与伦比，仅建筑部分就有厅、堂、轩、楼、阁、榭、舫、亭、廊等。园林建筑的布局安排疏密有致、虚虚实实，颇有章法。其厅堂、楼阁、凉亭、小榭、回廊、小桥以及扶栏、景梯等，均讲究一个“雅”字。园林建筑，或坐落于园之中心位置；或玉立于小丘之巅；或濒水而筑；或依势而曲；或掩映于藤萝之间……意境深邃，情趣横溢。它们的构图模仿自然、布局自由、巧于因借，曲桥流水，散点奇峰异石，园林建筑与自然景色配合融洽，建筑风格也充分体现地方与民族特色。

园林建筑通过错落有致的结构变化来体现节奏和韵律美，小至亭、廊，大至宫苑，均有核心部位，主次分明。其理性秩序与逻辑有起落、高潮和尾声，气韵生动，韵律和谐。园林建筑空间的组合和音乐一样，一个乐章接着一个乐章，而且常用不同形状、大小、敞闭的对比，阴暗和虚实等的不同，步步引入，直到景色全部呈现，达到观景高潮以后再逐步收敛而结束。这种和谐而完美的连续性空间序列，呈现出强烈的节奏感。而空间的组合则常常利用墙、廊、亭、阁的透空以取得虚实远近的空间对比关系，无立面限定的亭、廊使空间交错、渗透，加大景深，使空间更加迷幻深邃。几千年来，中国古典园林通过山、水、建筑、道路等诸多的语汇与陈设、匾联等有意的经营、有机的联系，构成了富有情趣并饱含意境的山水田园境界。

有覆盖的通道称廊。廊的特点是狭长而通畅，弯曲而空透，用来连接景区和景点，它是一种既“引”且“观”的建筑。狭长而通畅能促使人生发某种期待与寻求的情绪，可达到“引人入胜”的目的；弯曲而空透可观赏到千变万化的景色，因为可以步移景异。此外，廊柱还具有框景的作用。

亭子是园林中最常见的建筑物。主要供人休息观景，兼做景点。山岭际，路边桥头都可建亭。亭子的形式千变万化，若按平面的形状分，常见的有三角亭、方亭、圆亭、矩形亭和八角亭；按屋顶的形式分，有掂尖亭、歇山亭；按所处位置分，有桥亭、路亭、井亭、廊亭。总之它可以任凭造园者的想象力和创造力，去丰富它的造型，同时为园林增添美景。

堂往往封闭院落布局，只是正面开设门窗，作为园主人起居之所。一般来说，不同的堂具有不同的功能，有的用作会客；有的用作宴请、观戏；有的则是书房。因此各堂的功能按具体情况而定，相互间不尽相同。

厅堂是私家园林中最主要的建筑物。常为全园的布局中心，是全园精华之地、众景汇聚之所。厅堂依惯例总是坐南朝北。从堂向北望，是全园最主要的景观面，通常是水池和池北叠山所组成的山水景观。观赏面朝南，使主景处在阳光之下，光影多变，景色明朗。厅堂与叠山分居水池之南北，遥遥相对，一边人工，一边天然，真乃是绝妙的对比。

厅多作聚会、宴请、赏景之用，其多种功能集于一体。因此厅造型高大、空间宽敞、装修精美、陈设富丽，一般前后或四周都开设门窗，可以在厅中静观园内美景。厅又有四面厅、鸳鸯厅之分，主要厅堂多采用四面厅，为了便于观景，四周往往不作封闭的墙体，而设大面积隔扇、落地长窗，并在四周绕以回廊。鸳鸯厅是用屏风或罩将内部一分为二，分成前后两部分，前后的装修、陈设也各具特色。鸳鸯厅的优点是一厅同时可作两用，如前作庆典后作待客之用，或随季节变化，选择恰当位置待客、起坐。另外，赏荷的花厅和观鱼的厅堂多临水而建，一般前有平台，供观赏者在平台上自由选择目标，尽情游赏。

榭常在水面和花畔建造，藉以成景。榭都是小巧玲珑、精致开敞的，室内装饰简洁雅致，近可观鱼或品评花木，远可极目眺望，是游览线中最佳的景点，也是构成景点最动人的建筑形式之一。

阁是私家园林中最高的建筑物，供游人休息品茗，登高观景。阁一般有两层以上的屋顶，形体比楼更空透，可以四面观景。

舫为水边或水中的船形建筑。前后分作三段，前舱较高，中舱略低，后舱建二层楼房，供登高远眺。前端有平硚与岸相连，模仿登船之跳板。

由于舫不能动又称不系舟。防在水中，使人更接近于水，身临其中，使人有荡漾于水中之感，是园林中供人休息、游赏、饮宴的场所。但是舫这种建筑，在中国园林艺术的意境创造中具有特殊的意义，我们知道，船是古代江南的主要交通工具，但自庄子说了“无能者无所求，饱食而遨游，泛着不系之舟”之后，舫就成了古代文人隐逸江湖的象征，表示园主隐逸江湖，再不问政治。所以它常是园主人寄托情思的建筑，合适世隐居之意。因为古代有相当部分的士人仕途失意，对现实生活不满，常想遁世隐逸，耽乐于山水之间。而他们的逍遥伏游，多半是乘舟而往，一日千里，泛舟山水之间，岂不乐哉？所以舫在园林中往往含有隐居之意。但是舫在不同场合也有不同的含意，如苏州狮子林，本是佛寺的后花园，其中之舫含有普度众生之意。而颐和园之石舫，按唐魏征之说：“水可载舟，亦可覆舟”，由于石舫永覆不了，所以含有江山永固之意。

多样统一是建筑艺术形式的普遍法则，同时也是中国园林建筑创作中的重要原则。达到多样统一的手段是多样化的，如对比、主从、韵律、节奏和重点等形式美的规律都是经常运用的手段。另外，由各种不同用途的空间和若干细部组成的园林建筑，它们的形状、大小、色彩和质感也是各不相同的。这些客观存在的因素，是构成园林建筑形式多样化的基础。由于园林建筑有着与其他建筑类型不同的地方，因此其设计方法和技巧与在某些地方需要表现得特别突出。任何一种建筑设计都是为了满足某种物质和精神的需要，采用一定的物质手段来组织特定的空间。建筑空间是建筑功能与工程技术和艺术的巧妙结合，需要符合适用、坚固、经济、美观的原则。而中国园林建筑则在此原则的基础上着重处理其“意”与“蕴”带给人们的精神享受。通过园林建筑营造一种步移景异的空间变化，即在有限的空间中创造变幻莫测的感觉。

中国古代的园林建筑大多呈现出严格对称的结构美和迂回曲折、趣味盎然的自然美两种形式。环境空间的构成手法灵活多变，妙趣横生。另外，于有限之中欣赏到无限空间的虚无之美是中国园林建筑的文化美学内涵，即所谓“实处之妙皆因虚处而生”。作为一种广义的造型艺术，中国古代的园林建筑偏重于构图外观的造型美，并由这种静的形态构成一种意境，给人以充分遐想的空间。园林中曲折的小路，蛇形的河流和各种形状的园林建筑，以流动的曲线形式组合，使人感到身心愉悦。园林建筑常常采用举折的艺术形式，例如房面起翘、出翘，形成如鸟翼般舒展飘逸的檐角，轻巧自在，呈现出一种动态美。园林中高低起伏的爬山廊、波形廊，造型轻灵而蜿蜒，如长虹卧堤。园中小亭也造式不定，三角、四角、五角、梅花乃至十字都有。

中国的园林建筑是以整体建筑群的结构布局、制约配合取胜。园林建筑布局的高低错落、相互照应所体现出来的韵律美具有与音乐一样的艺术效果。简单的基本单位组合成了复杂的群体结构，形成在严格对称中仍有变化，在多样变化中保持统一的风貌。例如圆明园、颐和园和避暑山庄在造园的思路上巧用地形划分景区，在每个景区布置不同意境和趣味的景点，并使用对景、借景、隔景、透景等传统手法，形成各自的特色。这些园林“虽由人作，宛自天开”，达到人工与自然，建筑与景观，景观与景观，园林与周围环境的和谐统一。

从古至今，建筑师为了满足游人在园林中各种游览活动的需要都要设置一定数量的园林建筑。随着人们在园林中的活动内容日益丰富，必然要求有多种类型的园林建筑，不断完善园林内容、形式及功能。过去十年，正当广大规划师、为历史文化名城保护孜孜以求的同时，闲暇时代已悄然逼近。旅游业的蓬勃兴起逐渐渗透到城市的每一个角落，促进了当地经济的发展。其中，园林建筑的作用不可小觑。

第二节 园林建筑的特点

园林建筑是利用有限的空间以及自然资源，将大自然的美丽景色模拟出来。它需要人为地加工、提炼以及创造，源于自然而胜于自然，全面综合了人工美与自然美，并使之融为一体，创造出一个多功能的、绚丽夺目的环境空间。各种规模的园林在内容上繁简不同，相同的是均包含了水体、土地、建筑和植物这四种要素。园林建筑是造园的组成部分，在建筑形式上独具一格。具体说来，它是出现在城市绿化地段和园林范围内供人们休息和观赏的一类建筑物。园林建筑不但要符合建筑的使用需求，还要符合园林景观在造景方面的需求，并将园林的各种环境友好结合，成为自然界的组成部分。随着时代的进步与发展，针对园林建筑出现了“城市景观”和“文化产业”这两个概念性名词。

园林建筑被看作是景观园林的构成要素，它不但要具备各种实用功能，而且要体现它的景观功能。它在景观园林中具有主体性的功能，但是要充分结合其他元素才能呈现出整个景观园林的优美风貌。在必要的时候，还要被指定为园林构图的核心，在全园景观的展现中起着统领作用。园林建筑跟其他建筑不同，因为园林中包含了精细巧妙的园林建筑，更凸显其特色，只有具备完备的功能，才能吸引更多的人来游玩。如今的景观园林风格各异，有的豪华壮丽，有的幽静淡雅。园林建筑是景观园林的“心脏”，它本身的风格支撑着园林的整体风格，倘若园林建筑豪华、优雅，那么园林就豪华、优雅。同时，园林建筑并不能脱离风景和园林而单独存在，假如缺少园林和风景，那么就没有园林建筑这一概念。其他建筑也许能够以单独体的形式存在，但是园林建筑却不可以，它一定要每时每刻跟自然环境融为一体才能展示其功效，这也是园林建筑与其他建筑最本质的区别。景观园林历经数千载的发展与变化之后，在深度和广度上均有了更深层次的扩展。它既包含“古典”部分，也蔓延到了生活领域。前者主要有私家园林、风景名胜园林、皇家园林以及寺庙园林等；后者有街头绿地、综合性公园、动物园、城市广场以及植物园等。

一、园林建筑的特点

（一）为游人服务，兼具观赏和被观赏的功能

园林建筑不但要符合各种使用需求，而且要遵循园林景物布局的相关原则。此外，还要能从感官上带给人们愉悦的享受。所以，园林建筑具有物质产品和艺术产品的双重性质，这就意味着园林建筑需要提供给游人动态和静态的景观，并且景色要不断变更，实现移步换景的功效。

（二）为环境服务，与自然环境紧密结合

国内的园林建筑设计景观构图时，会将自然山水当作主题背景，设置建筑的主要目的在于点缀与欣赏风景。园林建筑包含着自然因素的对立因素——人工因素，如果能正确处理，也能够给自然环境注入生气，这就需要因地制宜地进行园林建筑的设置，根据所处的地貌、地形，实现依形就势的整体布局。

（三）区别于其他建筑的独特造型

当前的园林建筑可以作为空间复合和空间划分的手段，所以在布局时要巧于因借，通过轴线的曲折变换、参差不一，形成鲜明的空间对比，使之富有层次感。从造型方面来看，园林建筑具有的独特美感主要体现在形式活泼、通透有度、体量轻盈、美观大方以及简洁明快等。它的体态和体量与环境构成了一个协调统一的整体，充分体现了文化特色和园林特色。

（四）使用和造景，观赏和被观赏的双重性

园林建筑既要满足各种园林活动和使用上的要求，又是园林景物之一。既是物质产品，也是艺术作品。但园林建筑给人精神上的感受更多。因此，艺术性要求更高，除要求具有观赏价值外，还要求富有诗情画意。

（五）园林建筑与园林环境相结合

园林建筑是与园林环境及自然景致充分结合的建筑。它可以最大限度地利用自然地形及环境的有利条件。任何建筑在设计时都应考虑环境，而

园林建筑更甚。建筑在环境中的比重及分量应按环境构图要求确定，环境是建筑创作的出发点。

我国古典园林一般以自然山水作为景观构图的主题，建筑只为观赏风景和点缀风景而设置。园林建筑是人工因素，它与自然因素之间有对立的一面，但如果处理得当，也可统一起来，并且可以在自然环境中增添情趣，增添生活气息。园林建筑只是整体环境中的一个协调、有机的组成部分，它的责任是突出自然的美，增添自然环境的美。这种自然美和人工美的高度统一，正是中国人在园林艺术上不断追求的境界。

（六）园林建筑色彩明快、装饰精巧

在中国古典园林中，无论是北方的皇家园林还是江南的私园，或是其他风格的建筑，其色彩都极其鲜明。北方皇家园林建筑色彩多鲜艳，如琉璃瓦、红柱和彩绘等。江南园林建筑多以大片粉墙为基调，配以黑灰色的小瓦，栗壳色梁柱、栏杆、挂落。内部装修也多用淡褐色或木材本色，衬以白墙，与水磨砖所制灰色门框，形成素净，明快的色彩风格。

（七）园林建筑的群体组合

西方的古建筑常把不同功能的房间集中在一栋建筑内，追求内部空间的构成美和外部形体的雕塑美这种情况下，建筑体量较大。我国的传统建筑则是木架构结构体系，这决定了建筑一般情况下体量较小、较矮，单体形状比较简单。因此，大小、形状不同的建筑有不同的功能，有自己特定的名称。如厅、堂、楼、阁、轩、榭、舫、亭、廊等。按使用上的需要，可以独立设置，也可以用廊、墙、路等把不同的建筑组合成群体。这种化大为小。化集中为分散的处理手法，非常适合中国园林布局与园林景观设计，它能形成统一而有变化的丰富多彩的群体轮廓，游人观赏到的建筑和从建筑中观赏的风景，既是风景中的建筑，又是建筑中的风景。

园林建筑相互间不可截然分割，要融于自然，建筑体量就势必要小。建筑体量小，就必然分散布局。空间处理要富于变化，就常会应用廊、墙、路等组织院落划分空间与景区。正如《园冶》上说的：“巧于因借，精在体宜”。

二、园林建筑的特性

园林建筑实际上包含了一定的工程技术和艺术创造，是地形地物、石木花草、建筑小品、道路铺装等造园要素在特定地域内的艺术体现。因此，园林建筑与其他工程相比具有其鲜明的特性。

（一）园林建筑的艺术性

园林建筑是一种综合景观工程，它虽然需要强大的技术支持，但又不同于一般的技术工程，而是一门艺术工程，涉及建筑艺术、雕塑艺术、造型艺术、语言艺术等多门艺术。

（二）园林建筑的技术性

园林建筑是一门技术性很强的综合性工程，它涉及土建施工技术、园路铺装技术、苗木种植技术、假山叠造技术及装饰装修、油漆彩绘等诸多技术。

（三）园林建筑的综合性

园林建筑作为一门综合艺术，在进行园林产品的创作时，所要求的技术无疑是复杂的。随着园林建筑日趋大型化，协同作业、多方配合的特点日益突出。同时，随着新材料、新技术、新工艺、新方法的广泛应用，园林各要素的施工更注重技术的综合性。

（四）园林建筑的时空性

园林建筑实际上是一种五维艺术，除了其空间特性，还有时间性以及造园人的思想情感主观性。园林建筑工程在不同的地域，空间性的表现形式迥异。园林建筑的时间性，则主要体现于植物景观上，即常说的生物性。

（五）园林建筑的安全性

“安全第一，景观第二”是园林创作的基本原则。对园林景观建设中的景石假山、水景驳岸、供电防火、设备安装、大树移植、建筑结构、索道滑道等均需格外注意。

（六）园林建筑的后续性

园林建筑的后续性主要表现在两个方面：一是园林建筑各施工要素有着极强的上序性；二是园林作品不是一朝一夕就可以完全体现景观设计最

终理念的，必须经过较长时间才能显示其设计效果，因此项目施工结束并不等于作品已经完成。

（七）园林建筑的体验性

提出园林建筑的体验特点是时代要求，也是欣赏主体——人的心理美感的要求。这是现代园林工程以人为本最直接的体现。人的体验是一种特有的心理活动，实质上是将人融于园林作品之中，通过自身的体验得到全面的心理感受。园林建筑正是给人们提供这种心理感受的场所。这种审美追求对园林工作者提出了很高的要求，即园林建筑中的各个要素都做到完美无缺。

（八）园林建筑的生态性与可持续性

园林建筑与景观生态环境密切相关。需要按照生态环境学理论和要求进行设计和施工，保证建成后各种设计要素对环境不造成破坏，能反映一定的生态景观，体现出可持续发展的理念。

三、园林建筑从功能上划分的分类

（一）从功能上划分

园林建筑主要有以下几种类型：

1. 用于服务的建筑物：像茶楼、餐饮店、小型宾馆、食品铺以及公共卫生间等。

2. 游玩和歇息性建筑：造型优美，像廊、榭、园桥、亭、花架、舫等。

3. 进行娱乐活动的场所：像游船码头、演出厅、展览厅、俱乐部、露天剧场等。

4. 标志性的建筑物：包括标识物、雕塑和假山等。

5. 园林中的各种小品：主要对园林起到装饰的作用，特别注重形状上的艺术感，具备相应的使用功能，有展览牌、园灯、景墙、园椅、栏杆等。

6. 用于办公与管理方面的设施：实验室、栽培温室、公园大门、动物园、动物兽室、办公室等。

（二）园林建筑的功能

园林建筑是园林的构成要素之一，它不但要能够投入使用，而且要满足园林景观在造景中的各项需求。因此，可以将其功能分为实用功能与景观功能。

实用功能园林建筑有很多的观景场所与视点，能够满足游客欣赏各个景点的需求，给他们提供游玩与休息的空间，还能提供基本的使用功能，像售票、小卖部、摄像等。

景观功能分为四大块：点景、赏景、引导和空间分割。

1. 点景功能：点景应融入到自然中去，园林建筑大多数位于构图布局的中心位置，控制着整个布局形式。所以，在园林景观的全景构图中，园林建筑起着举足轻重的作用。

2. 赏景功能：赏景是能够观赏整个园林的景物。一栋建筑是画面的焦点，然而一组由游廊连通着的建筑物却是一道观赏线。所以还需在建筑设施的方向以及门窗的位置和大小等方面符合赏景的要求。

3. 引导功能：园林建筑有很强的起承转合作用，当人们被某一美丽的园林建筑吸引时，就会不自觉的延伸欣赏路线，建筑往往能起到引导的作用。

4. 空间分割功能：园林设计的关键在于空间的组合与布局，通过巧妙地安排不同的空间使人获得美好的艺术感官享受，可以借助花墙、门、庭院、圆洞以及游廊等进行恰当的空间划分或组合。

现代园林建筑过不断发展，几乎能够得心应手地把握美感与功能了，但在环境处理和融合等方面还存在缺陷，主要体现如下：

（1）注重平面美感，忽略立体造型。由几何图形堆砌而成的园林建筑越来越多，原因在于设计师在对园林建筑进行布局时，采用的是二维的几何图形。通过简单的抽象造型绘制的图案从图纸上看，能够产生好的空间感和形式感，但是没有立体造型，往往造成不合理的三维空间，根本就不具实用性，哪怕建造出来了，也不可能达到理想的效果。

（2）注重形式主义，忽略人和环境因素。当前我国的园林建筑重形式美感，而轻使用功能，不考虑环境因素的限制成分。进行园林建筑的设计时，没有建立在人体工程学的理论基础上，而只注重形式美，以致于修成以后根本不能使用。无论建筑在形式上怎么改变，它最基本的功能是服务功能，假如不具备这项功能，那么它就没有存在的必要了。此外，不考虑环境因素的限制成分，违背了自然规律，让建筑变化引领环境空间，颠倒秩序，最后导致美感和功能双失效。

建筑与环境的结合首先是要因地制宜，力求与基址的地形、地势、地貌结合，做到总体布局上依形就势，并充分利用自然地形、地貌。

其次，建筑体体量宁小勿大。因为自然山水中，山水为主，建筑是从。与大自然相比，建筑物的相对体量和绝对尺度以及景物构成上所占的比重都是很小的。

另一要求是园林建筑在平面布局与空间处理上都力求活泼，富于变化。设计中要推敲园林建筑的空间序列，组织好观景路线。建筑的内外空间交汇地带，常常是最能吸引人的地方，也是人感情转移的地方。虚与实、明与暗、人工与自然的相互转移都常在这个部位展开。因此过度空间就显得非常重要。中国园林建筑常用落地长窗、空廊、敞轩的形式作为这种交融的纽带。这种“半室内、半室外”的空间过渡是渐变的，是自然和谐的变化，是柔和的、交融的。

为解决与自然环境相结合的问题，中国园林建筑还应考虑自然气候、季节的因素。比如江南园林中有一种鸳鸯厅，就是结合自然气候、季节最好的例子，其建筑一分为二，一面向北，一面向南，分别适应冬夏两季活动。

另外中国园林建筑的设计也要考虑到建筑材料。传统园林建筑中有很多是采用竹木结构，竹和中国的传统文化紧密相关，在很多园林建筑中的亭子，走廊，小桥均有体现，单独以竹材制作的竹亭、竹桥、竹廊也很常见。

总之，园林建筑设计要把建筑作为一种风景要素来考虑，使之和周围的山水、岩石、树木等融为一体，共同构成优美景色。而且风景是主体，建筑是其中一部分。园林建筑不但要符合建筑的使用需求，还要符合园林景观在造景方面的需求，通过密切结合园林的各种环境，使其成为自然界的组成部分。由于时代不断发展，园林艺术充满了活力，所以园林艺术必将打破传统的范畴，实现新的发展。从事园林工作的人员需要紧跟时代潮流，深刻挖掘园林文化的本质特征，并以此作为创作的着手点，在具体的工作实践中逐渐提升自己的艺术修养，在继承的基础上不断创新进取，促进我国园林建筑的发展。

第三节　园林建筑的形式与风格

园林建筑，从广义的角度来理解，可以把它看做是一种人造的空间环境。这种空间环境，一方面要满足人们使用功能的要求；另一方面还要满足人们精神感受上的要求。为此，我们不仅要赋予它实用的属性，而且还应当赋予它美的属性。人们要创造出美的空间环境，就必须遵循美的法则来构思，直至把它变成现实。所谓形式美，就是人们在创造美的过程中对美的形式规律的具体总结和抽象概括。应当指出的是，形式美规律和审美观念是两种不同的范畴，前者应带有普遍性、必然性和永恒性的法则；后者则随着民族、地区和时代的不同而变化发展的、较为具体的标准和尺度。前者是绝对的，后者是相对的。绝对寓于相对之中，形式美规律应当体现在一切具体的艺术形式之中。

不论是新老建筑，它们都遵循着共同的形式美的法则——多样统一，但在形式处理上又会由于审美观念的发展和变化而各有不同的标准和尺度。每个民族因各自文化传统不同，在对待建筑形式的处理上，也有各自的标准和尺度。例如，西方古典建筑比较崇尚敦实厚重，而我国古典建筑则运用举折、飞檐等形式来追求一种轻巧感。另外，中西方古典建筑在比例关系和色彩处理上也有很大的不同。西方古典建筑色彩较为朴素、淡雅，而中国古典建筑则极为富丽堂皇。

尽管各个地区在形式处理方面有很大的差别，但仍遵循着一个共同的准则——多样统一。所以说只有多样统一堪称形式美的规律。至于主从、对比、韵律、对称、均衡、尺度、比例等，不过是多样统一在某一方面的体现。如果孤立的看，它们本身都不能被当做形式美的规律来对待。多样统一也可以说在统一中求变化，在变化中求统一，或是寓杂多于整一之中。既有变化又有秩序，这就是一切艺术品所共同具备的原则。如果一件艺术品，缺乏多样性和变化，则必然过于单调；如果缺乏和谐和秩序，则必然显得杂乱。所以说一件艺术品要想达到有机统一以唤起人的美感，既不能没有变化，又不能没有秩序。如果说建筑艺术有自己的语言，那么它也有自己的词汇和文法。要想达到多样统一的效果，就要根据这些词汇和文法去进行创造。

一、园林建筑的形式

（一）以简单的几何形状求统一

一些美学家认为简单、肯定的几何体形状可以引起人的美感，他们特别推崇圆、球等几何形状，认为那是完美的象征——具有抽象的一致性。勒·柯布西耶也强调："原始的体形是美的体形，因为它能使我们清晰地辨认。"所谓原始的体形就是指圆、球、正方形、立方体以及正三角形等。所谓容易辨认，就是指这些几何状本身简单、明确、肯定，各要素之间具有严格的制约关系。这就是以简单的几何形状求统一。例如圣彼得大教堂、我国的天坛、印度的泰姬·马哈尔陵等。

（二）主从与重点

在一个有机统一的整体中，各组成部分是不能不加以区别而一律对待的。它们应当有主与从的差别；有重点与一般的差别；有核心与外围组织的差别。否则，各要素平均分布、同等对待，即使排得整整齐齐、很有秩序，也难免会流于松散、单调而失去统一性。在建筑设计中，从平面组合到立面处理；从内部空间到外部体形；从细部装饰到群体组合，为了达到统一都应当处理好主与从、重点与一般的关系。

体现主从关系的方式是多种多样的，一般来讲，在古典建筑中，多以均衡对称的形式把体量高大的要素作为主体置于轴线的中央，把体量较小的从属要素分别置于四周或两侧，从而形成四面对称或左右对称的形式。四面对称的组合形式严谨、均衡并且相互制约，但是其局限性也很明显。所以除少数功能要求比较简单允许采用这种构图方式之外，大多数不采用这种方式。对称主要是一主两从的关系，主体部分位于中央，不仅地位突出，还可以借助两翼次要要素的对比、衬托，从而形成主从关系异常分明的有机统一整体。近现代建筑由于功能日趋复杂化或地形条件的限制，采用对称构图形式的并不多，多采用一主一从的形式使次要部分从一侧依附于主体。对称的形式除难于适应近代功能要求外，从形式本身来看也未免过于机械死板，缺乏生机活力。随着人们的审美观念的变化和发展，即使很多著名建筑都因对称而具有明显的统一性，也很少得到近代人的热衷。这并不意味着现代建筑不考虑主从分明。除了一主一从可以体现主从关系以外，还可以通过突出重点的方法来体现主从关系。就是指在设计中充分利用功能特点，有意识地突出其中的某个部分，并以此为重点或中心，而使其他部分明显地处于从属地位，这样也同样可以达到主从分明、完整统一。有些国外建筑师经常使用“趣味中心”这样的词汇，表达的也是同样的道理。一栋建筑如果没有这样的重点或中心，就会使人感到平淡无奇，而且还会由于松散以至失去统一性。

（三）均衡与稳定

人类从自然现象中意识到一切物体要想保持均衡与稳定，就必须具备一定的条件。例如像山那样下部大、上部小，像树那样下部粗、上部细等。除自然启示外，人们还通过自己的实践进一步证实了上述均衡与稳定的原则，并认为凡是这样的原则，不仅在实际中是安全的，在感觉上也是舒服的。于是人们在建造建筑时都力求符合于均衡与稳定的原则。例如埃及的金字塔，这不仅是当时技术条件下的必然产物，也与人们当时的审美观念相一致。

实际上的均衡与稳定和审美上的均衡与稳定是两种不同的概念。以静态均衡来讲，主要就是对称与不对称两种形式。对称形式天然就是均衡的。它本身又体现出一种严格的制约关系，因而具有一种完整的统一性。所以人们很早就用这种形式来建造建筑。但是人们并不满足于这一种形式，还要用不对称的形式来保持均衡。不对称的形式显然要比对称的均衡轻巧活泼许多。格罗皮乌斯也在书中说道：“随着它的消失，古来难于摆脱的虚有其表的中轴线对称形式，正在让位于自由不对称组合的生动有韵律的均衡形式。”除静态均衡外，也有通过运动来求得平衡的现象。例如旋转的陀螺、展翅飞翔的鸟、行驶的自行车等，一旦运动停止，均衡也消失。近现代建筑理论强调时间和运动两方面的因素。这就是说人对于建筑的观赏不是固定于某一个点上，而是在连续运动的过程中来观赏建筑。所以只是突出强调正立面的对称或均衡是不够的，还必须从各个角度来考虑建筑体形的均衡问题，特别是从连续行进的过程中来看建筑体型和外轮廓线的变化。

和均衡相关联的是稳定。稳定主要是指上下的轻重关系处理。随着科学的进步和人们审美观念的变化，人们凭借最新的技术成就，可以把古代人们奉为金科玉律的稳定原则“上小下大、上轻下重”颠倒过来。

（四）对比与微差

建筑形式主要反映功能的特点，而功能本身也具有很大的差异性。此外，工程结构内在的发展规律也会赋予建筑以各种形式的差异性。对比与微差所研究的就是如何利用这些差异来求得建筑形式的完美统一。对比可以借彼此之间的烘托陪衬来突出各自的特点以求得变化，微差可以借相互之间的共同性以求得和谐。没有对比，会让人感觉单调，过分的强调对比以致于失去了相互之间的协调一致性，则可能造成混乱。只有把这两者巧妙的结合在一起，才能达到既有变化又和谐一致，既多样又统一的结果。

（五）韵律与节奏

亚里士多德认为：“爱好节奏和谐之类的美的形式使人类生来便具有的自然倾向。”自然界中许多事物或现象，往往有规律地重复出现或有秩序地变化，这样能激发人们的美感。人们对其加以模仿和运用，从而创造出各种具有条理性、重复性和连续性特征的美的形式——韵律美。

韵律美主要包括连续的韵律、渐变韵律、起伏韵律和交错韵律。它们虽然各有各的特点，但都体现出一种共性——具有极其明显的条理性、重复性和连续性。借助于这一点既可以加强整体的统一性，又可以求得丰富多彩的变化。梁思成先生曾经把建筑成为“凝固的音乐”，道理也是在此。

（六）比例与尺度

公元前六世纪，毕达哥拉斯学派曾经认为万物的基本元素是数，数的原则统治着宇宙中的一切现象。他们不仅用这个原则来观察宇宙万物，还用来探索美学中存在的各种现象。他们认为美就是和谐，著名的“黄金分割”就是这个学派提出来的。他们企图用数的概念统摄在质上千差万别的宇宙万物，这种想法显然是片面的。但是也并非没有可取之处，如果建筑中有良好的比例，同样可以达到和谐并产生美的效果。

比例不能仅从形式本身来判别。比如西方古典柱子高度与直径之比，显然要比我国传统建筑的柱子小很多。但是不能就此判断前者的柱子过粗，而我国的柱子过细。西方古典建筑的石柱与我国古典建筑的木柱，应当都有合乎材料特性的比例关系才能引起人的美感。同时功能对比例的影响也是不能忽视的。例如房间的长宽高都是由于其功能而定的。如果违反了功能要求，把该方的拉得过长或者该长的压得过方，不仅会造成不适用，还不会引起美感。构成良好比例的因素是极其复杂的，既有绝对的一面也有相对的一面，企图找到一个放在任何地方都适用、绝对美的比例，事实上是不可行的。

和比例相联系的另一个范畴是尺度。尺度涉及到建筑真实的大小。建筑物的整体是由局部构成的，局部对于整体的尺度影响也是很大的。局部越小，衬托整体越大，局部越大，反映建筑物越矮。例如米开朗琪罗设计的圣彼得大教堂，就是把局部放大到不合常规的尺度，以致于没有充分显示出教堂的尺度。不过有时也可以利用这种现象来获得一种夸张的尺度感。

以上这些只能为我们提供一些规矩，并不能代替我们创作。就像语言中的文法，借助于它可以使句子通顺不犯错误，但不能认为只要句子通顺就具有了艺术表现力。还需要我们熟练掌握并灵活地运用它们。

二、园林建筑的风格

中国古典园林自成一体，有其独特的形式风格。

园林建筑是一种构成艺术，我国的园林建筑艺术更是一种美妙的建筑文化和建筑智慧。园林建筑中处处体现着构成艺术，构成艺术对园林建筑有着造型新意上的重要作用，也有着重要的实用价值。构成艺术的与众不同，独具一格，为园林建筑开辟了新思路，与建筑艺术相结合，为世界建筑增添了风采。纵观历史发展，无论建筑还是园林，其风格形成与其当时社会经济发展、思想文化、阶级和服务对象等都有着密切关联。

（一）表现含蓄

含蓄是中国古典园林重要的建筑风格之一。追求含蓄与我国诗画艺术有关，在绘画中强调“意贵乎远，境贵乎深”的艺术境界；在园林中则强调曲折多变，含蓄莫测。这种含蓄可以从两方面去理解：其一，其意境是含蓄的；其二，从园林布局来讲，中国园林往往不是开门见山，而是曲折多姿，含蓄莫测。往往巧妙地通过风景形象的虚实、藏露、曲直的对比来取得含蓄的效果。如首先在门外设置美丽的荷花池、桥等景物把游人的心紧紧吸引住，另外围墙高筑仅露出园内一些屋顶、树木和园内较高的建筑，游人看不到里面全景，这就会引起暇想，并激发了解园林景色的兴趣。北京颐和园即是如此，颐和园入口处利用大殿，起掩园主景（万寿山、昆明湖）之作用，通过大殿才豁然开朗，见到万寿山和昆明湖，那山光水色倍觉美不胜收。

江南园林中，漏窗往往成为含蓄的手段，窗外景观通过漏窗，隐隐约约，这就比一览无余有生趣得多。如苏州留园东区以庭园为主，其东南角环以走廊，临池面置有各种式样的漏窗、敞窗，使园景隐露于窗洞中，当游人在此游览时，目不暇接，妙趣横生。而今人，唯恐游者不了解，水池中装了人工大鱼，熊猫馆前站着泥塑熊猫，如做着大广告，与含蓄两字背道而驰，失去了中国园林的精神所在，真太煞风景。鱼要隐现方妙，熊猫馆以竹林引胜，渐入佳境，游者反多增趣味。

（二）强调意境

中国古典园林追求的“意境“二字，多以自然山水式园林为主。一般来说，园中应以自然山水为主体，这些自然山水虽是人作，但是要有自然天成之美、自然天成之理、自然天成之趣。在园林中，即使有密集的建筑，也必须要有自然的趣味。为了使园林有可望、可行、可游、可居之地，园林中必须有各种相应的建筑，但是园林中的建筑不能压倒或破坏主体，而应突出“山水”这个主体，与山水自然融合在一起，力求达到自然与建筑有机地融合，并升华成一件艺术作品。如承德避暑山庄的烟雨楼，乃仿浙江嘉兴烟雨楼之意境而筑，这座古朴秀雅的高楼，每当风雨来临时，即可形成一幅淡雅素净的“山色空蒙雨亦奇”的诗情画意图，见之令人身心陶醉。

园林意境的创作方法有中国自己的特色和深远的文化根源。融情入境的创作方法，大体可归纳为三个方面：

1. “体物”的过程。即园林意境创作必须在调查研究过程中，对特定环境与景物所适宜表达的情意作详细地体察。事物形象各自具有表达个性与情意的特点，这是客观存在的现象。如人们常以柳丝比女性、比柔情；以花朵比儿童或美人；以古柏比将军、比坚贞。比、兴不当，就不能表达事物寄情的特点。不仅如比，还要体察入微，善于发现。如以石块象征坚定性格，则卵石、花石不如黄石、盘石，因其不仅在质，亦且在形。在这样的体察过程中，心有所得，才开始立意设计。

2. “意匠经营”的过程。在体物的基础上立意，意境才有表达的可能。然后根据立意来规划布局，剪裁景物。园林意境的丰富，必须根据条件进行“因借”。计成《园冶》中的“借景”一章所说“取景在借”，讲的不只是构图上的借景，而且是为了丰富意境的“因借”。如晚钟、晓月、樵唱、渔歌等无不可借，计成认为“触情俱是”。

3. “比”与“兴”。比兴是中国先秦时代审美意识的表现手段。《文心雕龙》对比、兴的释义是：“比者附也；兴者起也。”“比是借他物比此物”，如“兰生幽谷，不为无人而不芳”是一个自然现象，可以比喻人的高尚品德。“兴”是借助景物以直抒情意，如“野塘春水浸，花坞夕阳迟”，景中怡悦之情油然而生。“比”与“兴”有时很难绝然划分，经常连用，都是通过外物与景象来抒发、寄托、表现、传达情意的方法。

（三）宗教迷信和封建礼教

中国古典建筑与宗教迷信和封建礼教有密切关系，这在园林建筑上也多有体现。汉代园林中多有“楼观”，就是因为当时人们都认为神仙喜爱住在高处。另外，只有皇家建筑的雕塑装饰物上才能看到吻兽。是因为吻兽是由于人们对龙的崇拜而创造的多种神兽的总称。龙是中华民族发祥和文化开端的象征，是炎黄子孙崇拜的图腾。龙所具有的那种威武奋发、勇往直前和所向披靡、无所畏惧的精神，正是中华民族理想的象征和化身。

龙文化是中华灿烂文化的重要组成部分。

时至今日，人们仍可见到“龙文化”在新建的仿古建筑上展示，如今的龙文化（装饰）不仅仅是为了“避邪”，而且成了中华民族的象征（在海内外，凡饰有“龙避邪”的，一定是华人宅府），是民族的魂之所在。

吻兽排列有着严格的规定，按照建筑等级的高低而有数量的不同，最多的是故宫太和殿上的装饰。这在中国宫殿建筑史上是独一无二的，显示了至高无上的地位。在其他古建筑上一般最多使用九个吻兽。中和殿、保和殿都是九个。其他殿上的小兽按级递减。天安门上也是九个小兽。北京故宫的金銮宝殿——太和殿，是封建帝王的朝廷，故小兽最多。

金銮殿是“庑殿”式建筑，有1条正脊，8条垂脊，4条围脊，总共有13条殿脊。吻兽坐落在殿脊之上，在正脊两端有正吻2只，因它口衔正脊，又俗称吞脊兽。在大殿的每条垂脊上，各施垂兽1只，8条脊就有8只。在垂兽前面是1行跑兽，从前到后，最前面的领队是一个骑凤仙人，然后依次为：龙、凤、狮子、天马、海马、狻猊、押鱼、獬豸、斗牛、行什，共计10只。8条垂脊就有80只。此外，在每条围脊的两端还各有合角吻兽2只，4条围脊共8只。这样加起来，就有大小吻兽106只了。如果再把每个殿角角梁上面的套兽算进去，那就共有114只吻兽了。而皇帝居住和处理日常政务的乾清宫，地位仅次于太和殿，檐角的小兽为9个。坤宁宫原是皇后的寝宫，小兽为7个。妃嫔居住的东西六宫，小兽又减为5个。有些配殿仅有1个。古代的宫殿多为木质结构，易燃。传说这些小兽能避火。

由于神化动物的装饰，使帝王的宫殿成为一座仙阁神宫。因此吻兽是中国古典建筑中一种特有的雕塑装饰物。此外，因为吻兽是皇家特有的，所以也是一种区分私家和皇家园林及建筑的方法。

（四）平面布局简明有规律

中国古代建筑在平面布局方面有一种简明的组织规律，就是每一处住宅、宫殿、官衙、寺庙等建筑，都是由若干单座建筑和一些围廊、围墙之类环绕成一个个庭院而组成的。一般地说，多数庭院都是前后串连起来，通过前院到达后院。这是中国封建社会“长幼有序，内外有别”思想意识的产物。家中主要人物，或者应和外界隔绝的人物（如贵族家庭的少女），就往往生活在离外门很远的庭院里，这就形成一院又一院层层深入的空间组织。

同时，这种庭院式的组群与布局，一般都是采用均衡对称的方式，沿着纵轴线（也称前后轴线）与横轴线进行设计。比较重要的建筑都安置在纵轴线上，次要房屋安置在它左右两侧的横轴线上，北京故宫的组群布局和北方的四合院是最能体现这一组群布局原则的典型实例。这种布局是和中国封建社会的宗法和礼教制度密切相关的。它根据封建的宗法和等级观念，使尊卑、长幼、男女、主仆之间在住房上也体现出明显的差别。这是封建礼教在园林建筑布局上的体现。

（五）地域文化不同园林建筑风格各异

洛阳自古以牡丹闻名，园林中多种植花卉竹木，尤以牡丹、芍药为盛。对比之下，亭台楼阁等建筑的设计疏散。甚至有些园林只在花期是搭建临时的建筑，称“幕屋”、“市肆”。花期一过，幕屋、市肆皆被拆除，基本上没有固定的建筑。

而扬州园林，建筑装饰精美，表现细腻。这是因为，扬州园林的建造时期多以清朝乾隆年间为主，建造者许多都是当时巨商和当地官员。目的是炫耀自己的财富，因此带有鲜明的功利性。扬州园林在审美情趣上，更重视形式美的表现。这也与一般的江南私家园林风格不同，江南园林自唐宋以来追求的都是淡泊、深邃含蓄的造圆风格。

（六）西方园林建筑风格迥异

欧洲园林是人类文化的宝贵遗产，欧洲园林大多是方方正正，重视几何图案，不太重视园林的自然性，即没有下功夫去模拟自然，协调人与自然的关系。他们修花坛，造喷水池，搞露天雕塑，都体现了人工性，具有理性主义色彩。1712年英国作家丁·艾迪生撰文指出：“英国园林师不是顺应自然，而是尽量违背自然，每一棵树上都有刀剪的痕迹。树木应该枝叶繁茂地生长，不应该剪成几何形。”这段话虽有些偏颇，但指出了西方园林注重人工雕凿这个特点。

意大利盛行台地园林，秉承了罗马园林风格。如意大利费蒙的耐的美狄奇别野选址在山坡，园基是两层狭长的台地，下层中间是水池，上层西端是主体建筑，栽有许多树木。台地园林是意大利园林特征之一，它有层次感和立体感，有利于俯视，容易形成气势。意大利文艺复兴时期建筑家马尔伯蒂在《论建筑》一书提出了造园思想和原则，他主张用直线划分小区，修直路，栽直行树。因此，直线几何图形成为意大利园林的又一个特征。

英国园林突出自然风景。起初，英国园林先后受到意大利、法国影响。从18世纪开始，英国人逐渐从城堡式园林中走出来，在大自然中建园，把园林与自然风光融为一体。早期造园家肯特和布良都力图把图画变成现实，把自然变成图画。布良还改造自然，如修闸筑坝，蓄水成湖。他创造的园林景观都很开阔、宏大。18世纪后半期，英国园林思想出现浪漫主义倾向，在园中设置枯树、废物，渲染随意性、自由性。

世界是一个多姿的舞台，因为各国有着自己的特色文化，表现出了自己不同的魅力。于是各个国家的政治、文化、思想就成了世界舞台上最曼妙的舞者。随着世界的发展，社会的进步，人类的心理也出现了变化，园林建筑同其他文化一样也是在不断地变化和发展。当今人们的生活节奏变快，从园林建筑上来讲，现代园林建筑风格与传统建筑风格相比，现代园林建筑更加“明快”，更加注重时尚性，且朝着更注重形式美和意境美的方向发展。

第四节 园林建筑的发展历史

世界上最早的园林建筑可以追溯到公元前16世纪的埃及，从古代墓画中可以看到祭司大臣的宅园采取方直的规划手段，多见规则的水槽和整齐的栽植。西亚的亚述确猎苑，后演变成游乐的林园。

巴比伦、波斯气候干旱，重视水的利用。波斯庭园的布局多以位于十字形道路交叉点上的水池为中心，这一手法被阿拉伯人继承下来，成为伊斯兰园林的传统，流布于北非、西班牙、印度，传入意大利后，演变成各种水法，成为欧洲园林的重要内容。古希腊通过波斯学到西亚的造园艺术，并且将其发展成为住宅内布局规则方整的柱廊园。古罗马继承希腊庭园艺术和亚述林园的布局特点，发展成为山庄园林。

欧洲中世纪时期，封建领主的城堡和教会的修道院中建有庭园。修道院中的园地同建筑功能相结合，在教士住宅的柱廊环绕的方庭中种植花卉，在医院前辟设药圃，在食堂厨房前辟设菜圃，此外还有果园、鱼池和游憩的园地等。在今天，英国等欧洲国家的一些校园中还保存这种传统。13世纪末，罗马出版了克里申吉著的《田园考》，书中也有关于王侯贵族庭园和花木布置的描写。

在文艺复兴时期，意大利的佛罗伦萨、罗马、威尼斯等地建造了许多别墅园林。以别墅为主体，利用意大利的丘陵地形，开辟成整齐的台地，逐层配置灌木，并把它修剪成图案形的植坛，顺山势运用各种水法，如流泉、瀑布、喷泉等，外围是树木茂密的林园。这种园林通称为意大利台地园。

法国继承和发展了意大利的造园艺术。1638年，法国布阿依索写成西方最早的园林专著《论造园艺术》。他认为“如果不加以条理化整齐安排，那么人们所能找到的最完美的东西都是有缺陷的”。17世纪下半叶，法国造园家勒诺特尔提出要“强迫自然接受匀称的法则”。他主持设计凡尔赛宫苑，根据法国这一地区地势平坦的特点，开辟大片草坪、花坛、河渠，创造了宏伟华丽的园林风格，被称为勒诺特尔风格，各国竞相仿效。

18世纪欧洲文学艺术领域兴起浪漫主义运动。在这种思潮影响下，英国开始欣赏纯自然之美，重新恢复传统的草地、树丛，于是产生了自然风景园。英国申斯诵的《造园艺术断想》，首次使用“风景造园学”一词，倡导营建自然风景园。初期的自然风景园创作者中较著名的有布里奇曼、肯特、布朗等，但当时对自然美的特点还缺乏完整的认识。

18世纪中叶，钱伯斯从中国回英国后撰文介绍中国园林，他主张引入中国的建筑小品。他的著作在欧洲，尤其在法国颇有影响。18世纪末英国造园家雷普顿认为自然风景园不应纯粹任其自然，而要加工，以充分显示自然的美而隐藏它的缺陷。他并不完全排斥规则布局形式，在建筑与庭园相接地带也使用行列栽植的树木，并利用当时从美洲、东亚等地引进的花卉丰富园林色彩，把英国自然风景园推进了一步。

从17世纪开始，英国把贵族的私园开放为公园。18世纪以后，欧洲其他国家也纷纷仿效。自此，西方园林学开始了对公园的研究。

19世纪下半叶，美国风景建筑师奥姆斯特德于1858年主持建设纽约中央公园时，创造了“风景建筑师”一词，开创了“风景建筑学”。他把传统园林学的范围扩大了，从庭园设计扩大到城市公园系统的设计，以至区域范围的景物规划。他认为城市户外空间系统以及国家公园和自然保护区是人类生存的需要，而不是奢侈品。此后出版的克里夫兰的《风景建筑学》也是一本重要专著。

1901年美国哈佛大学创立风景建筑学系，第一次有了较完备的专业培训课程表，其他国家也相继开办这一专业。1948年成立国际风景建筑师联合会。

而我国的园林艺术，如果从殷、周时代囿的出现算起，至今已有三千多年的历史，是世界园林艺术起源最早的国家之一。在世界园林史上占有极重要的位置，并具有及其高超的艺术水平和独特的民族风格。在世界各个历史文化交流的阶段中，我国“妙极自然，宛自天开”的自然式山水园林的理论，以及创作实践，不仅对日本、朝鲜等亚洲国家，而且对欧洲一些国家的园林艺术创作也都产生过很大的影响。为此，我国园林被誉为世界造园史上的渊源之一。

一、最初的园林（夏商周时期）

周朝时期，前有周文王建灵囿，周边圈围，其内放养珍禽奇兽，以供观赏。四时花木繁盛，水中鱼跃。这就是最初的囿。后有吴王夫差建姑苏台，可在宅内观赏水中的鱼，这是前所未有的。

二、秦汉时期园林发展

秦汉时期园林处于由囿向苑转变发展的阶段，它不仅继承囿的传统特点，还设有大量的园林建筑，形成了“苑中有苑，苑中有宫”的形式，把早期的游囿发展到以园林为主的帝王苑囿行宫。除布置园景供皇帝游憩外，还举行朝贺，处理朝政。如汉武帝的“上林苑”，大量运用叠山理水的园林工程手法，有名的是“太液池”、“建章宫”，开我国造园“一池三山”人工山水之先河，首创雕塑装饰园景的艺术。后来私家园林又得到了发展，如梁冀的苑囿、袁广汉园都是当时非常有特色的私园，其中袁广汉创造了石假山，这可谓是古代园林的神来之笔。

三、三国两晋南北朝时期的园林发展

这个时期的园林由秦汉时期的宫苑向自然山水园林转变，造园不再追求高大雄伟，而在“穷极技巧”上下功夫，使楼阁为景所设，苑囿精巧雅致，由再现自然进而到表现自然。由于当时人们苦于战乱，只好人心向佛，以修来世，这促进了佛寺园林的出现和发展，比如有名的“寒山寺”和“永宁寺”。

四、宋代时期园林发展

两宋时期的园林受当时诗画的影响较大，出现了以自然山水为蓝本而建造的写意山水园，诗画与园林之间相互影响渗透，使得宋代文人园林兴盛，园林趋于小型多样化、趣味化，向宅邸园林发展，并在各地大量兴建。我国以自然山水为主体的写意山水园在宋代已趋于成熟，为以后明清园林的发展打下了坚实的基础。

五、辽夏金元时期的园林发展

这个时期园林极力吸取汉族的文化，继承宋代园林风格，如中国现存规模最大、地面遗迹保存最完整的帝王陵园之一的“西夏王陵”、人工再现自然山水的典范——万岁山的太液池、还有位于苏州的狮子林，远看有如狮子吼、狮子舞、狮子斗、狮子滚，最高处石峰为狮子峰，有如置身于石林之中。

六、我国明清时期的园林发展

明清时期园林是我国诗情画意的山水园进入大规模、高档次、高质量、全面发展的阶段，是中国园林创作的高峰期。如“圆明园”、“避暑山庄”等。私家园林以明代建造的江南园林为主要成就，如“沧浪亭”、“拙政园”等。明末还出现了园林艺术创作的理论书籍《园冶》。在创作思想上，沿袭了唐宋时期的创作源泉，从审美观到园林意境的创造，都是以“小中见大”、“须弥芥子”、“壶中天地”等为创造手法。自然观、写意、诗情画意成为创作的主导地位，园林中的建筑起了最重要的作用，并成为造景的主要手段。园林从游赏向可游可居方向逐渐发展。大型园林不但摹仿自然山水，而且还集仿各地名胜于一园，形成“园中有园、大园套小园”的风格。

自唐、宋始，我国的造园技术传入日本、朝鲜等国。明末计成的造园理论专著——《园冶》流入日本，抄本题名为《夺天工》，至今日本许多园林建筑的题名都还沿用古典汉语。特别是在公元13世纪，意大利旅行家马可·波罗就把杭州西湖的园林称誉为“世界上最美丽华贵之城”，从而使杭州的园林艺术名扬海外。今天，它更是世界旅游者心中向往的游览胜地。

在18世纪，中国自然式山水园林由英国著名造园家威廉·康伯介绍到英国，使当时的英国一度出现了“自然热”。清初英国传教士李明所著

《中国现势新志》一书，对我国园林艺术也有所介绍。后来英国人钱伯斯到广州，看了我国的园林艺术，回英国后著《东方园林论述》。

由于人们对中国园林艺术的逐步了解，英国造园家开始感到规则式园林布局原则单调无变化，东方园林艺术的设计手法随之发展。如1730年在伦敦郊外所建的植物园，即今天的英国皇家植物园，其设计意境除模仿中国园林的自然式布局外，还大量采用了中国式的宝塔和桥等园林建筑的艺术形式。在法国不仅出现“英华园庭”一词，而且仅巴黎一地，就建有中国式风景园林约二十处。从此以后，中国的园林艺术在欧洲广为传播。

园林建筑艺术以自然界的山水为蓝本，由曲折之水、错落之山、迂回之径、参差之石、幽奇之洞所构成的建筑环境把自然界的景物荟萃一处，将人工美和自然美巧妙地相结合，以此借景生情，托物言志。它深浸着各国文化的内蕴，是各个民族千百年的文化史造就的艺术珍品，是一个民族内在精神品格的生动写照，也是各国劳动人民智慧的结晶，是我们今天需要继承与发展的瑰丽事业。并且为各民族所特有的优秀建筑文化传统，在长期的历史发展过程中积累了丰富的造园理论和创作实践经验。

第二章
园林建筑空间布局

第一节 园林建筑布局手法

一、园林布局的形式

园林布局形式的产生和形成，是与世界各民族、国家的文化传统、地理条件等综合因素的作用分不开的。英国造园家杰利克（G. A. Jellicoe）在1954年国际风景园林家联合会第四次大会上说“世界造园史三大流派是中国、西亚和古希腊。”把上述三大流派归纳起来，园林的形式分为三类：规则式、自然式和混合式。

（一）规则式园林

规则式园林又称整形式、几何式、建筑式园林。整个平面布局、立体造型以及建筑、广场、街道、水面、花草树木等都要求严整对称。在18世纪英国风景园林产生之前，西方园林主要以规则式为主，其中以文艺复兴时期意大利台地园和19世纪法国勒诺特（LeNotre）平面几何图案式园林为代表。我国的北京天坛、南京中山陵都采用规则式布局。规则式园林给人以庄严、雄伟、整齐之感，一般用于气氛较严肃的纪念性园林或有对称轴的建筑庭院中。

规则式园林的设计手法，从另一角度探索，园林轴线多视为是主体建筑室内中轴线向室外的延伸。一般情况下，主体建筑主轴线和室外轴线是一致的。

（二）自然式园林

自然式园林又称风景式、不规则式、山水派园林。中国园林从周朝开始，经历代的发展，不论是皇家宫苑还是私家宅园，都以自然山水园林为源流。发展到清代，保留至今的皇家园林，如颐和园、承德避暑山庄，私家宅园，如苏州的拙政园、网狮园等都是自然山水园林的代表作品。6世纪传入日本，18世纪后传入英国。自然式园林以模仿和再现自然为主，不追求对称的平面布局，立体造型及园林要素布置均较自然和自由，相互关系较隐蔽含蓄。这种形式较适合于有山有水有地形起伏的环境，以含蓄、幽雅、意境深远见长。

（三）混合式园林

所谓混合式园林，指规则式、自然式交错组合，全园没有或成控制全园的主中轴线和副轴线，只有局部景区、建筑以中轴对称布局，或全园没有明显的自然山水骨架，形不成自然格局。一般多结合地形，在原地形平坦处，根据总体规划需要安排规则式的布局。在原地形条件较复杂时，例如具备起伏不平的丘陵、山谷、洼地等，就结合地形规划成自然式。类似上述两种不同形式规划的组合即为混合式园林。

二、园林形式的确定

（一）根据园林的性质

不同性质的园林，必然有相对应的不同的园林形式。在设计过程中力求园林的形式反映园林的特性。例如纪念性园林、植物园、动物园、儿童公园等，就有各自与其性质相对应的园林形式。

以纪念历史上某一重大历史事件中英勇牺牲的革命英雄、革命烈士为主题的烈士陵园，较著名的有中国广州起义烈士陵园、南京雨花台烈士陵园、长沙烈士陵园、德国柏林的苏军烈士陵园、意大利的都灵战争牺牲者纪念碑园等，都是纪念性园林。这类园林的性质，主要是缅怀先烈革命功绩，激励后人发扬革命传统，起到爱国主义、国际主义思想教育的作用。这类园林布局形式多采用中轴对称、规则严整和逐步升高的地形处理方法，从而营造出雄伟崇高、庄严肃穆的气氛。而动物园属于生物科学的展示范畴，要求给游人以知识和美感，所以，从规划形式上，要求自然、活泼，创造寓教于游的环境。儿童公园更要求形式新颖、活泼，色彩鲜艳、明朗，公园的景色、设施与儿童的天真、活泼性格协调。形式服从园林的内容，体现园林的特性，表达园林的主题。

（二）根据不同文化传统

由于各民族、国家之间的文化、艺术传统的差异，园林形式不尽相同。中国沿袭传统文化，形成了自然山水园的自然式规划形式。而同样是多山的国家意大利，由于意大利的传统文化和本民族固有的艺术水准和造园风格，即使是自然山地条件，意大利的园林也有采用规则式。

（三）意识形态的不同决定园林的表现形式

西方流传着许多希腊神话，神话把人神化，描写的神实际上是人。结合西方雕塑艺术，在园林中把许多神像规划在园林空间中，而且多数放置在轴线上，或轴线的交叉中心。而中国传统的道教，传说描写的神仙往往住在名山大川中，神像一般供奉在殿堂之内，而不展示于园林空间中，几乎没有裸体神像。上述事实都说明不同的意识形态对园林形式的影响。

园林建筑设计是将待建园林的创意和功能，根据经济条件和艺术法则落实在图纸上的创作过程，目的在于给人们提供一个舒适而美好的外部休息场所。但是时代发展到今天，纵观一些新建园林，往往由于对园林空间构成和组合的重要性考虑不周，而使全园显得平淡无奇、一览无余。因此，利用园林空间形式构成规律来提高园林建设的艺术水平，这既是一个理论问题，又是一个实践问题。

三、园林规划设计的原则

（一）了解使用者的心理

满足人们的需要是园林规划设计的根本目的。应该首先充分了解设计委托方的具体要求，要最大限度地考虑业主。强调设计与服务之间的互动关系，我们所期盼的掌声来自使用者的信任与满意。

（二）设计应具有独特性

设计的职责是创造独特的特性，正如每个人都以其相貌、笔迹或说话方式上表现其各自独特个性一样，园林景观也是如此。如苏州园林、颐和园等。

（三）注重研究地域人文及自然特征

充分地了解园林周围的人文环境关系，环境特点，未来发展情况，如周围有无名胜古迹、人文资源等。

（四）多样性和统一性的平衡

环境的协调性和人的舒适感依赖于多样性和统一性的平衡，人性化的需求带来景观的多元化和空间个性化，但它们不是完全孤立的，设计时尽可能地融入景观的总体次序，将其整合为一体。

四、园林空间的存在意义

园林空间是容积空间、立体空间以及二者相合的混合空间。容积空间是围合、静态、向心的空间；立体空间是填充层次丰富、有流动感的空间；混合空间兼有容积空间与立体空间的特征。园林中空间的存在具有不可替代的意义。

（一）园林空间的“容器”意义

园林中的空间实际上是由园林中山石、水体、植物、建筑四大要素所围合起来的“空”的部分，是人们活动的场所。通俗地说，虽然我们花费了大量人力、物力、财力营造建筑，堆砌假山，种植花木，修建水塘池沼，但我们所需要的却不过是园林中“空”的部分。所以园林空间实际上就是一个“容器”，容纳各种园林要素，容纳各种园林景观，也容纳着无数位园林中的观者。

（二）园林空间可以产生各种丰富变化的景观效果

园林造景需要四大要素，但实际上我们感受景观却是通过园林空间，丰富的空间层次、不同的空间类型，时而开敞、时而闭锁、时而高旷、时而低临的景观，带领我们经历丰富变化的感受历程，产生了多彩的景观效果。

（三）园林空间蕴涵无尽的意境

中国古典园林特有的经典布局是对园林空间灵活多变的处理。园林空间蕴涵着丰富的文化内涵，承载着中国传统文化的大量信息，如中国古代哲理观念、文化意识和审美情趣。对中国园林的欣赏，其实就是对园林空间无尽的意境的感受与回味。

五、园林空间布局手法的处理

依据我国传统的美学观念与空间意识，园林空间的塑造应美在意境，虚实相生，以人为本，时空结合。空间的大小应该视空间的功能要求和艺术要求而定。大尺度的空间气势磅礴，感染力强，常使人肃然起敬，有时也是权利和财富的一种表现及象征。小尺度空间较为亲切宜人，适合于人的交往、休息，常使人感到舒适、自在。为了塑造不同风格的空间，设计师们采用多样灵活的空间处理手法，主要包括以下几种类型。

（一）空间的对比

为了创造丰富变化的园景并且给人以某种视觉上的感受，园林中不同的景区之间，两个相邻的内容又不尽相同的空间之间，一个建筑组群中的主、次空间之间，都常形成空间上的对比。空间的对比又包括空间大小的对比、空间形状的对比、园林空间的明暗虚实的对比。

（二）园林空间的渗透与层次

园林创作总是在“虚实相生，大中见小，小中见大”中追求与探索。只有突破有限空间的局限性才可以形成无穷无尽的意境空间。常见渗透的方法有：相邻空间的渗透与层次、室内外空间的渗透与层次。

（三）空间序列

空间序列可以说是时间和空间相结合的产物，就是将一系列不同形状与不同性质的空间按一定的观赏路线有次序地贯通、穿插、组合起来。空间序列的安排包括了空间的展开，空间的延伸，空间的高潮处理及空间序列的结束。其实就是考虑空间的对比、渗透和层次及空间功能的合理性和艺术意境的创造性，围绕设计立意，从整体着眼，按对称规则式或不对称自由式有条不紊地安排空间序列，使其内部存在有机和谐的联系。游人在游览过程中通过对景观序列的欣赏获得美的感受和精神上的愉悦。

（四）园林空间布局的设计手法

组织布局好园林空间是园林设计的关键，而设计手法是空间组合与合理造园的重要手段。鉴于此，有必要对园林中的设计手法做出探讨和总结。

（五）空间的组合

在定义园林空间时，要有一个视线范围。空间的平面形状通常无约束，而在立面上则常需控制某一视点的位置，在一个或两个视点上打破空间范围，留出透视线，作为空间的联系。因此，根据平、立面的封闭程度不同，可将其分为封闭性和通透性空间。在空间的组合时须考虑到两种情况：一是园林空间的组合与其园林构图形式的关系。园林各局部要求容纳游人活动的数量不同，对园林空间的大小和范围要求也不同，在安排空间的划分与组合时，宜将其中最主要的空间做为布局的中心，再辅以若干中小空间，达到主次分明和相互对比的效果。具体安排各类空间位置时，宜疏密相间，确定园林空间组合的使用范围。一般大型园林中，常作集锦式的景点和景区的布局，多以大型湖面为构图中心。或作周边式、角隅式的布局，以形成精美的局部。第二种情况是在小型或一些中型园林中，纯粹使用园林空间的构成和组合，满足构图上的要求。上述两种情况较为多见，但也不排除其他构图形式的使用。

（七）空间的转折和分隔

空间的转折有急转、缓转之分。在规划式的园林空间中可急转，如在主轴、副轴交汇处的空间，由此方向转向另一方向，由大空间急转成小空间。在自然式的园林空间中，宜用缓转，通过过渡空间的设置，如空廊、花架等，使转折的调子趋于缓和。

空间的分隔有虚隔、空隔之分。两室间的干扰不大，有互通气息要求者可虚隔，如用空廊、漏窗、疏林、水面等进行分隔。两空间因功能不同、风格不同、动静要求不同则宜实隔，如用实墙、建筑、山阜、密林等处理。虚隔是缓转处理，实隔是急转的处理。以某公园的空间分割联系为例，一进园门为树丛环围的入口广场，游人不能马上看到园内主要风景，只能通过道路、树丛的缝隙，隐约看到园内的景物，进而激起探究的心理，是为虚隔；而园门内的照壁、隔墙，则是维护私密性的屏障，不容他人窥视，是为实隔。

园林是满足人对自然环境的生态、景观、文化内涵、游览休息的综合要求，是园林设计为人民利益服务的综合体现。为使游人在有限的空间中有景物变化莫测的感受，达到步移景异的效果，就要充分利用园林空间。园林空间的质量直接影响着园林的景观效果。如何有效地利用山石、水体、植物及园林建筑等要素，通过空间的对比、空间的渗透、空间序列的布置，丰富美的感受，创造无尽的艺术境界是园林设计者义不容辞的责任和义务。

第二节 园林设计与园林空间

园林设计是一种环境设计，也可说是“空间设计”，目的在于给人们提供一个舒适而美好的外部休闲憩息场所。中国古典园林艺术“尽错综之美，穷技巧之变”，构思奇妙，设计精巧，达到了设计上的至高境界。究其原理，以园林艺术的形式看，乃得力于园林空间的构成和组合。但是时代发展到今天，我们的一些新建园林往往由于很少充分考虑到园林空间构成和组合的重要性而使全园少技巧之变显得平淡无奇，一览无余。这样，就存在一个如何总结历史经验，继承优秀传统，把园林空间的构成和组合这一形式构成规律用来提高园林艺术水平的问题。它既是一个理论问题，又是一个实践问题，并且是一个饶有趣味、极富创造性和引人入“境”的问题。

一、园林空间的定义与构成

空间是一个物体同感觉它存在的人之间产生的相互联系。在城市或公园这样广阔的空间中，有自然空间和目的空间之分。作为与人们的意图有关的目的空间又有内在秩序的空间和外在秩序的空间两个系列。平常所谓的外部、内部空间是相对于室内空间而言的。它既可设计成具有外在秩序（开敞或半开敞）的空间，也可设计成具有内在秩序（围合、封闭）的空间。但是内、外部空间并不是绝对划分的。如某人住在带有庭院的住所内，他的居室是内部空间，庭院就是外部空间。但相对于整个住所来说，院外道路的空间就是外部的，而园林中的空间就是一种相对于建筑的外部空间。它作为园林艺术形式的一个概念和术语，意指人的视线范围内由树木花草（植物）、地形、建筑、山石、水体、铺装道路等构图单体所组成的景观区域，包括平面的布局，又包括立面的构图，是一个综合平、立面艺术处理的二维概念。园林空间构成的依据是人观赏事物的视野范围在垂直视角（约20～60度）和水平视角（约50～150度）以及水平视距等心理因素影响下所产生的视觉效果。因此，园林空间的构成须具备三个因素：一是植物、建筑、地形等空间境界物的高度（H）；二是视点到空间境界物的水平距离（D）；三是空间内若干视点的大致均匀度。一般来说，D/H值越大，空间意境越开朗，D/H值越小，封闭感越强。实际事例证明，以园林建筑为主的园林庭院空间宜用较小的比值，以树木或树木配合地形为主的园林空间宜用较大的比值。D/H≈1时，空间范围小，空间感强，宜作为动态构图的过渡性空间或空间的静态构图使用，D/H在2～3时，宜精心设计，而D/H在3～8之间是重要的园林空间形式。

二、园林空间的类型

园林中的空间根据境界物的不同分为不同种类，主要有：以地形为主组成的空间；以植物（主要乔木）为主组成的空间，以及以园林建筑为主组成的空间（庭院空间）和三者配合共同组成的空间四类，现分述如下：

（一）以地形为主构成的空间

地形能影响人们对空间的范围和气氛的感受。起伏平缓的地形在视觉上缺乏空间限制，给人以轻松感和美的享受。斜坡，崎岖的地形能限制和封闭空间，极易使人产生兴奋和恣纵的感觉。另外，凸地形提供视野的外向性；凹地形是一个具有内向性和不受外界干扰的空间，通常给人分割感、封闭感和秘密感。

地形可以用许多不同的方式创造和限制外部空间。空间的形成可通过如下途径：对原有基础平面添土造型；对原有基础进行挖方降低平面；增加凸面地形的高度使空间完善；改变海拔高度构筑成平台或改变水平面。当使用地形来限制外部空间时，下面的三个因素在影响空间感上极为关键：空间的底面范围；封闭斜坡的坡度；地平轮廓线。这三个变化因素在封闭空间中同样起作用。一般人的视线在水平视线的上夹角40°～60°到水平视线的下夹角20°的范围内，而当三个可变因素的比例达到或超过45°（长和高为1:1）则视域就会完全封闭；当三个可变因素的比例少于18°时，其封闭感便消失。因此，我们可以运用底面积、坡度和天际线的不同结合来限制各种空间，或从流动的线形谷地到静止的盆地空间，塑造出空间的不同特性。如采用坡度变化和地平轮廓线变化而使底面范围保持不变的方式可构成天壤之别的空间。

利用和改造地形来创造空间、造景，在古典园林和现代园林中有很多成功的典例。如颐和园的万寿山和昆明湖；长风公园的铁臂山和银锄湖。一般多见于中型、大型园林建设中。因其影响深、投资多，工程量大，故经常在满足其使用功能、观景要求的基础上，以利用原有地形为主，改造为辅，根据不同的需要设计不同的地形。如群众文体活动需要平地，利用地形作看台时，就要求有一定大小的平地而且外面围以适当的坡地。安静游览的地段在分隔空间时，常需要山岭坡地。园林中的地形有陆地和水体，二者须有机地结合，山间有水，水畔有山，这使空间更加丰富多变。这种山、水结合的形式，在园林设计中广为利用。就低挖池，就高堆山，掇山置石，叠洞凿壁，除了增加景观外，还要限制和丰富空间。

（二）以植物为主构成的空间

植物在景观中除用来观赏外，还有更重要的建造功能即它能充当和建筑物的地面、天花板、围墙、门窗一样的构成、限制、组织室外空间的因素。由它形成的空间是指由地平面、垂直面以及顶平面单独或共同组成的具有实在或暗示性的范围组合。在地平面上，以不同高度植物、矮灌木来暗示空间边界，一块草坪和一片地被植物之间的交界虽不具视线屏障，但也暗示了空间范围的不同。垂直面上可通过树干、叶丛的疏密和分枝的高度来影响空间的闭合感。同样，植物的枝叶（树冠）限制着伸向天空的视线。亨利·F·阿诺德在他的著作《城市规划中的树木》中介绍到：在城市布局中，树木的间距应为3—6M，如果间距超过9M便会失去视觉效应。因此我们在运用植物构成室外空间时，只有先明确目的和空间性质（开旷、封闭、隐密、雄伟），再选取、组织设计相应植物。

下面简述一些利用植物构成的基本空间类型。

1．开敞空间：四周开敞，外向无私密性。

2．半开敞空间：开敞程度小，单方向，通常适用于一面需隐密性，而另一侧需景观的居民住宅环境中，在大型水体旁也常用。

3．覆盖空间：利用浓密树冠的遮荫树，构成顶部覆盖、空透的空间。一般来说，该空间能利用覆盖的高度形成垂直尺度的强烈感觉。另一种类似于此空间的是“隧道式”空间（绿色长廊），它是由道路两旁的行道树树冠遮荫而成，增强了道路直线前进的运动感。

4．完全封闭空间：四周均被中小型植物所封闭，无方向性，具极强的隐密，隔离性。

5．垂直空间：运用高而细的植物构成一个方向直立，朝天开敞的空间。设计中垂直感的强弱取决于四周开敞的程度。这种空间尽可能利用锥形植物，越高则空间越大，而树冠则越小。

三、现代园林设计理念及特点

园林空间环境设计既要引导游人不断去探索新的空间，又要吸引人停下欣赏周围的美景。其中既有对公共场合大型活动的要求，又有对私密性活动的要求。园林设计中通过界面限定了各种不同空间。空间的形状和界面的处理是决定空间的重要因素。

（一）现代园林设计理念

现代的园林向着一体化的风格发展，整合了空间组织的现代设计。在设计追求良好的服务或者使用功能，如：为人们休息或散步、聊天或晒太阳等一些户外的活动提供非常充足的场所与场地，把人们生活中的行为要求充分地考虑了进去，追求的不再是烦琐的装饰，反而对平面的布置、对空间组织的形式有了更高的追求，设计的手法也变得越来越丰富。尤其是在形式的创造方面，在现代各种主义以及思潮纷争的条件下，现代的园林设计把之前没有的自由与多元化的特点充分地展现在人们面前。另外，很多设计师仍然把传统的设计为基础，在造型中依然使用理性的方式进行空间的探索。在各种条件的影响下，现代设计的基本的特点形成了，有强烈的构图，也有简洁的几何线条，形式自由多样。

（二）园林设计特点分析

园林设计具有一定的复杂性，园林方案的特点有创作性、双重性、综合性、社会性与过程性。

一是创作性，设计的过程就是一个创作的过程，不但需要主体具备想象力，还需要开放的思维。园林设计者在进行园林绿地设计时，会有很多矛盾与问题存在，只有发挥创新意识并且运用创造能力，才能做出具有丰富的内涵，新奇的形式的园林作品。而对于刚开始学习的人员来讲，创造能力与创新意识是非常重要的，是学习专业的重要基础与目标。

二是过程性，在设计风景园林中，要进行相应的分析与调研，并且要具有科学性与全面性，要敢于思考，能够听取别人的意见，在众多的论述中选择较好的方案并进行优化。设计的过程就是一个不断修改、改进、发展的过程。

三是社会性，对于城市空间环境而言，园林绿地景观是其中的一部分，具有一定的社会性。这种特性对园林的工作者的创作也提出一个要求，就是平衡社会的效益以及个性的特色。首先要找到一个恰当的切入点，才能做出体现人性的作品。对设计者来讲不管是功能还是形式，都是需要重视的两个方面。方案设计方法一般分为先功能后形式，与先形式后功能，它们之间最大的区别在于切入点与侧重点不一样。“先功能”是以平面设计为起点，重点研究功能需求，再注重空间形象组织。从功能平面入手，这种方法更易于把握，有利于尽快确立方案，对初学者较适合。但是这种方法很容易使空间形象设计受阻，在一定程度上制约了园林形象的创造性发挥。“先形式“是从园林的地形、环境入手，进行方案的设计构思，重点研究空间组织与造型，然后再进行功能的填充。这种方法更易于自由发挥个人的想象与创造力，设计出富有新意的空间形象。

四、园林设计的基本原则

（一）统一与变化原则

在园林设计工作中，统一原则意味着部分与部分之间、部分和整体之间能够达成一致，使得各个元素之间都能够形成彼此关联和协调的关系。而变化则说明各个构建和元素之间存在着一定的差异，但是其又是一个整体统一的态势和发展要求。这种设计原则的应用在一定程度上表现出其

“相互交叉、局部变化”的模式，但是其前提是统一而又合理，避免在设计工作中出现整体单调和乏味的现象，同时在设计工作中强调变化则很容易造成整个工作杂乱无章，毫无秩序。

（二）对比和相似

园林设计工作中所涉及的要素众多，各要素之间也存在着一定的差异。这些差异主要表现在形态、色彩和质感方面，从而使人产生强烈的形态感情。这也是是个性设计发挥的基础，主要表现在量的太小、多少，方向的前后、左右，层次的高低、错落，形状的曲直、圆润，色彩的明暗、冷暖和材料的光滑粗糙、轻重等方面。设计中要权衡对比与相似的关系。恰当地利用组景的各要素，物尽其用，个体为整体服务。

（三）均衡

均衡是部分与部分或部分与整体之间平衡。

1. 对称均衡

对称均衡是简单的、静止的，具有庄严、宁静的特点。对称有三种：一是以一根轴为对称轴的两侧对称，即轴对称。二是以个点为中心的中心对称。三是按一定的角度旋转后的旋转对称。对称均衡是规整的构成形式，有着明显的秩序性，是达到统一的常用手法。

2. 不对称均衡

不对称均衡是复杂的、动感的。这种形式的对称没有明显的对称轴和对称中心，但是它具有相对稳定的构图重心。不对称均衡的形式自由、多样、构图活泼自然、富于变化。我国的古典园林中大多采用这种形式筑山、理水、布置庭院。

五、园林空间的营造

（一）无形空间环境的营造

无形空间环境的营造首先在立意。立意可通过匾额、楹联、诗文等形式来完成。由此点染出园林空间的丰富意境，体现出园林空间营造中对社会环境的要求。

中国古典风景园林在道家思想的影响下，比较重视“意”，即园林所表达的情感与意义。它强调运用多种园林要素如自然界的花木、水、生物等自然要素何建筑物等人造物以及因二者呼应所产生的天、地、人和谐统一的美学境界。这一风景园林的设计方法对中国古典园林与现代城市设计产生的影响体现在设计的立意与布局上。无论是中国古代城市设计，还是现代城市设计，都以“经营位置”为主要原则，空间及各种设计要素的相互关系成为设计的最基本和具有决定性的因素。另外，园林设计中香味、声音等的巧妙安排，也可形成一种特殊的氛围。无论是“留得枯荷听雨声”、“暗香浮动月黄昏”，还是“鸟鸣山更幽”。都为景物增添了许多情趣。

（二）有形空间环境的营造

有形空间环境的营造就是针对场地中一系列客观的、相互矛盾的现状资源提出一个空间解决方案，一个合理、巧妙的园林设计。首先要抓住原场地中那些本质的、内在的，特别是文化性的东西，将它们在设计中表现出来。以一种倾向性和具有普遍性的运动规律，反映出有形的空间序列和无形的时间性，使它们体现各自的特性。

所谓空间感的定义是由地平面、垂直面以及顶平面单独或共同组合成的具有实在的或暗示性的范围围合。仅以植物为例。植物可以以其不同种类、形状、高度组成空间的任何一个平面。在园林设计中以建筑体现功能，以植物为主造园并辅助划分环境空间，以园林构造物点缀其间烘托气氛，利用大小、虚实、疏密、明暗、曲直、动静的对比手法，通过巧妙的借景、障景、围合、隔断等手段，设计出尺度、形态、围合程度不尽相同的空间，充分表现园林设计的丰富内容和意境。这其间，林缘的晃动、树木的枝杈以及草地的起伏变化，都是构成空间的元素。

空间形态由空间、形体、轮廓、虚实、凹凸等各要素构成，这些要素和实用功能是紧密联系的。功能作为人们构建空间环境的首要目的，而空间形式形态是由功能的客观存在而存在。环境空间形式形态完全由功能所决定，但环境空间的形式形态必须适合与功能要求。

第三节　中国园林布局的特点

中国园林荟萃于江南，尤以苏州为胜，多为明清时代的遗存。从造园的历史发展来看，明清园林较之唐宋空间范围已在缩小，在本已不大的空间里，再建筑许多庭院，空间上的矛盾也就更加尖锐，主要表现在两个方面：一是如何在这样局促的空间里再现自然山水的形象？二是如何使端方齐整的庭院与自然山水的景境创作有机结合起来，创造出和谐而完整的园林艺术形象。正由于这种历史发展所形成的矛盾，园虽一而质已不同。基于这个认识，从“空间布局”这一角度出发，应该加深对中国园林造园手法的认识。

园林布局，用现代话说，就是在选定园址的基础上进行总体规划，根据园林的性质、规模、使用要求和地形地貌的特点进行总的构思。它不仅要考虑园林内部空间的现状，还要研究外部空间的现状和特点。这样的构思是通过一定的物质手段——山石、水面、植物、建筑等一一进行的。按照美学的规律去创造出各种适合人们游赏的环境。因此，正确的布局来源于对园林所在地段环境的全面认识，分清利弊，扬长避短，这就要求对园林整体空间中各种环境进行丰富想象和高度概括。

一、突破园林空间范围较小的局限，实现小中见大的空间效果

（一）利用空间大小的对比

江南的私家园林，一般把居住建筑沿边界布置，把中间的主要部分让出来布置园林山水，形成主要空间。在这个主要空间的外围布置若干次要空间及局部小空间，各个空间与大空间联系起来。这样既各具特色，又主次分明。在空间的对比中，小空间烘托、映衬了主要空间，大空间更显其大。如苏州网师园的中部园林，从题有“网师小筑”的园门进入网师园内的第一空间，就是由“小山丛桂轩”等三个建筑以及院墙所围绕的狭窄而

封闭的庭院，庭院中点缀着山石树木，烘托出了幽深宁谧的气氛。但当从这个庭院的西面，顺着曲廓北绕过濯缨水阁之后，突然闪现水光荡漾、水崖岩边、亭榭廊阁、参差间出的景象。也正由于前一个狭窄空间的衬托，这个近均“30米×30米’d山池区就显得较实际面积辽阔开朗了。

（二）注意选择适宜的建筑尺度

在江南园林中，建筑在庭院中占的比重较大。因此，江南园林很注意建筑尺度的处理。在较小的空间范围内，一般均取亲切近人的小尺度，体量较小。有时还利用人们观赏物体“近大远小”的视觉习惯，有意识地压缩位于山顶上的小建筑的尺度，而造成空间距离较实际略大的错觉。如苏州怡园假山顶上的螺髻亭，体量很小，柱高仅2．3米，柱距仅1米。又如网师园水池东南角上的小石拱桥，微露水面之上，从池北南望，流水悠悠远去，似有水面深远不尽之意。

（三）增加景物的景深和层次

在江南园林中，造景深多利用水面的长方向，往往在水流的两面布置石林木或建筑，形成两侧夹持的形式。借助于水面闪烁无定、虚无缥缈、远近难测的特性，从流水两端对望，无形中增加了空间的深远感。同时，园林中景物的层次越少，越一览无余，即使是大的空间也会感觉变小。相反，层次多，景越藏，越容易使空间感觉深远。因此，在较小的范围内造园，为了扩大空间的感受，在景物的组织上，一方面运用对比的手法创造最大的景深，另一方面运用掩映的手法增加景物的层次。

可以拙政园中部园林为例，由梧竹幽居亭沿着水的长方向西望，不仅可以获得最大的景深，而且大约可以看到三个景物的空间层次：第一个空间层次结束于隔水相望的荷风四面亭，其南部为邻水的远香阁和南轩，北部为水中的两个小岛，分列着雪香云蔚亭与待霜亭；通过荷风四面亭两侧的堤、桥可以看到结束于“别有洞天”半亭的第二个空间层次；而拙政园西园的宜两亭及园林外部的北寺塔，高出很矮游廊的上部，形成最远的第三个空间层次。一层远似一层，空间感比实际的距离深远得多。

（四）扩大空间感

利用空间回环相扣，道路曲折变幻的手法，使空间与景色渐次展开，连续不断，周而复始，造成景色多而空间丰富的效果，类似观赏中国画的山水长卷，有一气呵成之妙，而无一览无余之弊。路径的迂回曲折可以增大路程的长度，延长游赏的时间，使人在心理上扩大了空间感。

（五）接外景

由于园外的景色被借到园内，人的视线就从园林的范围内延展开去，而起到扩大空间的作用。如无锡寄畅园借惠山及锡山之景。

（六）通过意境的联想来扩大空间感

苏州的环秀山庄的叠石是举世公认的好手笔。它把自然山川之美概括、提炼后浓缩到一亩多地的有限范围之内，创造了峰峦、峭壁、山洞、峡谷、危径、山洞、飞泉、幽溪等一系列精彩的艺术境界，通过“寓意于景”，使人产生“触景生情”的联想。这种联想的思路，必能飞越那高高围墙的边界，把人的情思带到浩瀚的大自然中去，这样的意境空间是无限的。这种传神的“写意”手法的运用，正是中国园林布局上的高明的地方。

二、突破园林边界规则、方整的生硬感觉，寻求自然的意趣

（一）以“之”字形游廊沿外墙布置，以打破高大围墙的闭塞感。曲廊随山势蜿蜒上下，或跨水曲折延伸，廊与墙交界处有时留出一些不规则的小空间点缀山石树木，顺廊行进，角度不断变化，即使墙在身边也不感觉到它的平板、生硬。廊墙上有时还嵌有名家的“诗条石”，用以吸引人们的注意力。从远处看过来，平直的“实”墙为曲折的“虚”廊及山石、花木所掩映，以廊代墙，以虚代实，产生了空灵感。

（二）为打破围墙的闭塞感，不仅注意“边”的处理，还注意“角”的处理，一般不造成生硬的90° 转角。常见的手法有在转角部位叠以山石，山上建亭，亭有时爬山斜廊接引，使人们的视线由山石而廊、亭，再引向远处的高空，本来局促的角落变成为某种艺术的境界。有的还采取布置扇面亭的办法，把人的注意力引向庭院中部的山池，敞亭与实的转角之间让出小空间作适当点缀。这些都是很生动的处理。

（三）以山石与绿化作为高墙的掩映。在白粉墙下布置山石、花木。在光影的作用下，人的注意力几乎全被吸引到这些物体的形象上去，而

“实”的白粉墙就变为它们“虚”的背景，有如画面上的白纸，墙的视觉界限的感受几乎消失了。这种感觉在较近的距离内尤为突出。

（四）以空廊、花墙与园外的景色相联系，把外部的景色引入园内。在外部环境优美时经常采用。苏州沧浪亭的复廊就是优秀的实例，人们在复廊内外穿行，内外都有景可观，并不意识到园林的边界。

三、突破自然条件上缺乏真山真水的先天不足，以人造的自然体现出真山真水的意境

江南的私家园林在城市平地的条件下造园，没有真山真水的自然条件，但仍顽强地通过人为的努力，去塑造具有真山真水意趣的园林艺术境界，在“咫尺山林”中再现大自然的美景。这种塑造是一种高度的艺术创作，因为它虽然是以自然风景为蓝本，但又不停留在单纯抄袭和模仿上，比自然风景更集中、更典型、更概括，因此才能做到“以少胜多”。同时，这样的创作是在掌握了自然山水之美的组合规律的基础上进行的，只有这样才能“循自然之理”，“得自然之趣”。如：“山有气脉，水有源流，路有出入”；“主峰最易高耸，客山须是奔趋”；“山要回抱，水要萦回”；“水随山转，山因水活”；“溪水因山呈曲折，山蹊随地作低平”。这些都是从真山真水的启示中，对自然山水美规律的很好的概括。

为了获得真山真水的意境，在园林的整体布局上还特别注意抓住总的结构与气势。中国山水画就讲究“得势为主”，认为“山得势，虽萦纡高下，气脉仍是贯穿。林木得势，虽参差向背不同，而各自条畅。山坡得势，虽交错而不繁乱。”这是“以其理然也”，“神理凑合”的结果。园林布局中要有气势，不平淡，就要有轻重、高低、虚实、静动的对比。山石是重的、实的、静的，水、云雾是轻的、虚的、动的，把山与水恰当地结合起来，使山有一种奔走的气势，使水有漫延流动的神态，则水之轻、虚更能衬托出山石的坚硬、凝重；水之动必更见山之静，而达到气韵生动的景观效果。

中国园林的历史，源远流长，明清两代无论在造园艺术和技术方面都达到了十分成熟的境地，并形成了地方风格。又由于受到外来文化的影

响，在总体布局，园林建筑设计，掇山理水，色彩处理等方面都强烈地表现出独特的民族风格。构造的咫尺山林，呈现出来一种重含蓄，贵神韵，小中见大的景观效果。园内建筑也有供主人日常游憩、会友、宴客、读书、听戏等要求的多种样式。园林的布局，则多与住宅相关联，通过空间艺术的变化，营造出平中求趣、拙间取华的效果。

中国园林有各种类型，由于中国园林都是以自然风景作为创作依据的风景式园林，因此有一些共同特点。

第一，园林布局主要指导思想——师法自然，创造意境。如何使园子百看不厌，虽小不觉小，实现师法自然，创造意境的要求，实在是园林布局上的一大难题。要解决这个难题，必须在以下三个问题实现突破才行。第一突破园林空间范围较小的局限，实现小中见大的空间效果，主要采取下列手法。利用空间的大小对比；选择合宜的建筑尺寸；增加景物的景深和层次；利用空间回环相通，道路曲折变幻的手法，使空间与景色渐次展开，连绵不断，周而复始，造成景色多而空间丰富，类似观赏中国画的山水长卷。路径回环曲折，可延长游赏时间，使人心理上扩大空间感。借外景；通过意境的联想来扩大空间感。第二突破园林规则，方正的生硬感，寻求自然意趣。采用以“之”形游廊贴外墙布置，以打破高大围墙的闭塞感；为打破围墙的闭塞感，不仅注意“边”的处理，还注意“角”的处理；“实”的粉墙变成为它们“虚”的背景，犹如画面上的白纸，墙的视觉界限的感受几乎消失了，这种感觉在较近的距离内犹为突出；空廊、花墙与园外的景色相联系，第三突破自然条件缺乏真山真水之先天不足，以人造自然条件体现真山真水的意境。从真山真水中得到启示，对自然山水美的规律进行很好的概括。

第二，造园的基本原则与方法在于巧于因借，精在体宜。一个良好的布局，应该从客观的实际出发，因地制宜，扬长避短，发挥优势，顺理成章，不凭主观臆想，人为捏合造作，而是对地段特点及周围环境进行深入考察，顺自然之势，经过对自然山水美景的高度提炼和艺术概括的“再创造”，达到“虽由人作，宛自天开”的效果。计成在《园冶》中强调“构园无格，有法而无式”，这个“法”就是“巧于因借，精在体宜”。

无锡寄畅园，在布局上以山为重点，以水为中心，以山引水，以水衬山，山水紧密结合。“相地得宜”园内山丘为园外主山余脉，经过人为的恰到好处的加工与改造劈山凿谷，以石抱石，在真山石中掇石。它不去追求造型上的秀奇，高耸，而着力追求在其自然山势中粗中有秀，犷中有幽，保持自然山态的基本情调，不去追求个别石的奇峰，怪石，而是精心安排好整体雄泽气势，高度上起伏层次，平面上开合变化，用简练，苍劲，自然的笔触去描绘真幽雅的意境。水面与山大体平行，以聚为主，聚中有分。地面空间形成“放—收—放”的两大层次。同时，一个好的园林布局，还必须突破自身在空间上的局限，充分利用周围环境上的美好景色，因地借景，选择好适宜的观景点，扩大视野的深度与广度，使园内外的景色融汇为一体。寄畅园主要观赏点“涵碧亭”等都散点式地布置于池东及池北的位置，向西望去，透过水地与对岸整片的山林，惠山的秀姿隐观在它的后面，近、中、远景一层远似一层，绵延起伏，园外有园，景外有景。

第三，传统园林显著的特点即是划分景区，园中有园，从而获得丰富变化的园景，扩大园林的空间效果。

庭院是中国园林的最小单位，空间构成比较简单，一般被房廊，墙等建筑所环绕，院内适当布置山石花木点缀。庭院较小时，外部空间从属于建筑的内部空间，只是作为建筑内部空间的自然延伸与必要补充；庭院较大时，建筑成了庭院自然景观的一个构成因素，建筑是附属在庭院整体空间的，它的布局和造型更多地受到自然环境的约束与影响。这样的庭院空间就可称为小园了。

当园林进一步扩大时，一个独立的小园已不能够满足园林造景上的需要，因此，园林布局与空间构成产生许多变化，创造了很多平面与空间构图方式。这种构图方式最基本的一点，就是把园林划分为几个大小不同，形状不同，性格各异，各有风景主题与特色的小园，并运用对比、衬托、层次、借景、对景等设计手法，把这些小园在园林总的空间范围内很好地搭配起来，形成主次分明又曲折有致的体形环境，使园林景观小中见大，以少胜多，让人们能在有限空间内获得无限丰富的景色。

一些江南园林，由于面积小，一般以处于中部山池区域作为园林主要景区，在其周围布置若干次要的景区，形成主次分明，曲折与开朗相结合的空间布局。主要景区突出某一方面的特点，有的以山石取胜，如扬州个园四季假山，有的以水见长，如网师园。解放后，新建的园林如广州花园苗圃则以植物作为造园主题，也很有特色。

北方离宫比私家园林规模大得多，一般都是用优美的自然山水改造，兴建的，具有多样的地形条件，有利于形成多种多样的园林景观。这样就发展成为一种新的规划方法："建筑群，小园区与景区相结合的风景点，各风景点就是散置的或成组的建筑物与叠山理水自然貌相结合而构成的一个具有开阔境界或一定视野的体形环境，它既是观景的地方，也具有"点"景的作用。所谓小园就是一组建筑群与叠山理水自然地貌所形成的幽闭的或者较幽闭的局部空间相结合，构成一个相对独立的体形环境"。它可以成为一座独立的小型园林，即所谓"园中之园"。

景区是按照景观特点而划分的较大的单一空间或区域。它往往包括若干风景点，小园或建筑群，由许多建筑物，风景点，小园再结合若干景区而组成的大型园林，既有按景分区的开阔大空间，也有一系列不同形式，不同意趣，有开有合的局部小空间。如避暑山庄根据有群山，河流，泉水及平原的特点，而把全园分为湖泊、平原与山岳三个不同的景区。

中国园林很注意景区划分，同时也很注意各景区之间的联系与过渡。避暑山庄在山区与湖区，平原区相毗邻的山峰上，分别建有几座亭子，并在进入山区的峪口地带重点布置了几组园林建筑。它们既点缀了风景，又起引导作用，把山区，湖区平原区联系起来，在小型园林中，不同景区分划与过渡，一般用小尺度的山石、绿化或垣墙、洞门等细致的手法进行处理。

在中国的古典园林中，从山水造景到空间的意匠，以及一系列空间处理的技巧和手法，都偏重于感性形态，但在感性的经验中，却又充满着古典的理性主义精神，在艺术思想上提出了许多对立的范畴，闪耀着艺术辩证法的光辉。也正是由于我国古代园林工作者的不懈追求，才使得今天的园林艺术百花齐放。深入地探究我国古典园林的造园手法将对当前造园艺术的创新与突破起到不可估量的作用。

第三章
园林建筑的分类

第一节 园林建筑小品

园林中供休息、装饰、照明、展示和为园林管理及方便游人之用的小型建筑设施称为园林建筑小品。一般没有内部空间，体量小巧，功能简明，造型别致，富有特色，并讲究适得其所。这种建筑小品设置在城市街头、广场、绿地等室外环境中便称为城市建筑小品。园林建筑小品在园林中既能美化环境，丰富园趣，为游人提供文化休息和公共活动的方便，又能使游人从中获得美的感受和良好的教益。在园林中起点缀环境，活跃景色，烘托气氛，加深意境的作用。

一、研究背景

随着人们对园林认识水平的提高，作为园林建设中不可缺少的建筑小品就非常有必要为大家所了解和熟知。对园林建筑小品的认知程度直接关系到园林建设的好坏，通过对园林建筑小品的研究，我们可以设计建造出更多更加优美的园林作品。特别是坐落于两河交界处的临沂市，水资源丰富，滨水、亲水建筑小品应用比较频繁。

（一）国内外研究现状

当前，中国园林景观规划设计领域空前繁荣，项目之多、规模之大、建设速度之快、远超世界其他各国。园林小品作为园林建设中不可缺少的要素，国内外园林工作者对它的研究、探索及发展都在积极地进行着。

（二）研究目的和意义

园林小品作为园林建设中不可缺少的要素。它的存在可以使园林充满活力与生气，重新赋予了园林新的涵义。研究的目的和意义就在于可以使我们更好更直观地了解园林建筑小品在园林中的种类及用途。

二、园林建筑小品的定义及功能

（一）园林建筑小品定义

园林建筑小品是指园林中供休息、装饰、照明、展示和为园林管理及方便游人的小型建筑设施。在园林中既能美化环境，丰富园趣，为游人提供文化休息和公共活动的方便，又能使游人从中获得美的感受和良好的教益。园林建筑小品的内容及其丰富，包括园灯、园椅、园桌、园桥、雕塑、喷泉、栏杆电话亭果皮箱标志牌解说牌门洞景窗花坛花架等等。

（二）使用功能

每个园林建筑小品都有具体的使用功能。例如：园灯用于照明；园桥园凳用于休息；解说牌及展览栏用于提供游园信息；栏杆用于安全防护、分隔空间等。为了取得景观效果，园林建筑小品既要进行艺术处理和加工，又要符合其使用功能，即符合技术上，尺度上和造型上的特殊要求。

（三）装饰功能

园林建筑小品以点缀装饰园林环境为主，例如：湖滨河畔、花间林下布置古朴的桌凳，创造一个优美的景点；一道曲折又漏窗的园墙可以使人顿生曲径通幽之感；草地上铺设石径、散置几块山石并配以石灯和几株姿态虬曲的小树等等。对于独立性较强的建筑小品，如果处理得当，往往成为造园的一景，如：杭州西湖的“三潭印月”，就是一种以传统的水亭石灯的小品形式漂浮于水面，使西湖的月夜景色更为迷人。

三、园林建筑小品的分类及用途

园林建筑小品按功能可分为观赏型园林建筑小品，与集观赏和使用为一体的观赏的实用型园林建筑小品两大类。观赏实用型园林建筑小品还可细分为休息性的、服务性的和管理性的三种。园林建筑小品虽说“小”，但其影响之深，作用之大，用“画龙点睛”来形容也不为夸张。犹如点缀在园林绿地中的明珠一样，光彩照人！

（一）观赏型园林建筑小品

1. 雕塑

雕塑是观赏型园林建筑小品中的代表。雕塑历史悠久，发展到现在其题材、样式在不断地推陈出新，应用也越来越广泛。从雕塑手法上可分为圆雕和浮雕；若以其机能和价值可分为宗教性、纪念性、主体标志性、装饰性等；若以造型形态可分为具象型、抽象型、半抽象型等等。雕塑，是一种具有强烈感染力的造型艺术，来源于生活，往往予人以比生活本身更完美的欣赏和玩味，美化人们的心灵，陶冶人们的情操，赋予园林鲜明而生动的主题，独特的精神内涵和较强的艺术感染力，起到点缀景观，丰富游览的作用。现在的雕塑如北京雕塑公园仙鹤雕塑等，更是加深意境，启迪人的思想，激发人们的生活热情，给人以强烈的艺术感受。

2. 石碑刻字

以中国书法的独特艺术，将墨迹留刻在石碑上或悬崖上。如山东曲阜的孔林，就有许多历代文人墨客的书法石碑。山东的泰山也有许多刻在悬崖上的历代君主的书法遗迹。石碑刻字，是书法墨迹石刻，宣传了我国是一个有着灿烂文化的文明古国，通过历代的君主和文化名人在其不平凡的一生留下了许多精美书法作品，一个不平凡的山水环境因这些不凡的石刻而扬名国内外。有了这些具有高雅文化气息的碑文石刻，园林的文化更加得到充实、丰富和发展。

3. 花坛

花坛是在一定范围的畦地上按照整形式或补半整形式的图案栽植观赏植物以表现花卉群体美的造景。有几种分类方法：按其形态可分为立体花坛和平面花坛两类；按观赏季节可分为春花坛、夏花坛、秋花坛和冬花坛；按栽植材料可分为一二年生草花坛、球根花坛、水生花坛、专类花坛（如：据花坛、翠菊花坛）等。按表现形式可分为：花丛花坛、绣花式花坛或横纹花坛。花坛与其他园林建筑小品搭配，组合得当，会创造优美的环境，烘托气氛、增强空间感染力。随着现代社会的发展，花坛在园林中表现的内容更加精彩、和谐，激发人们对美好生活的追求与酷爱。

4. 园林孤赏石

所谓“园可无山，不可无石”就说明了“石”的重要，我国园林历来将石做为一种重要的造景材料，其造型千姿百态，寓意深刻，令人叹为观止。石有天然轮廓之特色，是园林建筑与自然空间联系的一种美好的中间介质。石为短暂生命及无限时空的中介物，中国人欣赏石，好比西方人欣赏抽象雕塑，不在乎石头本身的形态而看中神似，从而产生美好的联想。“片石多致，寸石生精”也说明了“石”的造景魅力。

（二）观赏实用型园林建筑小品

1. 休息性的园林建筑小品

花架是用钢性材料构成一定形状的格架，供攀缘植物攀附的园林设施，又称棚架、绿廊。其形式有：廊式花架，最为常见，片版支撑于左右梁柱上。片式花架，片版嵌固于单向梁柱上，两边或一面悬挑，形体轻盈活泼。独立式花架，以各种材料作空格，构成墙、花瓶、伞、亭等形状。

花架可用于各种类型的园林绿地中，常设置在风景优美的地方供休息和点景，也可以和亭、廊、水榭等结合，组成外型美观的园林建筑群；在居住区绿地、儿童游戏场中花架可供休息、遮荫、纳凉；用花架代替廊子，可以连系空间；用格子垣攀缘藤本植物，可分隔景物；园林中的茶室、冷饮部、餐厅等，也可以用花架作凉棚，设置坐席；也可用花架作园林的大门、园椅、园凳、圆桌、遮阳的伞、罩等，常结合环境，用自然块石或用混凝土做成仿石、仿树墩的凳、桌；或利用花坛花台边缘的矮墙和地下通气孔道来当作椅、凳等，围绕大树根基部设椅凳，既可休息，又能纳荫。

2. 服务性的园林建筑小品

如园灯、宣传廊、宣传牌、解说牌等能满足人们生活要求，为游人在游览中提供享受的服务设施。园灯等既有照明又有点缀装饰园林环境的功能，因此，既要保证夜间游览活动的照明需要，又要以其美观的造型装饰环境，为园林景色添增生气。绚丽明亮的灯，可使园林环境气氛更加热烈、生动、欣欣向荣，富有生机，而柔和的灯光又会使园林环境更加宁静、舒适、亲切宜人。因此，灯光衬托各种园林气氛，使园林环境更加富有诗意。宣传廊、宣传牌、解说牌是园林中极为活跃，引人注目的宣传设施，是园林中群众性的开放式宣传教育地，其形式活泼，易于接受，受到广大群众的欢迎。

3. 管理性的园林建筑小品

为保护园林设施而设栏杆、墙、门洞及窗洞等，如栏杆按其功能可分为4类：围护栏杆、靠背栏杆、坐凳栏杆、镶边栏杆，墙垣有围墙与景墙之分，门洞有几何形与仿生形，窗洞有空窗、漏窗、景窗等等。

栏杆主要是保护功能，还用于分割不同活动内容的空间，划分活动范围以及组织人流。同时，它又是园林的装饰小品，用以点景和美化环境。墙垣，门洞及窗洞主要是防卫作用，同时具有装饰环境的作用。墙垣中的围墙作构筑维护，景墙以其优美的造型来表现，更重要的是在园林空间的构成和组合中体现出来，可以独立成景，与周围的山、石、花木、灯具、水体等构成一组独立的景物。门洞除可供人出入外，也是一副取景框，还可以提示人前进的方向，组织游览路线，而且沟通了门内外的园林空间，形成生动的风景画面，达到“别有洞天”、“步移景异”的效果。窗洞在造景上也有着特殊的地位和作用，更使园林空间通透，流动多姿。

四、临沂滨水建筑小品在沿河的应用

滨水区域是拥有水域资源城市中的一个特定空间地段，指与河流、湖泊、海洋毗邻的土地或建筑或城镇邻近水体的部分。

（一）沂蒙音乐喷泉

水在常温下是一种液体。本身并无固定的形状，其观赏的效果决定于盛水物体的形状、喷水的造型、灯光、水质、周围的环境等。水的各种形状、水姿，都和盛器相关。盛器设计好了，所要达到的水姿就出来了。当然这也和水本身的质地有关。一般来说。水要求透明、无色、无味，在水体中补充人工照明，通过各种颜色的灯光照射，达到了人们想要的效果。观赏效果晚上优于白天。

临沂沂河滨水音乐喷泉依河而建，从河岸修建水上走廊向河中延伸，设计标高与河水日常水位相当。利用自然的办法不仅节省投资和管理费用，而且能取得生态平衡。但是沂河在夏季行洪季节水量大、水位高，水平面超过喷泉设计标高，影响喷泉效果。同时在冬季枯水季节水面低于喷泉设计标高，使水下部分露出水面，同样影响景观效果。

（二）亲水平台

沂河绕过临沂城，它最大的功能是防洪，因此沿岸建有堤坝，人们从岸上不能近距离地接触水。而亲水平台让人们近距离地接触水，使防洪堤到水面之间跌落的台级和平台产生富于变化的空间，对人具有较强的吸引力。周围设有仿木栏杆，本身就是一道风景，从而提高安全性和亲水性。与水面的开口处是城市中为数不多的人与水面能够近距离接触的地段。

（三）书法广场

临沂书法广场利用书法石刻，以不同的造型、不同的内涵、不同的材质、甚至是不同的颜色相互搭配，相映成趣，独成一景。用大理石碑、花岗岩墙壁、天然岩石为载体，以中国五千年灿烂书法文化为底蕴，展示了历代君主和文化名人在其不平凡的一生里留下的许多精美的书法作品，利用地势的不同，石头的大小、造型，以临沂历史文化名人书圣王羲之的《兰亭序》为主要表达内容，不同名人书法相互搭配，独立成景，又相融于整个造景。书法广场，是临沂沿河湿地公园的一个亮点，受到广大市民的喜爱。

五、滨水建筑小品设计的基本准则

（一）宜“活”不宜“死”的原则

城市有了水，就有了生机，流动的活水可以带给城市灵气与活力。如果将城市水系比喻为城市的血脉，那么流动的城市水系就是保证城市血液流动的基本条件，城市血脉流动和更新是保证城市肌体健康的前提。

（二）宜“弯”不宜“直”的原则

河流的自然性、多样性弯曲是河流的本性，所以设计滨水小品时，要随弯就弯，不要裁弯取直。河流纵向的蜿蜒性，（形成了）急流与缓流相间，深潭与浅滩交错的景观。天然河道没有一条是笔直的，如果修建一条笔直、而且等宽的河道，它势必等速，等速的河道里水生动植物难以生长。只有蜿蜒曲折的水流才有生气、灵气。尽量避免直线段太长，能弯则弯，用蜿蜒、蛇形、折线等代替直线。在河道转弯时，也不要用一个半径去完成转弯，尽量多一些变化，甚至弧线、折线共用，这样做不但有其美学价值，而且在水文学和生态学方面也有其独特的功能。

（三）虚实结合的原则

“仁者乐山，智者乐水”，“上善若水。水善利万物而不争，处众人之所恶，故几于道。”就是说，最高的善像水一样，水善利用万物而不与之相争。它甘心处在人不愿待的低洼之地，很相似于“道”。“浊而静之徐清，安以重之徐生。”浑水静下来慢慢就会变清，安静的东西积累深厚会产生变化。水中有哲理，水中有道意，水中有禅味。

六、临沂滨河建筑小品设计中存在的问题

沂河沿岸亲水建筑小品是城市公共空间的景观结构中的一个重要环节。虽然人们想尽善尽美地设计、施工，但是仍然存在一些问题。

（一）景观雷同

沂河沿岸亲水建筑小品在设计时多采用借鉴的原则，模仿了国内的很多大城市的音乐喷泉，设置大喷泉、大水体的壮观美丽的水景。没有结合自身的优势与特点，设计出别具一格的音乐喷泉，使得水景千篇一律，没有特色。

（二）浪费水资源，破坏生态

在水资源日益匮乏的今天，由于人们不注意污水的处理，把大量未经处理的污水排到天然河道，污染了水体，影响了水资源的有效性，造成有水不能用，形成了水质性缺水的严重状况。同时大面积开发沂河的原始地貌，大面积的亲水、赏水等人类活动设施的建造，严重破坏了原本脆弱的沂河天然生态系统，对环境破坏的影响更大。

（三）亲水建筑小品中欠缺再现水生植物群落系统

设计中欠缺再现水生植物群落系统是一大缺陷。硬质的底质、生硬的

驳岸等造成了水生植物难以再在水景中得到应用或难以形成群落结构，从而使生动自然、美丽的水景不能有效地体现出来。

七、解决方案

（一）如何做到“巧于立意，突出内涵”

园林建筑小品具有精美，灵巧和多样化的特点，在作为园林中局部景物主体时，应具有相对独立的意境，还应有一定的思想内涵，才能产生感染力。这是园林建筑小品创作是首先要考虑的元素。

（二）如何做到彰显城市文化特色

一个城市在它的形成过程中集聚了丰富的文化内容，这些文化内容可以通过建筑主体乃至园林建筑小品表现出来，如北京的故宫的华表、山东曲阜的碑林、石刻，苏州的园林石雕、石狮等，乃至成都的解放碑，这些都是城市文化与特设的代表作品。园林建筑小品创作应考虑到地域人群的文化、趣味取向，从而创造出有城市特色的园林建筑小品。

（三）如何做到“源于自然，融于自然”

美学家李泽厚先生，将园林美学概括为“人的自然化和自然的人化”，而科学艺术的园林建筑小品的营造，应该“虽由人作、宛自天开”、“源于自然、高于自然”。公园广场和居住小区绿地建设时，应考虑到公众对丰富视觉效果、展现生态城市的风貌和植物景观多样性的需求，创造出能给人们带来嗅觉和视觉上的享受和乐趣的作品。

（四）营造生态的、可持续发展的水体景观

充分利用现有资源，减少水资源的浪费。保护水资源的同时还要治理水污染，杜绝二次污染，尊重和利用原有水系，设计出合理的水景系统，随弯则弯，以适应水体生物的生长，保持生态平衡。尽可能保持原有沿河面貌，保护原本就很脆弱的沂河生态系统，减少对环境的破坏，形成可持续发展的水体景观。

通过对沂河沿岸建筑小品的学习和探讨，我们更加明确了它在园林设计中的重要地位和作用，更加明确了它的目的和意义。园林亲水建筑小品具有独特的环境效应，可活跃空间气氛、增加空间的连贯性趣味性，可改善环境，调节气候，控制噪音，利用水体倒影、光影变幻产生的艺术效果。同时注意创新，避免盲目模仿，加强对水资源以及沂河沿岸环境的保护，适度开发，使景色融于自然。

第二节　服务性建筑

服务性园林建筑是现代园林的组成要素，包括餐厅、茶室、接待室、小卖部、厕所等不同功能的建筑。此类建筑一般体量不大，功能相对简单，占园林用地的比例很小（一般约2%—8%）.但因处于公园或风景区内，直接服务于游人，因而建筑物的选址和设计是否得当、功能是否合理，对增添景区与公园的优美景色有着密切的关系，因此设计时需谨慎对待。

一、选址

（一）位置对选址的影响

服务性建筑需均匀地分布在游览线路上，与各风景点穿插布置。因其自身在景区环境组织中亦起了控制和点景的作用，所以原则上要“巧于因借，精在体宜”。过于庞大或沉重的建筑会破坏风景的连续性和氛围，宜置于景区外围。

基址的选择要反复推敲，衡量利弊，在选择最佳视点和对景区环境造成的影响两方面做出准确的评估。

通常各服务点水平间距为100m左右，高差以10m以内为宜（地形杂或景区面积大的可适当增大）。

（二）场地

1. 一般要求。工程地质的好坏，直接影响房屋安全、基建投资和进度。在景区服务性建筑的基地，土质要坚实干爽，要充分利用原地形合理组织。排水系统在朝向上要尽量避免冬天的寒风吹袭和夏日的炎阳直照。

建在险峻悬崖、深渊狭谷间的各项服务性建筑要保障游客的安全，妥善安排各项安全措施，以防止失足、迷向或暴风雨吹袭等所产生的种种意外。

在平缓斜坡上营造建筑物的方法是：

（1）将地面构筑成梯田状，建筑物所处地坪仍为平地。

（2）构筑台阶地形，建筑本身会有高差变化，可减少挖土和填土。

（3）使用支柱结构，适用于坡度过陡或较难平整的基地。建筑物悬空能造成一种独特的景观。值得注意的是，无论坡度缓急，都需在基地周边一定范围内的地面上，设置排水坡或开挖排水沟，便于截流。

2. 环境景观。优美的环境景观会引起游客的关注，服务性建筑在布点时应尽量发挥环境的优越条件，仔细分析所在环境的景观资源及其性质，使建筑本身与环境相辅相成，并能表现所在环境景观的特有风貌。

园林服务性建筑既为景观添景，又为游客提供较佳的赏景场所，因而在建筑选址时对建筑可借之景如何与建筑基址配合须反复推敲，衡量利弊。当建筑朝向和视野有矛盾时，可采用遮阳、隔热等其他技术手段来尽量满足视野的要求。

二、建筑空间组织与环境

（一）总体布置

服务性园林建筑大部分是分散设置的，穿插在各风景点或游览区中。有时把功能不同的几幢建筑串联起来，组成若干个建筑空间，这种处理方式有利于节约用地，创造较丰富的庭园空间，同时也便于经营管理。

服务性园林建筑在功能上不仅要满足游客在饮食和休息等方面的要求，同时它们往往也是园中各景区借景的焦点和赏景的较佳地点。因此这些风景建筑无论在体型、体量和风格等方面都要从全园的总体布置出发，在空间组织上相互协调，彼此呼应。

一些营业性建筑的辅助用房，如厨房、堆场、杂务院等在总体布置时要注意防止对景观造成损害，并要妥善解决好后勤、交通、噪音、三废等问题，不要污染风景区。

风景区各种服务性建筑一般分布在游览线上或离游览线不远的地方。游览线是组织风景的纽带，建筑则是纽带上的各个环节，彼此需相互衬托，互为因借。

（二）建筑从后属于环境

服务性园林建筑除考虑其本身使用功能外，还要注意建筑在园林景区序列空间中所产生的构图作用，处理好与园林景观的主从关系。以环境为主，衬托环境，建筑宜起点缀作用。

从某种意义上讲，服务性园林建筑存在的目的首先是衬托主景，突出主景，装点自然，然后才是个体形象的建筑处理。在园林景区中出现压倒周围环境的建筑物，不论其自身形象处理得如何成功，从总体景效来说，终属败笔。如广州七星岩新建的一座旅游建筑，由于其体量过大，损害了毗邻景区的景致。杭州西湖“西泠印社”原是一群小品建筑，依山而建富有情趣。近年在山麓“西泠印社”旁新建餐馆“楼外楼”，巨大的体量与孤山轻盈的体态极其不相称。

建筑空间的处理，无论在体型选择、体量大小、色彩配置、纹样设计以至线条方向感等各方面都要与所在基址协调统一，浑成一体。如新建筑毗邻旧建筑，则须注意新旧建筑间的间距，以保持原有环境的气氛与格调。如在景区中确需兴建较大规模的建筑，则应遵循“宜小不宜大，宜散不宜聚，宜藏不宜露”的原则，切忌损害环境，压倒自然。如因某种功能需要而兴建较大规模的服务性建筑时，其基址一般应选在景区外，既可避免大体量建筑倾压景观，又可减小彼此间的干扰。

（三）有利于赏景

服务性园林建筑在起点景（添景）作用的同时，也要为游客赏景创造一定的条件。所以在设计前要详细踏勘现场，对基址布置作多方案比较，既要反复推敲建筑体型、体量，也要创造良好的视野，同时对不同景象的视距视角进行分析。

此外，在进行建筑设计时一定要树立全局观念，不能顾此失彼，只注意创造新建筑的赏景条件，却忽略了自身对毗邻景点视线的阻碍。如广州西樵山，主要景区白云洞，瀑布“飞流千尺”即在这洞天胜地深处。从这危石凌空，飞瀑溅响的洞天往外眺望，视野开阔。洞内外动静对比、明暗对比异常强烈，倍添“飞流”磅礴的气势和洞天的挺拔幽深。但后来在洞口不远处修建了一座体量较大的“龙松阁”，尽管“龙松阁”有较佳的赏景条件，但是它的存在既破坏了原来洞天的视野，又堵塞了洞天的空间，也削弱了飞瀑的气势。

（四）保持自然环境

防止损害景观，较佳的服务性园林建筑应巧妙结合自然，因地制宜。如能充分利用地形、地物，就能借景，以衬托建筑和丰富建筑的室内外空间。

二、服务性建筑种类

（一）接待室

1. 贵宾接待室

（1）功能作用。

规模较大的风景区或公园多设有一个或多个专用接待室，以接待贵宾或旅行团。这类接待室主要是供贵宾休息、赏景，也有兼作小卖（包括工艺品和生活用品）和小吃的功能。

（2）位置。

贵宾接待室多结合风景区主要风景点或公园的主要活动区选址，一般要求交通方便，环境优美而宁静。即使在周围景观环境欠佳的情况下，也需营造一个幽静而富于变化的庭园空间。

（3）组成。

一般包括入口部分、接待部分和辅助设施部分。

（4）建筑处理。

成功的贵宾接待室建筑大多因地制宜，天然成趣。例如桂林芦笛岩接待室筑于劳莲山陡坡之上，依山而筑，高低错落，颇有新意。

主体建筑为两层，局部三层，每层均设一个接待室，可以同时接待数批来宾。一二层均有一个敞厅，作为一般游客休息和享用小吃的场所。登接待室，纵目远眺，正前方开阔的湖山风光，两山间飞架的新颖天桥，山麓濒池的水榭，遥遥相对的洞口建筑以及四周的田园风光，诸般景色均为接待室创造了良好的赏景环境。

在构筑上，接待室底层敞厅筑小池一方，模拟涌泉，基址岩壁则保留天然原样，建筑宛似根植其上。这样的处理，不仅使天然的片岩块石成为室内空间的有机组成部分，且与室外重峦叠嶂遥相呼应，达到因地制宜、景致天成的效果。

桂林伏波山接待室筑于陡坡悬崖，它借岩成势，因岩成屋，楼分两层供贵宾休息和赏景用。建筑室内空间虽然比较简单，但利用山岩半壁，与入口前之悬崖陡壁相互渗透，颇富野趣。由于楼筑山腰，居高临下视野开阔，凭栏可远眺漓江，秀美山水得以饱览无遗。

贵宾接待室应发挥环境优势，创造丰富空间。如广州华南植物园临湖的接待室。室的南面虽靠近园内主要游览道，但由于为竖向花架绿壁所障，游人虽鱼贯园道也无碍室内的宁静。接待室采用敞轩水榭形式濒湖设置。此接待室不仅充分发挥其较佳的环境优势，错落安置，水榭、敞厅、眺台和游艇平台，同时极力组织好室内外的建筑空间，如通过绿化与建筑的穿插，虚与实的适宜对比，达到敞而不空的效果，又采用园内设院、湖中套池的方法增添景色层次，使规模不大的小院空间朴实自然而富有变化。

南京中山植物园的前身为孙中山先生纪念馆，建于1929年，为我国著名植物园之一。该园地处紫金山南麓，背山面水，丘陵起伏，是南京主要风景点之一。园内的“李时珍馆”以接待、会议和陈列中草药物为主。该馆设计吸取了江南园林的处理手法，采用我国传统建筑形式，较好地结合基地的周围环境。建筑体型和空间显得朴实而丰富。

有些接待室环境虽平庸，但只要善于构思，经营得体亦可创造出较佳的内部空间。

2. 综合接待室

（1）功能作用。

这类接待室面向大众开放，服务内容较贵宾接待室多，主要供游客们休息、赏景，一般会有小卖部和简单的饮食服务。

（2）位置。

应选择在人流集中的地段，适当靠近游览路线，同时要考虑到建筑本身的景观效果，还应对环境有好的影响，以及建筑周围的环境条件要能满足接待室的观景功能。

（3）组成。

综合接待室多和工作间、行政用房等统一安排，也有兼设小卖部、小吃或用餐等内容。由于其组成部分较贵宾接待室复杂，在设计中将各个组成部分统筹安排、合理组织是一个关键性的问题。

综合接待室内小卖部和餐饮处等人流较多的部分，多设在路口附近。行政办公等可邻近设置，但宜偏置以方便联系工作及减小相互之间的干扰。厨房等辅助用房应隐蔽，并另设供应入口。接待部分作为主要的功能部分则应安置在视野较佳、环境较安静的地方。

（4）建筑处理。

单层接待室通过水平方向组织功能分区，为使各区能够获得较好的空间环境，多采用庭园设计手法，穿插大小院落，以丰富空间层次。这也有利于分区管理和保证建筑功能分区的合理性。

多层的综合接待室则多采用垂直和水平综合分区的手法，往往把人流较多、要求交通联系方便的组成内容置于首层，如小卖部、冷饮、餐厅、厨房、仓库等。而人流较小、要求环境较宁静的功能部分则安排在楼上，如接待室及其工作间等。为方便来宾也可在楼上设置小卖部、小吃或餐厅等。

3. 附后接待室

除上述两类接待室外，还有一种接待室是附设在专业性展室范围内的，如桂林花桥展览馆、桂林佳海碑林、上海复兴公园展览温室、济南大明湖花展室等。这类展览馆（室）一般设有专用接待室，供贵宾休息用，其中也兼设小卖部，有些园林亦利用较高档次的茶室兼作接待室用，如桂林七星岩盆景园接待室、广州兰圃阴生植物棚接待室、广州文化公园品石轩接待室，这些接待室既是展览场所又是贵宾品茗憩息的好地方。

（二）园林小卖部

园林中的小卖部主要为游人零售食品、工艺品和一些土特产等小商品，规模较小，独立或附设在接待室、茶室、大门建筑内，或与敞厅、过廊结合组成。

1. 小卖部的含义及其功能

在公园或旅游风景区，为方便游人游园，常设一些商业服务性设施，经营食品、旅游工艺纪念品和土特产等小商品，这类小型服务性建筑称为小卖部。它是现代园林中必不可少的组成部分，既要满足游人的消费需要，完善服务体系，提高经济效益，丰富园林景观，又要为游人提供较佳的休息、赏景、购物、休闲等服务。

2. 小卖部的规模与位置

在设置小卖部时要考虑全园的总体规划，对其进行合理安排。影响小卖部规模与数量的因素颇多，例如公园的规模及活动设施、公园和城市关系、交通联系、公园附近营业点的质量和数量等。国内活动设施丰富的公园游客量一般较多、小卖部的布点亦应随之增多。这类小卖部有附设在茶室内的，也有独立设置的，多选址在游人较集中的景区中心。

有些公园规模较小，活动设施不多，且又在市区内，零售供应较方便，小卖部的规模不宜过大，可考虑内外结合，兼对园外营业。公园离市中心较远，周围亦欠缺供应点，由于规模不大，院内活动设施较少，故所设小卖部的营业额不高，如上海南丹公园。

近年来，由于旅游业的发展，不少市内公园常在公园干道入口处增设对外营业的小卖部，营业内容除一般饮料、食品、香烟和糖果外，有些还增设工艺品、花卉和盆景等项目。还有些小卖部是独立的园林建筑，周围环境景观秀美，常与庭园、亭廊以及草地、小广场等结合设置。较便于经营管理，取得良好的效果。

3. 建筑处理

小卖部的功能相对简单，如单独设置，建筑造型应在与周围环境景观和谐的前提下，尽量独特新颖，富有个性。组合设置时，则应以建筑的其他功能为前提，处于从属的地位。

（三）园林厕所

园林厕所是园林中必不可少的服务性设施之一。近年来，人民生活水平的提高，知识的增进，对园林景观的要求越来越高，因此设计者对景观的维护也越发重视。园林厕所不论其规模大小、造型如何，均会影响园林景观效果。

一般来说，厕所不作特殊风景建筑类型处理，但是应与整个园林或风景区的外观特征相统一，且易于辨认。

1. 园林厕所的功能

游人到园林中需用较长的时间进行游览。游人进园后先方便一下，就能轻轻松松地开展各种各样的游憩性活动，又能保证园内的清洁卫生，甚至可以减免疾病的传染，从而保持公园优美的环境。因此应该重视园林厕所的建设，以满足广大游人的需要。

2. 园林厕所的类型

园林厕所依其性质可分为永久性和临时性厕所，独立性和附属性厕所。

（1）独立性厕所

指在园林中单独设置的厕所，与其他设施不相连接的厕所。避免和其他设施的主要活动产生相互干扰，适合于一般园林。

（2）附属性厕所

指附用于其他建筑物之中，供公共使用的厕所。较方便，适合于不太拥挤的区域。

（3）临时性厕所

指临时性设置，包括流动厕所。可以解决因临时性活动的增加所带来的需求，适合于在地质土壤不良的河川、沙滩的附近或临时性人流量大的场所设置。

（4）永久性厕所

3. 园林厕所的设计要点

（1）园林厕所应布置在园林的主次要出入口附近，并且均匀分布于全园各区，彼此间距在200—500m，服务半径不超过500m。一般而言，位于游客服务中心地区，或风景区大门口附近地区，或活动较集中的场所。停车场、各展示场旁等场所的厕所，可采用较现代化的形式。位于内部地区或野地的厕所，可采用较原始的意象形式。

（2）选址上应回避设在主要风景线上、轴线上或对景处等位置，位置不可突出，离主要游览路线要有一定距离，最好设在主要建筑和景点的下风向，并设置路标以小路连接。要巧借周围的自然景物，如石、树木、花草、竹林或攀缘植物，以掩蔽和遮挡。

（3）园林厕所要与周围的环境相融合，既“藏”又“露”，既不妨碍风景，又易于寻觅，方便游人，易于发现。在外观处理上，必须符合该园林的格调与地形特色，既不能过分讲究，又不能过分简陋，使之处于风景环境之中，而又置于景物之外，既不使游人视线停留，又不破坏景观，惹人讨厌，其色彩应尽量符合该风景区的特色，切勿造成突兀不协调的感受，运用色彩时还应考虑到未来的保养与维护。

（4）茶室、阅览室或接待外宾用的厕所，可分开设置，提高卫生标准。一个好的园厕，除了本身设施完善外，还应提供良好的附属设施，如垃圾桶、等候桌椅、照明设备等，为游人提供较大的便利。

（5）园厕应设在阳光充足、通风良好、排水顺畅的地段。最好在厕所附近栽种一些带有香味的花木，如南方地区可种植白兰花、茉莉花、米兰等，北方地区可种植丁香、珍珠梅、合欢、中国槐等，来减少厕所散发的不好闻的气味。

（6）园厕的定额根据公园规模的大小和游人量而定。建筑面积一般为每公顷6—8m^2，游人较多的公园可提高到每公顷15—25m^2。每处厕所的面积约在30—40m^2，男女蹲位3—6个，男厕内还需配小便槽。

（7）园厕入口处，应设“男厕”、“女厕”的明显标志，外宾用的厕所要用人头像标志。一般入口外设1.8m高的屏墙以挡视线。

（8）为了维护园厕内部的清洁卫生，避免粘在鞋底的泥沙带入厕所内，在通往厕所出入口的通道铺面稍加处理，并使其略高于地表，且铺面平坦、不易积水。

园林厕所一般由门斗、男厕、女厕、化粪池、管理室（储藏室）等部分组成。立面及外形处理力求简洁明快，美观大方，并与园林建筑风格协调，勿太张扬个性。

第三节　游憩性建筑

随着后工业化时代的来临，人们对户外空间环境的要求越来越高，对城市公共游憩活动空间的需求不断上升。规划一个高效率的、富有特色的城市游憩系统，是游憩系统规划追求的目标。城市化进程的加快，各级政府都加大了对城市环境改造和建设的力度，因此，对风景园林规划设计的需求量很大，使得当前我国的风景园林规划设计事业遇到了前所未有的发展机遇。

一、游憩性建筑概述

首先，游憩性建筑是休闲文化的一个重要组成部分。科技进步促进生产力快速发展，生产效率大幅提高，因此人们的闲暇时间也大大增多，如何满足人们日益增长的文化精神需求变得越来越重要，游憩性建筑对丰富人的闲暇生活具有普遍意义。其次，随着经济的发展，选择休闲、旅游（或其他方式）作为生活的调剂已成为一种常见的行为，游憩性建筑理所当然地成为人们感受文明、接近自然、了解文化、陶冶性情的一种综合性文化生态环境。再次，游憩性建筑对促进城市经济发展的重要作用越来越明显。发达国家的历史表明，为满足人们多方面的物质文化需求而进行的各种生产活动和服务活动是经济繁荣的重要因素。因此，发展“游憩性建筑”在城市经济模式中的重要意义日益突出。

二、游憩性建筑的本质与理论建构

（一）游憩与生活密不可分

积极向上的生活本身就是一种游憩，游憩是生活的本质，生活质量的高低本质上在于游憩空间的结构与品质如何。当今社会科技飞速发展，人们的生活水平不断提高，应该以什么样的方式生活才有利于社会的健康发展？这是人们日益关注的问题，这一问题的实质是如何合理地开发利用闲暇资源。

（二）游憩是一种文化

游憩作为一种文化现象，其包含三个层面：第一，物质文化，指广场、公园、主题公园、博物馆、风景区等与游憩相关的物质性游憩景观；第二，精神文化，主要指的是游憩思想、游憩传统和意识形态；第三，行为文化，这是物质与精神统一的层次，即精神化了的物质和物质化了的精神相统一，主要表现在游憩行为和机制上。这三个层面相互制约、相互影响形成游憩文化发展的内在系统。

（三）游憩是一种能量生产过程

游憩是一种社会行为，因此游憩系统也是社会系统。据系统论所述，能量是系统的基本“材料”，因此社会系统也由能量所构成，人或群体间的“能量转换”即是社会系统的改变，城市社会的能量储存和生产系统构成城市游憩系统，人们所进行的游憩过程其实就是获取能量的过程，人们在游憩过程中吸收了作为“潜能”的信息与资源并且转化为能量和动力，使得游憩者精力更加充沛、知识更加丰富、体魄更加健康。在这种情况下从事生产和创造性活动，可以极大地促进人类精神文明和物质文明的共同发展，使得城市社会的能量生产和消耗保持平衡。由此看来，所有的城市都应该建立一个合理的游憩系统结构，这也是保护自然生态环境和历史文化传统、加强城市文化建设的必然要求。

（四）游憩系统理论框架

游憩系统包括游憩活动与游憩空间两个部分，它们共同构成游憩性建筑，表现为游憩文化。从本质上说，它可以反映人们的生活结构。游憩理论体系主要由发展理论、历史理论、“活动——场所”关系理论、行为位置理论以及研究方法论等五个部分组成。真正的游憩理论的建立和发展将会形成一个新的城市规划设计理论，这种理论是以生活为中心的，风景园林学科的地位将会大大提高。

三、游憩性建筑的特点

现代游憩空间一般包括公园、传统园林、景区、游乐区、旅游商业区几个方面。现代游憩景观设计主要特点是：

（一）游憩性建筑游乐化

在风景区中融入游玩趣味景观，例如功能消费型景观如建筑景观等，也注入游乐的趣味，使其更加具有吸引力。体育性和娱乐性游憩建筑的这一特点会表现得更加突出。

（二）游憩性建筑主题化

从入口、游乐设施到标志性建筑、接待项目以及休闲娱乐设施、导游系统等所有的景观，都围绕着一个主题展开，使游憩体验达到最理想的效果。

（三）商业区游憩性建筑人性化

商业区建筑标志化、形象化、易识别，绿地及开放空间面积扩大。人性化空间的设置以及人性化游憩设施的完善，体现了人文主义的关怀精神。

四、户外游憩性建筑设施设计的依据

中国旅游业的兴起与不断发展，景观游憩设施的设计引起了广大设计者的关注。人们的户外游憩需求日益强烈，因而有必要对风景名胜区游憩性建筑的规划设计进行系统研究。游憩性建筑设施规划设计不能一蹴而就，要明确游憩性建筑设施的依据、理念以及发展路线。

游憩体验与满足是游憩者所需要的终极产品。户外游憩设施是指风景名胜区内工人们进行户外游憩活动使用的器具、建筑物、系统等，游憩设施是游憩活动的载体。首先，游憩性建筑设施的设计一定要基于游憩发展的理论。根据地域经济文化发展、年龄的不同对游憩性建筑设施进行不同的设计。例如，大多数儿童对游乐设施感兴趣，针对青少年就应该集中设计游乐设施；而老年人因为年龄限制容易疲劳，以及部分老年人带着儿童进入玩具游乐设施，所以针对老人应该建造休息场所，方便老年人休息。

其次，游憩性建筑设施的设计要遵循游憩空间布局理论，分析各个游憩活动间的关系是否关联或者互补，游憩设施的配置应该按照点状，线状还是块状。点状的游憩设施布局主要是指游憩设施十分分散，没有固定模式可循；线状的游憩设施布局主要是指按照游览小道将游憩设施连接起来，可以顺着一条道路经过所有游憩设施；块状游憩设施一般出现在大型的风景名胜区内，设计者将一部分游憩设施作为一个系列加以发展。在空间布局上游憩性建筑设施的布局有集散和点散两种模式。一般来说，具有竞争性的游憩性建筑设施应该分散开来，避免消费者置身于难以抉择的境地；互补游憩设施应该聚集开放，有助于发觉景观的整体化优势。游憩设施的设计必须考虑自然环境的承受力，包括生态承受能力，水容量以及风景容量。对于环境承受力较强的区域可以集中开发游憩性建筑设施，环境承受能力较弱的地区应该分散开发游憩性建筑设施。最后，景观游憩设施设计要遵循景观生态学理论，户外游憩性建筑设施设计要有地域特色，既要适应地形地被等微观条件，也要适应区域社会宏观环境。游憩性建筑设施设计必须处理开发与保护的关系，保持景观区的持续稳定发展。

五、户外景观游憩设施设计的理念

根据不同的游憩性建筑设施应采用不同的设计理念。例如风景观赏区的游憩性建筑设施，应该具有艺术性，与风景和景观相衬托。江苏苏州园林是著名的景观区。游苏州园林，最大的看点便是借景与对景在中式园林设计中的应用。中国园林讲究“步移景异”，对景物的安排和观赏的位置都有很巧妙的设计，这是区别于西方园林的最主要特征。中国园林试图在有限的内部空间里完美地再现外部世界的空间和结构。园内庭台楼榭，游廊小径蜿蜒其间，内外空间相互渗透，得以流畅、流通、流动。透过格子窗，广阔的自然风光被浓缩成微型景观。这样不仅使得面积有限的苏州园林能够提供更丰富的景观，更深远的层次，而且还极大地扩展了欣赏者的空间感受。

再如奥兰多迪斯尼乐园，乐园中设有中央大街、小世界、“海底两万里”、“明天的世界”、拓荒之地和自由广场等设施。中央大街上有优雅的老式马车、古色古香的店铺和餐厅茶室等；小世界是专给孩子们设计，为他们所向往的娱乐天地；在“海底两万里”，人们可坐上特制的潜艇，时而来到一片生机勃勃的热带海床，时而又来到阴沉寂寥的寒带海床，尽情观赏五光十色的海底植物和水族，甚至还能看到满载珠宝货物的沉船和因地震陷落海底的古代城市；在“明天的世界”可亲自到“月球”去游览一番；如果来到拓荒之地和自由广场，那就另是一个天地了，在这里人们可以重温当年各国移民在新大陆拓荒的种种情景，和英国殖民时期美洲大陆的状况。走在迪斯尼世界中，还经常会碰到一些演员扮成的米老鼠、唐老鸭、白雪公主和七个小矮人，更使人童心复萌，游兴大发。迪斯尼世界不仅是个游乐场，同时又是一个旅游中心，游客还可以到附近的海滩游泳、滑冰、驾帆船到深海捕鱼，乘气球升空，或是参观附近的名胜古迹。这些丰富多彩的节目，给迪斯尼世界更增添了几分魅力。由此可见，乐园的游憩设施大多数都与餐饮业与游乐有关，并且能够吸引儿童前去游玩，着重于吸引游客。又如故宫这样的历史遗迹，北京故宫是世界上现存规模最大的古代皇家宫殿建筑群，因而故宫的游憩设施必须在保护故宫景观的大前提下，体现故宫高贵冷艳富有历史感的气质，同时给予游者保持一定距离的警告。

六、户外景观游憩设施设计的实践

游憩性建筑设施设计要根据已存在的理论，更要因地制宜，有人性化的设计，满足人们的需求，设计的位置、数量、方式都要考虑人们的行为心理需求。

景观区的照明设施一般以泛光照明和灯具照明为主。户外照明都是用泛光照明，泛光照明是指使用投光器映照环境的空间界面，使其亮度大于周围环境亮度的照明方式。造型需与户外景色的颜色相协调。

游憩性建筑区的卫生设施包括垃圾箱、饮水器、烟灰缸、公共厕所等，合理安排卫生设施不仅能满足人们对整体环境视觉上美的需求，而且是人们在公共活动中身心健康的必要条件。以垃圾桶为例，垃圾桶应该建造在人口密集处和交通节点处，其机能应该简便，特别是盖子设计应该便利，易操作。垃圾桶多在室外，要做好防雨防晒的保护，设排水孔，避免制造新的污染源，并且做好垃圾分类。

游憩性建筑设施设计中解说设计也至关重要。观赏的目的在于追求高品质的游憩体验。解说服务协助游客获取此种体验并教育游客，使他们从游憩过程中产生对环境的关心与珍惜之心。解释设计时应该选择游人容易看到且不会破坏原有的环境的地点；公共标识牌应该与周围环境协调统一，醒目，避免被遮挡或移动，既做到明确指示，又不滥设。

七、国外对游憩性建筑设施规划的研究和实践方法

西方发达国家从20世纪60年代就开展了大量的游憩性建筑设施规划研究和实践，积累了丰富的理论和实践经验。例如经济政策法、PASOLP法和活动计划和监控系统方法。经济政策法是根据现有市场资源和设施，对游憩性建筑设施价值进行估算，举出多种可行建设方案并对建设方案进行价值估算，最终选出最佳执行方案；PASOLP法分为四个阶段，第一阶段是调查与分析，对资源、市场、体制进行调查评估，确定游憩兴趣地和潜在的旅游流；第二阶段是对旅游政策和主要旅游流进行分析，明确旅游发展目标；第三阶段是整体规划；第四阶段是游憩和旅游发展的影响评估。PASOLP法的最大特点就是层次分明，综合性突出，注重市场研究和政策对旅游发展计划的影响。用这种方法可以对游憩性建筑的设施进行定位，淘汰劣势的设施设计方案。活动计划和监控系统方法是设施完美付诸于实践的保证，要根据游憩者随时改变的要求和心理行为改变游憩性建筑设施的设计方案。这种方法属于追踪评价方法，是规划管理的重要内容，有助于规划方法的完善和规划理论水平的提高。

八、国内对游憩性建筑设施规划的研究

国内对于游憩设施并无大量的研究，仅仅在游憩规划、游憩项目、游憩地等方面有部分阐述。对于游憩项目的研究主要在于项目设计的方案和程序。张汛翰从规划设计的角度提出由资源条件、市场分析、创新因子、校验因子等四部分组成的游憩项目设置方法。吴为廉等在《旅游康体游憩

设施设计与管理》中从发展历史、功能、设备要求、布局、使用方法、细部的角度提出了各种类型康体游憩设施规划设计的要求、标准、设计要点、注意事项等。李维冰在《旅游项目策划》中提出休闲项目应尽可能给游客提供一个开阔的空间，注意白天活动与“夜生活”的合理平衡组合；娱乐项目应保证游客安全，项目形式不断更新，有适度的难度、趣味。周蕾芝等对杭州“小和山”森林公园内不同下垫面性质的游憩设施点进行了各项生态气候要素的实际观测分析，认为生态公园内游憩设施面积不宜过大，不宜成片，设施建设所采用的建材以竹木等含水量大不易吸热的材料为宜。施丽珍以金华市郊九峰山为例子，对野营、野餐、烧烤野炊、定向越野、科技宫、游乐场、滑草场等游憩活动与设施的开发与设计进行了研究。江海燕研究认为，在以自然景观为主的各种游憩地，步道系统是其重要的交通配套设施，并结合具体案例，从景观序列组织、景观节点布局、线路选择、与其他交通方式的接驳等方面，总结了步道系统几种典型的规划设计模式。

九、游憩性建筑设施的设计须知

对游憩性建筑设施的设计是将理论与实践相结合的过程，设计者在设计前应该根据游憩设施设计理论和先前设计者的经验，制订好初设计方案。之后，从地域、水质、地表承受能力方面对游憩地进行专业、正规的勘察，结合游憩地的地域特征，将原设计方案进行多次修改，从而设计出最佳设施。然而，仅仅是设计出游憩性建筑设施是远远不够的，游憩设施的管理方式设计也是值得关注的。游憩设施的管理在于生命周期的管理，目标在于争取各项设施能达到其最高价值，同时也保障建筑环境内一切设施的正常运作。良好的游憩性建筑设施管理不仅使得建造方放心，获得利润，更为游憩者创造良好的观赏环境。

游憩设施的管理一般采用的都是PLM标准，该系统提供给企业一个产品整个生命周期中的一个资讯管理的平台，将所有有关的资料、流程都纳入管理，让参与设计流程的工作人员都能在这个平台上获得最快的资讯，加速设计流程的推进，实现管理设计资讯，是每个相关工作人员都能在适当时候取得正确的资料的保证。游憩设施基本可分为路上游憩设施、水域游憩设施、机械游憩设施和文化游憩设施等，针对不同的游憩设施应该配备不同的游憩性建筑设施管理方案。从整体上说，游憩性建筑设施的管理设计要要对其做好维护，避免不必要破坏。定期检修，以免设施老化或造成更大问题。对于生命周期快结束的设施应该赶紧淘汰。游憩性建筑的设计并非容易的事，设计者必须明确游憩性建筑设施建设理念，根据实际情况设计设施。

综合以上所述，游憩性建筑设施的设计不是表面上那样简单，设计过程中会出现许多可控因素与不可控因素，设计需要将人为因素与自然因素都纳入考虑范围，对设计成果做好评估并制定针对最差结果的修复方案。

总而言之，只有建立与社会主义市场经济体制及其运行机制相适应的城市规划机制，完善我国的风景园林规划法律法规体系，为城市规划的实施提供法制保障，并经过全体广大市民的共同努力，才能把城市的园林规划好、建设好、管理好，从而保证实现城市规划发展目标。推动城市的社会经济公平健康地发展。让“游憩性建筑”成为下一个经济大潮中独具休闲文化魅力的大舞台，在这个舞台上人们可以尽情放飞心情并创造出更加美好的生活。

第四章

中国园林的类型

第一节　皇家园林

中国是世界文明的发源地之一，无论在它源远流长、洋洋洒洒绵延5000年且没有断层的历史上，还是现在，它都在深刻影响着东西方文化艺术的发展。这个地大物博、民族众多、文化历史悠久的文明古国，产生了许多伟大的艺术匠师，他们创造了光辉灿烂的古代文化。

中国皇家园林承载着远古华夏灿烂的文明，镶嵌着炎黄子孙绚丽的思想明珠，蕴含着中华民族伟大的民族精神，是世界园林建筑史上的一朵奇葩，在现代建筑中具有十分诱人的魅力。不同时期的皇家园林的发展除了建立在基本相同的森严的等级制度之上以外，也不断受到当时经济水平、社会局势、文化和艺术思潮以及执政者的影响。中国皇家园林在相对封闭的环境之中不断自我完善，逐渐形成既源于自然，又高于自然，既有诗情，又富画意，细节精致、气势恢宏的皇家园林体系特征。深入研究中国皇家园林的历史成因，无论是在设计思想、艺术创意方面，还是在建造原则、精神价值导向和推动社会主义文化发展、开展审美教育、现代园林建造等方面对我们在当代社会中设计建造现代园林都有极为重要的指导意义，这同样也是构建社会主义和谐社会和贯彻落实科学发展观的需要。

园林建筑在技、艺上形成了中国古建筑中艺术性最高的独特体系，并且在众多形式的古建筑中极具代表性。它不仅体现建筑艺术，还融合了文学、绘画于一体，是一种综合性的艺术类型。在中国园林的建筑体系中，按占有者的身份分类，可分为3种，分别是供皇家的宗室外戚、王公官吏、富商大贾等休闲的私家园林、提供宗教活动场所的寺庙园林和专供帝王休息享乐的皇家园林。

皇家园林无论是外观的皇家气势还是内在的精致设计都要高出其他园林建筑许多，归皇帝个人和皇室所有，以封建社会的最高社会地位和权利作为依据，代表着中国封建体制中最高等级的园林形式。其宫、廊、楼、阁的设计规模，以及穿插其中的置石、植物和整体的设计风格，也无一不体现着当时的经济水平、统治思想和人文思想。因此说皇家园林是中国古代园林中最精彩的部分。古书里记载的苑、苑囿、宫苑、御苑和御园都是我们现在所称的皇家园林。

一、皇家园林的历史源流

中国园林最初出现于三千年前奴隶社会后期的商末周初时期，当时的园林只是“囿”和“台”的结合。

其中“囿”，是中国古代供帝王贵族进行狩猎、游乐的园林形式。通常选定地域后划出范围，筑界垣。“囿”中草木鸟兽自然滋生繁育。而“台”，是用土筑成的高而平的建筑物。

殷商、西周时期逐渐形成了奴隶制国家，出现了统治阶级，而后王室开始为自己建造宫殿。有文献记载的最早的两处园林，一处是殷纣王修建的“沙丘苑台”，纣王让男女裸身在园林中相互追逐作为娱乐。另一处是《诗经大雅》中记载的周文王修建的“灵囿”，他在其中养鸟禽鱼兽，供游玩、狩猎。

春秋战国时期，正是奴隶社会到封建社会的转化期。国君兴建宫苑的有很多，名称见于史载的有“台、宫、苑、囿、圃、馆”等，而以“台”命名的占大多数。

可见商周、春秋时期的的园林基本上是为了满足帝王自己取乐需要而修建的，还称不上皇家园林，只能算是早期的贵族园林。但是园林在最初出现时就带有十分明显的阶级特点。

秦汉时期是皇家园林发展的重要阶段，出现了皇家园林。其中最负盛名的应是汉武帝在秦始皇时旧苑址上扩建的上林苑。

秦朝灭亡后，在汉武帝的统治下，社会经济、政治的繁荣促进了文化艺术等多方面的发展，汉武帝对上林苑进行了扩建。西汉晚期扬雄的《羽猎赋》中写道：“武帝广开上林，东南至乙醇、鼎湖、御宿、昆吾；旁南山；西至长杨，五柞；北绕黄山，滨渭而动。周袤数百里。”

由此可见，秦汉时期的皇家园林，仍然保持着“囿”中的涉猎游乐的场所，但主要内容已是宫室建筑和园池，比商周时期的园林更具有“皇”与“家”的特点。

由于东汉之后社会动乱、战争连绵的客观因素，三国、两晋、南北朝时期的皇家园林进入了一个转折时期。

彼时正是“庄老高退，而山水方滋”（刘勰《文心雕龙明诗篇》）之际，士大夫阶级对紊乱腐朽的市朝政治生活普遍采取逃避的态度。文人隐士走向田园，以山水为背景的诗文、绘画相继出现。通过文学艺术来感受大自然的山水风景，擅长山水的画家和诗人层出不穷。一批“山水诗人”潜移默化地启发了人们对自然界美的鉴赏。

这一时期皇家园林建造开始注重建筑美和自然美的统一，园中多筑山水，建置楼阁，园林的建造技术和艺术也有了很大的提高。然而，由于朝代更迭，国力远不及秦汉时期中央皇朝，此时期的皇家园林规模都不大。

到了隋唐，长期统一、社会安定的局面和经济文化的迅速发展为园林的建设提供了有力条件，园林进入全盛时期。隋文帝在大兴城建造了大兴苑，稍后隋炀帝又在东都洛阳建造了西苑，规模仅次于上文中提到的汉时的上林苑。

据《隋书》记载：西苑规模宏大，周长约100公里，内有周长约6公里的浩瀚水面，曰“北海”。海中仿上林苑旧制，以土石堆成高出水面39米的蓬莱、方丈、瀛州三岛，上建台观楼阁。北海之南另有5个小湖，园内有十六处独立的小园林，苑内“草木鸟兽繁息茂盛，桃蹊李径翠阴相合，金猿青鹿动辄成群”（《大业杂记》）。十六院及湖泊组成众多的景区，一景复一景，布局手法独特，部分手法虽然继承了汉时的旧制，但已经超出了早期宫苑建筑的格局。

隋末，民间动乱纷纷，李渊趁时起兵，建立了唐王朝。不仅很快地恢复了封建秩序，而且经济迅速发展，唐朝从而成为历史上空前繁荣昌盛时期。伴随着经济发展，文化艺术也达到了一个新的高峰。当时的山水画已经形成独立画种，并分为两大派。一派是以李思训为代表的工笔画；另一派是以诗人王维为代表的写意画。更有些文人画家直接参与园林的设计与营造，更是大大丰富了园林的内在设计和外在构造，体现出园林风格的诗情画意。此外，当时以自然山水为主题的山水诗文及游记也十分流行。这些都说明当时人们对于自然美的认识又有所深化。

北宋时期的李格非在《洛阳名园记》中提到，唐贞观开元年间，公卿贵戚在东都洛阳建造的郊园达到1000多处，足见当时园林发展的盛况。

唐时的苑囿依所处的位置及规模可分为以下三大类：

1. 大内的宫苑，如唐长安三大内的宫苑，均在宫城范围内，属内廷的一部分；

2. 城郊的禁苑，如唐长安城北的禁苑，将汉长安故址也包括在内。又如唐洛阳西郊的神都苑，占地范围超过了洛阳城面积的2倍。苑中的北海和蓬莱、方丈、瀛洲三山，在意象上是秦汉上林苑的延续；

3. 离宫别苑，如唐贞观年间阎立德所建临潼骊山北麓的温泉宫，在唐玄宗时扩建为华清宫，宫城有内城外郭，布局方整，宫内建筑呈轴线分布，郭内东南隅为著名的九龙汤（莲花汤）。

可见隋唐时期的皇家园林已经走向多样化，总体上已形成大内御苑、行宫禁苑、离宫御苑这三种类型，在建筑上不仅表现出外观的气派，而且更注重园林内部的布局设计和与自然山水的结合。

宋代时期中国的建筑艺术在唐朝繁荣景象的基础上继续发展，较之唐代，不仅在数量上更为庞大，在艺术造诣上也更胜一筹。宋代文人、士大夫陶醉在山水之间，诗词创作注重细腻情感的抒发，山水画技法已经十分成熟并向写意方向发展，形成以简约笔墨获取深远意境的南宋写意画派，这个画派的理论和创作手法对造园艺术影响很大。至此，园林与诗画的结合更加紧密，造园手法更趋精炼。更概括地再现自然，从而创造出一系列富于诗情画意的园林景观。

北宋皇家园林中的大内御苑有延福宫、艮岳和后苑三处，其中最后修建的，也是最好的，为艮岳。

艮岳是一座精心规划设计、按图施工的大型人工山水园，宋徽宗曾亲自参与筹划兴建。由于他酷爱奇石，不仅赏石、画石，甚至封赏其爵位。为兴造艮岳，他命人大量征收江浙一代的花木奇石。即历史上著名的“花石纲”。为起巨型太湖石，甚至凿河断桥，毁堰拆堤。“役民夫百千万，历时六年”，艮岳才初步建成。

据宋代《艮岳记》中的记载，此园“岩峡洞穴，亭阁楼观，乔木茂草，或高或下，或远或近，一出一入，一荣一凋，四面周匝，徘徊而仰顾，若在重山大壑，深谷幽岩之底，不知京邑空旷坦荡而平夷也，真天造地设、神谋化力，非人所能为者。”

寿山主峰之顶建“介亭”，它是全园的主景。园内形成完整的水系，水畔旁辟有多个景区，大量植树，且多为成片栽植。斑竹麓、海棠川、梅岭等均为以植物取胜的景点。景区内的建筑按不同要求依势随形而设，或据峰峦之势建亭，或依山岩之势建楼。园内还建有各种道庙、乡村民居，更加丰富了园林的功能性。

艮岳是皇家园林成熟期的标志，是我国古代园林具有时代意义的经典之作。

元、明两代在园林的建造上没有太大的发展，尤其是明朝开国皇帝朱元璋曾谕：“至于台榭苑囿之作，劳民伤财以为游观之乐，朕绝不为之。”

经元明两代短期的低落过度到了清代，园林的建设迎来了一个新的高潮。统一稳定的政治局面和雄厚的经济实力为造园的规模和数量奠定了基础。清代在明代的基础上兴建了大量的大内皇家御苑、离宫御苑及行宫御苑。

康熙、乾隆时期的园林建筑最具有代表性。精益求精的造园艺术结合大规模的园林建设，使皇家园林的宏大气势和华丽变得更加明显。

康乾时期在北京郊外风景优美的地方修建了许多行宫园林，作为皇帝短期驻跸或长期居住的地方。这个时期仅大型行宫御苑就有香山静宜园、玉泉山静明园、万寿山、清漪园（即后来的颐和园）、圆明园、畅春园等，合称“三山五园”。

其中圆明园及其附园长春园、绮春园合称为“圆明园”。占地约354公顷。这里地势平坦，所有的河湖港埠全部由人工开凿堆叠而成，水面占全园面积的一半以上，有辽阔的大型水面如福海和若干中型水面。为数众多的小型水面则遍及全园。它们之间以曲折的河道贯连，结合堆山、积岛、修堤，营造江南水乡风情。100余组的建筑群分散布列其间，全园因水而成景。由于皇帝经常外出南行，圆明园的建筑风格在北方传统的风格上颇受江南私家园林审美和构思上的影响，有些景点刻意仿照江南风景和名园而建，极富江南园林情调。圆明园是当时唯一含有中西结合造园技法的皇家园林，乾隆时期的著名外籍画家郎世宁曾参与规划营造。圆明园代表了中国古典园林发展的最高峰，其造园艺术得到欧洲各国人士的高度赞扬，曾一度被誉为“万园之园”，对18世纪欧洲自然风景园的发展产生过一定影响。

清代皇家园林主要集中在北京和附近的河北地区，皇家园林以紫禁城为中心点向外层以同心圆分布，内外共分5层。

第一层是宫室御园，包括御花园、慈宁宫花园、建福宫花园、乾隆花园四处。

第二层为宫城外皇城内的西苑、南苑、东苑和宫城北的万岁山等。

第三层为皇城外北边的什刹海、积水潭，内城东方的日坛、西方的月坛、北方的地坛，以及南城外中轴线两侧的先农坛和天坛等祭祀园林。

第四层为城西北郊区被称为“三山五园”的行宫园林，包括玉泉山的静明园、万寿山的清漪园、香山的静宜园、海淀的畅春园和圆明园（包括万春、长春、圆明在内的三园），以及永定门以南十公里的南苑行宫。

第五层为距北京城250公里的承德避暑山庄和塞外的木兰围场，及沿途诸多行宫。它们是皇家休假的离宫，也是安抚边塞、加强民族团结等国家政治生活、军事防卫等方面的有机组成部分。

清代的皇家园林在全面继承中国几千年的造园传统的基础上，以新的形式再现了许多历史上著名的景观主题和营造手法。同时，随着集景式园林发展高峰的出现，多种园林素材走上历史舞台。

虽然清代园林中出现了许多西式景观和装饰艺术，但中国古典园林的基本格局并没有被动摇。即使是最完整、全面地模仿西洋园林的典范——圆明园中的西洋楼，也仅占圆明园总面积的百分之二，作为聚景园林中的一个独立景观。她的存在多数情况下被认为是乾隆皇帝猎奇的产物。

当西方的艺术元素和中国古典元素出现相互抵触的情况时，造园者运用本土化的手段进行了变通。比如在处理西洋楼的景观主轴时，将西方庭园一览无余式的直线形式改为中国传统的三段式，用建筑物将园林有节奏地分为三段空间。在处理西洋楼建筑群时，也是将带状的园景划分为几个小院落，避免一眼望不到边的游览感受。

清代皇家园林以其独特的魅力对西方园林产生了一定的影响。当中西方文化交流碰撞时，西方人工式园林本质上并没有改变中国古典园林的构思，而中国古典园林的“虽由人作，宛自天开”的自然性理念被西方认同，颇有中国趣味的“英中式”园林在17、18世纪的英法等地涌现，并有着深远影响。

总的来说，皇家园林发展至清代，这是中国古典园林历史上的最后一个时期，同时也是发展至成熟的一个高潮时期。集景式成为清代大型皇家园林常采用的布局形式。即将各地名园美景收集于一个园中，被后世称为“万园之园“的圆明园正是这样的典范。园明三园100余处景点，有对自然风景的模拟，有对前人诗画的再现，有对江南园林的写仿，还有对西洋园林的借鉴。当然其中诸多借鉴并非简单的复制，而是基于中国传统文化大环境与北方特定气候及环境特点，在清代皇家园林庞大的写仿工程中，在借鉴原型的基础上因地制宜，达到青出于蓝而胜于蓝的高超艺术效果。最终将这一切融汇于北方皇家园林的特色之中，兼包并蓄，移天缩地，集天下名园之大成。

二、皇家园林发展

中国皇家园林是在中国园林系统中按权属性质所划分的一个典型的代表类别，属于中国古代园林的四种基本类型（皇家园林、坛庙园林、寺观园林、私家园林）之一。中国的皇家园林作为中国历代皇家生活环境的一个重要组成部分，是其建造风格和规模上都有别于其他园林类型的园林。中国皇家园林是建园历史最为悠久的园林，中国最早的皇家园林是周文王于公元前11世纪修建的“灵囿”，到最近的皇家园林是慈禧太后重建的清漪园，期间经历了3000年左右。在这样漫长的历史中，历朝历代都建造自己的、有代表性的宫苑。秦始皇重用李斯，役使七十万人修筑阿房宫以及自己的陵墓（包括兵马俑）。汉朝时期，汉武帝刘彻扩建了上林苑，修建了章宫。西汉梁孝王刘武修建了梁园。魏晋南北朝时期南齐文惠太子建造了元园，湘东王建造了湘东园，后燕帝幕容熙建造了龙腾园，北魏官吏茹浩修建了华林园。唐代修建了大明宫、兴庆宫、西园、芙蓉园、曲江池。宋代修建了万岁山等一大批山水宫园。统治阶级沉湎于声色繁华，北宋东京、南宋临安，金朝中都，都有许多皇家园林建置，规模远逊于唐代，然艺术和技法的精密程度则有过之。皇家园林的发展又出现一次高潮，这就是位于北宋都城东京的艮岳。到了金代（1115年–1234年），建造了同乐园、北苑等皇家园林。

元明时期，西苑的修建盛极一时，那是在三海的沿岸和岛上建造的。在宫廷之内建造宫后苑，也就是今天称作的故宫御花园；宫廷外的四面分别建造东、西、南、北苑，还有近郊猎场等等。从明代起，祭坛式园林开始广泛修建（如现天坛庙等），庙宇园林也从明代开始繁荣，如现重庆市梁平县的双桂堂等。清朝时期，皇家园林的建设趋于成熟，高潮时期奠定于康熙，完成于乾隆。清朝定都北京后，从海淀镇到香山，共分布着清漪园（颐和园）、圆明园、静宜园、静明园、畅春园、西花园、淑春园、鸣鹤园、熙春园、镜春园、朗润园、自得园等90多座皇家园林。

中国的皇家园林只有少数建在京城里面，这是其特点造成的。如果引某某水域为设计元素之一，或引某某山系为设计元素之一，那就必然使得园林占地辽阔无际。所以中国皇家园林建在京城里边的少，部分园林与皇宫相毗连，就好像是皇家的“私家园林”，这样的园林称为大内御苑。绝大多数的皇家园林建在远离京城的郊区，那里一般要求要气候温和，风景秀美，和谐舒适。行宫御苑由名思义，一个“行”字，表示仓促短暂，说明皇帝只会偶尔游憩或短期居住，通常与行宫相连。而离宫御苑就像大内御苑一样，皇帝可能会长期居住并在此处理朝政，是另一处与皇宫相联系着的政治中心，一般与离宫相连。

三、皇家园林的特点

皇家园林建园规模甚是庞大，常引真山水为其主要用景元素，用地广阔、豪气而壮美。园中建筑宽阔高大，颜色绚丽，色调明亮且多为暖色，堂皇而富丽。中国皇家园林具有建造宏大精致、庄严气派的特点。

（一）皇权色彩

在北京城灰暗色调的映衬下，紫禁城的红墙绿瓦在色彩上得到了极大的凸显。它的每一处细节都非常讲究，皇权统治与普通百姓之间的距离也越来越明显，不仅在建筑布局上，色彩方面也毫不例外。在某种意义上色彩对于皇权比建筑布局更加重要，这些帝王皇家建筑色彩与百姓民间建筑色彩形成了鲜明对比。皇家建筑中大量使用了彩度很高的色彩作基色，以黄色和红色为主，与以灰色为主调的民间建筑有很大的区别，以显示皇权。

（二）皇权色彩的等级制度

封建社会有着严格的等级制度，这在建筑物的色彩表现上体现得淋漓尽致。所以明清两代修建紫禁城时，延续以往传统，宫廷御苑大都采用红墙黄瓦，色彩强烈耀眼，对比细腻突出。既表现了皇家建筑的富丽堂皇，又反映了皇帝的“至尊权威”。作为皇权象征的太和殿，是紫禁城内体量最大、等级最高的建筑物，建筑规制之高，装饰手法之精，堪列中国古代建筑之首，因此在色彩上就象征着九五之尊。但是紫禁城并非只有黄色的屋顶，有些建筑不是皇宫贵族居住的地方，因此在规格上便低一个级别，有少数建筑采用绿瓦或者黑瓦。按照规定，颜色等级自上到下依次为黄、赤、绿、青、蓝、黑、灰，黄色是最尊贵的颜色。北京城里的房子的色彩要按照级别适用，譬如，紫禁城用金、黄、赤等暖色调砖瓦，公卿大员家的屋顶用绿瓦，百姓居住的民舍只能用黑、白、灰色调作为墙面及屋顶。可以说，古代建筑色彩用来维护统治阶级的利益，而外在的色彩则体现着其等级制度的区别。

（三）皇家园林的色彩表现

皇家园林的主色调是高彩度、高明度的暖色。传统皇家园林的造园色彩以表达皇权为主导思想，建筑物大多采用强烈的原色。如屋顶主要用以黄、绿为主的琉璃瓦，而墙壁色彩则以红色为主，给人以富丽堂皇的感觉，重点突出北京皇家园林典型色彩，造出气势恢宏的整体效果。而且这种原色色调与周围环境形成互补，例如北京冬季较长，大面积的色彩以松、柏等暗绿色调的针叶树种为主，配合皇家园林中的强烈对比色形成互补，弥补了地域色彩缺憾。不仅如此，北方皇家园林中对红、黄等暖色的偏爱，也反应出中国人对刚健、笃实等传统审美理想的心理需要。根据相关资料，总结出色彩在北京皇家园林中的应用方式主要有以下几种：

1．金、银色应用

金银色在色性上讲，金色为暖色，银色为冷色。在传统皇家园林中，金银色主要体现在建筑彩绘的装饰性色彩上，起点缀作用，而在其他环境中使用较少。金银色的色彩光泽是其他颜色无法比拟和代替的，因此在现代园林设计中，常用一些合金材料作为点缀，应用于纪念性雕塑和环境中。它能营造出华贵，富丽的效果，给游人强烈的时代感和美感。

2．冷、暖色应用

冷色与暖色出于人们的生理感觉和感情联想，红与蓝是色彩冷暖的两个极端，但是色彩的冷暖不是绝对的，相对的色彩相比较是决定冷暖的主要依据。暖色系在皇家园林中的应用主要表现在建筑风格上，色彩鲜明，且带有皇家园林的崇高和壮丽，令人肃然起敬。而且在冬天较长的北京地区，暖色系还有平衡心理温度的功能。相对暖色，冷色则更多体现在配置上的相互呼应上，增添色彩的丰富性。

3．对比、类似色应用

皇家园林中色彩对比主要是指补色的对比，因为补色对比在色相等方面差别很大，对比效果明显。建筑中主体颜色红与绿、黄与蓝的色彩对比，营造出强烈视觉效果。考虑到色相差距不大，皇家园林在使用较为强烈的补色进行对比的同时，注重类似色的应用，如花坛中央向外色彩依次变深或变淡，给人一种逐渐清晰的层次感。

（四）皇家园林色彩对现代居住环境的影响

当代社会快捷的生活方式已然成为主流，生存压力越来越大，生活节奏越来越快，物质要求越来越高，人际关系越来越复杂。这样的环境之下，人们都向往一种自然和谐，无拘无束的诗意生活。而皇家园林中红、黄两色象征着皇权，更代表着当时中国独一无二的园林享受，是当时社会创造的最佳人居环境。步入新世纪，这些古代帝王所享受的待遇，也让我们现代中国居民同样享受到。皇家园林中色彩特征明显，自然与建筑等多种人造景观相互融合，环境地位无与伦比，更有专人清理看管，放到任何一个当代居住区，都是至尊般的待遇。当代居住环境不仅要模仿皇家园林式的建筑风格，更得拥有皇家园林式的宫廷服务意识，这样的人居环境才为世人向往。

清代雍正、乾隆时期所修建的皇家园林圆明园，园内后边有个小湖，小湖旁设有九个小岛围绕，这九个小岛的配设寓意为古代中国的九个大州，从而表达了中国的各大洲的每一寸土地都是皇帝所有的。因此，随着历史的变迁，朝代的更迭，文化的发展，财富的扩大和工艺的进步，中国的皇家园林修建得越来越精致优美、越来越庄严宏伟、越来越豪华气派。通过历朝历代的皇家园林的历史积淀，形成了风格独特、独树一帜的皇家园林。

第二节 私家园林

园林，在中国古籍里根据不同的性质也称作园、苑、园墅、池馆、山池、山庄、别墅、别业等。美英各国则称之为Garden、Park、LandscapeGarden。它们的性质、规模虽不完全一样，但都具有一个共同的特点，即在一定的地段范围内，利用并改造天然山水地貌或者人为地开辟山水地貌，结合植物的栽植和建筑的布置，从而构成一个供人们观赏、游憩、居住的环境。创造这样一个环境的全过程（包括设计和施工在内）一般称之为“造园”，研究如何去创造这样一个环境的科学就是“造园学”。

园林建设与人们的审美观念，社会的科学技术水平相始终，它更多地凝聚了当时当地人们对正在或未来生存空间的一种向往。在当代，园林选址已不拘泥于名山大川、深宅大府，而广泛建置于街头、交通枢纽、住宅区、工业区以及大型建筑的屋顶，使用的材料也从传统的建筑用材如植物扩展到了水体、灯光、音响等。

通俗地说，园林是造在人间的天堂，集中体现了人们追求最高理想生活的一种愿望。那么，园林在什么时候出现？而私家园林又是在什么时候形成和发展的呢？

一、中国私家园林的起源

人类社会早期，人们主要依靠狩猎和采集来获取生活资料，使用的劳动工具极其简单，生产力极度低下，还常常遇到猛兽侵袭、寒暑威胁、饥饿困扰和疾病死亡等折磨。先人对自然界的作用极其有限，完全被动地依赖于大自然。在这种情况下，当然既没有物力也没有必要构建供人生活享受的园林。直进入原始农业公社时期，村落附近开始出现种植场地，房前屋后才有了果树林绿化和蔬菜园地，虽出于生产目的，但在客观上已经接近园林的雏形，形成了园林的萌芽状态，也就成为古代园林的最初源头。

随着生产力的进一步发展和生产关系的改变，产生了阶级分野和国家组织，出现了大小城市和集镇。居住在城市和城镇的统治阶级，为了补偿与大自然环境的相对隔离，营建了各种园林。生产力的渐次发达及相应的物质、精神生活的提高，促成了园林活动的的推广，而植物栽培、建筑技术的进步，则为大规模兴建园林提供了必要的条件。在这个阶段内，园林经历了由萌芽、成长和兴旺的过程，在发展中逐渐形成了时代风格、民族风格、地方建筑风格。而这不同风格的园林又都具有以下几个共同点：第一、直接为少数统治阶级服务，或者归他们所有；第二、封闭式的、内向形的；第三、以追求视觉景观之美和精神陶冶为主要目的，并非自觉地体现所谓的社会、环境效益。

正是生产力的发展，阶级分化和私有制的出现，私家园林开始形成。所谓私家园林，是指非国库开支所建的为私人独家所有的园林。

二、中国私家园林的历史发展

（一）两汉时期——初步形成

早在商朝，就已有了园林的雏形——囿，至秦朝园林已经成形——苑。但因秦始皇晚年滥用民力财力，私家园林并未出现。直到两汉时期，文景之治使得政治开明，经济恢复，私家园林才开始形成并有所发展，包括王侯官僚、富家的苑囿和文人的宅院。

汉朝私家园林以西汉梁孝王刘武的兔园、东汉梁冀的苑囿和茂陵袁广汉园最具代表意义。汉初文帝的次子梁孝王刘武，在其封地商丘修建兔园，据《三辅黄图》记载：“梁孝王刘武好营苑囿之乐，作曜华宫，筑兔园。园中有百灵山，有肤寸石、落猿岩、栖龙岫，又有雁池，池间有深鹤州、凫渚。其诸宫观相连，延亘数十里，奇果异树，珍禽怪兽毕有，王日与宫人宾客戈钓其中。”园中以土为山，以石叠岩，这种土石结合的假山在中国园林中实为首创。如果说兔园还不纯粹是私家园林的话，那么汉初的袁广汉园则是私家园林无疑。其东西四里，南北五里。园中楼台棺榭，重屋回廊，曲折环绕，重重相连，用石堆造假山，高十余丈，引激流水为池，首创石假山记录。《三辅黄图》记载：“后有罪诛，没入官园，鸟兽草木，皆移植上林苑中。”可见，袁广汉园林算得上是中国历史上有明确记载的第一家私家园林。这一时期的园林，由于受文士影响，园中布景、题名已开始出现诗画景象。

（二）魏晋时期——风景园林

魏晋南北朝时期，是中国古代园林史上的一个重要转折时期。文人雅士厌烦战争，玄谈玩世，寄情山水，风雅自居。豪富们纷纷建造私家园林，把自然式风景山水缩写于自己私家园林中。这一时期，开始出现城市型私园——宅园、游园，也有郊野别墅园。门阀士族地主们的造园活动都同他们的身份、素养、趣味相关。在内容与格调上与文人、名士的并不完全一样。自然条件和文化背景的差异使南北园林各具特色。著名的郊野庄园别墅有北方西晋石崇的金谷园和南方谢家庄园。石崇在《金谷园诗序》中说道：“有别庐在河南县界金谷涧中，去城十里，或高或下，有清泉茂林，众果、竹柏、药草之属。金田十顷，羊二百口，鸡猪鹅鸭之类，莫不毕备。又有水碓、鱼池、土窟，其为娱目欢心之物备矣。”由此可见，这是一座巧妙利用地形和水利的园林化庄园。谢家庄园是这一时期南方私家庄园别墅的杰出代表。据谢灵运《山居赋》记载：“其居也，左湖右江，行渚还汀，面山背阜，东徂西倾，抱含吸吐，款跨纡萦，绵绵邪亘，侧直齐平。”庄园周围山水环抱，一派旷远、幽静的景色。谢家庄园可以说是一座典型的园林化庄园。其在山水风景相结合方面确实花费一番心思。相地卜宅体现了传统的天人合一哲学思想，反映了门阀士族的文化素养，与两晋南北朝开始形成的堪舆风水也不无关系。

私家园林从汉代的宏大粗放一变而为这一时期的小型精致。造园的创作方法从单纯的写实，到写意与写实相结合过渡。小园获得了社会上的广泛赞赏，著名文人庾信曾专门写了一篇《小园赋》，誉之为“一枝之上，巢父得安巢之所；一壶之中，壶公有容身之地”。私家园林因此而形成它的类型特征，就尽管尚处于比较幼稚的阶段，但在中国古典园林的三大类型中却率先迈出了转折时期的第一步，为唐、宋私家园林的臻于全盛和成熟奠定了基础。

（三）唐宋时期——写意园林

唐代是中国古代园林风格转变的重要时期。经济的发展使得大规模营建私人园林成为可能。唐承隋制，开科取士使广大庶族知识分子有了进身之阶，但宦海沉浮，升贬无常，因此官仕们常怀退隐林下之意。盛唐以后，中国园林已由山水园林发展到写意山水园，也称文人山水园。大批文人亲自参与建造园林，把诗情画意带入园林中。及至宋朝，重文轻武，官宦士大夫经济优裕，为营造园林提供了优厚的物质条件。且宋徽宗喜绘画，提倡造园，诗画艺术直接影响到辋川别业，洛阳私家园林履道坊宅园、平泉庄、富郑公园，临安私家园林庐山草堂，吴兴私家园林南尚书园、北尚书园，苏州私家园林沧浪亭等。据《沧浪亭》记载："前竹后水，水之阳又竹，无穷极，澄川翠干，光影会合于轩户之间，尤与风月为相宜。"一派充满野趣的诗意画面。文人园林的风格特征由著名园林史专家周维权先生概括为简远、疏朗、雅致、天然四个方面。

（四）明清时期——融合文化

明清两代，是我国园林建筑艺术的集成时期。在经济、文化发达的地区，如扬州、苏州和北京出现文人园林、市井园林和士流园林"雅俗抗衡"的新局面。明末文人画已发展成熟，在画坛占据主要位置。文人画蕴涵诗、书、画，雅致，清淡，其风格影响到造园活动的趋向。士流园林则以雅逸和书卷气来表达他们想要摆脱礼教束缚、返璞归真的愿望。士流园林的文人化促进了文人园林的更进一步发展使其足以与新兴市民的"市井气"和贵戚园林的"富贵气"抗衡。著名造园家李渔在《一家言》中极力倡导"宁雅勿俗"，而文震亨的《长物志》更是把文人的雅逸作为园林总体规划和细部处理的最高总则。

这一时期，造园工匠的社会地位明显提高，许多文人和造园师在造园活动中互相转化，大大提高了园林营造水平。

从明清到清末，由于地域及文化背景的区别，私家园林建筑逐渐发展成为风格成熟、特色迥异的地方特色园林，分别是江南园林、北方园林和岭南园林。江南园林形成于明中后期，以苏、扬为中心，波及整个长江流域。苏州园林以数量之多，艺术造诣之高名满天下，故有"江南园林甲天下，苏州园林甲江南”之美称。如明代时期的拙政园和留园，清代的网狮园和怡园。苏州园林已作为世界造园艺术中东方园林的代表，1997年12月联合国教科文组织世界遗产委员会第21次大会通过自然文化决议，将其列入《世界遗产名录》。此外，扬州大小园林也有百余处之多，曾有“扬州以园亭胜”的说法，如修园、影园和瘦西湖。江南园林叠山以太湖石和黄石为主，用石量很大，注重植物的季节性和基调配置，孤植或片植以营造意境，园林建筑玲珑轻盈，精雕细刻，园林空间多样富丽，极具变化，北方园林形成于明末清初，以北京为中心，包括整个黄河流域，北京气候寒冷，建筑封闭、厚重，具有一种刚健之美。布局呈轴线式，大方稳健。叠山取清石和北大湖石，植物种类较少。如明代的清华园和勺园，清代的半亩园和萃锦园。岭南园林在清中后期形成，以珠江三角洲为中心，包括两广、海南、福建和我国台湾等地。以宅园为主。叠山石多用英石包镶，即所谓“塑石”的技法。由于气候炎热，园林建筑更通透开敞，有时会出现体形高大而与空间不合的情形，岭南地处亚热带，气候炎热且多雨，光照时长，适合植物生长的特点。所以植物种类较多，经常山荫葱葱，繁花似锦。具有代表性的有余荫山房建筑、林本源园建筑。除此之外，还有巴蜀园林、西域园林等各种形式。

中式园林建筑对东西方园林的一些共有的设计理念有着自己的处理手段，而且在融合了历史、人文、地理特点后，也表现了自己的一些独到之处。因此，大小形状不同的园林建筑有不同的功能，有自己特定的名称。如厅、堂、楼、阁、轩、榭、舫、亭、廊等。按使用上的需要，既可以独立设置，也可以用廊、墙、路等把不同的建筑组合成群体。这种化大为小，化集中为分散的处理手法，非常适合中国园林布局与园林景观上的需要，能形成统一而又有变化的丰富多彩的群体轮廓。游人观赏到的建筑和人们从建筑中观赏的风景，既是风景中的建筑，又是建筑中的风景。

中式园林建筑有种植手法与景观配置相融合的特点，要融于自然，建筑体量就势必要小，建筑体量要小，就必然将分散布局，空间处理要富于变化，就常会用廊、墙、路等组织院落划分空间与景区。正如《园冶》上说的：“巧于因借，精在体宜”。

三、中国私家园林的“三境”

（一）“生境”——崇尚自然的本真之美

“生境”，即还原自然之美，符合自然之趣。私家园林的主人，通常为文人、士大夫。自魏晋南北朝以来，由于长期的战争和社会动荡，消极悲观情绪导致及时行乐思想流行。儒家的正统思想受到冲击，礼教束缚遭到反抗，崇尚玄学、逃避现实、寄情山水成为社会风流。许多文人、士大夫苦于前途、仕途的不确定，向往归隐山林过一种闲云野鹤的生活，于是文人、官宦造园之风兴起。这大大促进了中国私家园林的发展，也使得中国私家园林将最初的美学特征定位在回归自然上。中国私家园林深受先秦老子哲学思想的影响，在园林布局和营造手法上，以师法自然为目标，力求做到“天人合一”。

中国私家园林的“天然”性在于自然美，“人工”性则主要体现在建筑美。以“天人合一”为理想追求的中国文人、士大夫，在园林建设上，始终致力于自然美与建筑美的和谐统一。纵观中国私家园林，山水与建筑始终是胶合、渗透在一起的。一座优秀的园林，每一座亭台楼阁都不会脱离周围环境而单独存在，每一块石峰、每一株虬柯、每一泓溪流，也同样不会无视周围建筑的存在。正可谓：“小廊回合曲阑斜，庭院深深深几许。”园林建筑之美，本身就是一种自然之美。我们不妨把中国私家园林建筑和皇家园林建筑加以比较，发现，两者几乎各自遵循着一套操作体系和审美规则。我国封建礼教森严，社会等级井然有序，不可越雷池半步，故私家园林无论在规模、风格还是式样上，较之皇家园林都有种种限制。如皇家园林中视为必然的中轴线，私家园林避之唯恐不及；皇家园林中司空见惯的汉白玉石雕石栏，私家园林就极为罕见，否则，即可能犯“僭越”之罪。正是私家园林在建筑上面临的种种有形或无形的限制，结果反而促进了私家园林建筑风格的多样化，使之处处洋溢着大自然的勃勃生机。如果我们在中国皇家园林建筑中看到的是儒家文化的约束和限制，那么在私家园林建筑中，看到的则是道家的乐生与回归自然。树无行次，石无定位。这种无定式的审美原则，不仅体现在建筑风格上，还体现在建筑材料上。木质建筑材料给园林艺术家提供了取之不尽的创作灵感，因为木结构更接近自然，其对园林的内墙、外墙之设并无硬性规定，空间可虚可实，可隔可透，可合可分，可聚可散。

（二）“画境”——超越自然的艺术之美

“画境”，即自然之美经过艺术家们的提炼加工，使之源于自然又高于自然。在师法自然的背后，中国私家园林更致力于营造一个充满诗情画意的艺术空间。师法自然只是手段，让园林洋溢出自然山水的诗情画意，才是私家园林建造者们更高更内在的追求。

优秀的园林像画也像诗，需要适时地停下来品尝一番，品尝那远古的神韵与历史的芳香。在寄畅园，你可以邀上一壶茶，静下心来去感受、去品尝，这其中不乏诗情与画意，一草一木、一山一水似乎都经过了仔细推敲。众所周知，江南私家园林的主人一般都是归隐的达官贵人，具有较高的文化修养与审美趣味，对自然的美丽较为敏感，同时又有丰富的游历经验，因此，他们常如吟诗作文般对待其园林创作，因地制宜地处理景物之间的关系。郁盘、知鱼槛就是主人吟诗作对、下棋博弈的地方，他们不仅要从中寻求生活的乐趣，而且要讲求环境的优美与内心的感受，这就是文人趣味的直接体现。吟诗作画、诗词歌赋，都需要在空间设计的布局中进行考虑与安排。

中国私家园林的文学性，可以在“实”和“虚”两个层面上得到反映。就“实”的层面而言，现存私家园林中随处可见的园名、景题、刻写、匾额、楹联等美妙文字，都以各式各样的文学手段（状写、比附、象征、寓意、点题等）渲染着园林的情调，深化着园林的内涵和意境。而体现这些文字的书法艺术，也以其特有的美感，补充、点缀或升华着园林的美学内涵。就“虚”的层面而言，人们不仅可以从园林布局中依稀感到某种诗文之理，还能因眼前不断变换的景致，生出丰富的联想和感悟。如沧浪亭中的楹联：“清风明月本无价，近水远山皆有情”；北京潭柘寺弥勒佛殿的楹联：“大肚能容，容天下难容之事；开口便笑，笑世上可笑之人”；让人们感受到了生活的诗意与达观。唐代诗人王维亲自规划并建造了自己的私家园林“辋川别业”，并在《辋川闲居赠裴秀才迪》中写到：

“依杖柴门外，临风听暮蝉。渡头馀落日，墟里上孤烟。”用文学诗词铸就园林之魂，怕只有中国私家园林才做得到，做得好。

中国私家园林的绘画性，同样可以从“实”和“虚”两种层面上得到解读。在“实”的层面上，游人会在园中到处发现绘画艺术的存在，或体现为一幅悬挂在厅堂的水墨中轴，或体现为园中无处不在的山水陈设。

中国私家园林本质上追求的是一种艺术化的生活方式，因此借景在私家园林中被运用到了极致。中国私家园林不仅是一幅三维空间山水画，更是一幅时间加空间的四维山水画。中国私家园林的园林画境是一个开放的空间，延续的空间，其景观画面既无处不在，又因人而异，因地而异，因时而异。朝借旭日，晚借夕阳，春借桃柳，夏借塘荷，秋借丹枫，冬借飞雪。四季变化，斗转星移，一悲一喜，一怒一惊，园中景致皆会观之不同，悟之不同。中国私家园林不仅能“动观”，更能“静赏”。移步固然会换景，驻足则更能领略其中的妙趣真味。动观以欣赏，静观以把玩，粗浏与细览结合，园中美景不仅可以观入眼中，更可以体味心中。耳得之为声，目遇之成色。大自然的无价景观，皆可为中国私家园林所用，从而构成一幅幅具有无限想象力的艺术画境。

（三）“意境”——感悟自然的理性之美

“意境”，即人们对自然的感悟，它体现了人们主观情感与外界景观的统一。

中国私家园林，既是山水园林，也是人文园林。古人云：大隐入朝市，小隐入樊篱。传统意义上的中国文人或多或少都有隐逸倾向，而中国私家园林恰恰能给浮嚣以宁静，给躁急以清冽，给高蹈以平实，给粗狂以明丽。中国园林区别于世界上其他园林体系的最大特点，就在于它不以创造呈现在人们眼前的具体园林形象为最终目的，它追求的是“象外之象”，即所谓的“意境”。寄畅园的空间艺术创作中“意境”的产生与中国的哲学思想是密不可分的。中国古代哲学讲究“实中见虚、虚中见实”的虚实相生的思想意境。在寄畅园的空间布局上，有许多地方运用了这种手法。

这是人间仙境？还是天堂圣地？天堂高远不可及，仙境自古是传说。

中国私家园林正是利用自己远离红尘的美，荡涤人间的烦恼，寻求心灵的归宿。“结庐在人境，而无车马喧；问君何能尔，心远地自偏”。物质的迅速膨胀已将我们的精神诉求驱逐到荒漠的边缘。与私家园林对话，你是否想到了去原野散步，思无邪，心无累，去嗅嗅青草的气息，听听小溪的潺潺，看看麦穗的沉思，平平心灵的浮躁。只要我们永远保持一颗恬淡、宁静的心，就会拥有属于自己的一座园林。

中国园林作为中华文明一朵灿烂的艺术奇葩，历史悠久，体系完备，门类齐全，分布广阔，既博大精深，又源远流长。不同流派、不同地域、不同风格的私家园林真可谓是各擅所长，争奇斗艳，林林总总，蔚为大观。

第五章

东西方园林体系

第一节　中国园林

中国古典园林，同上下五千年的中华文明息息相关。这个园林体系并不像同一阶段的西方园林那样，呈现出各个时代、各个地区的迥然不同的风格形式。中国园林在漫长的历史进程中自我完善，其受外来的影响甚微，因此其发展也表现为极为缓慢的、持续不断的演进。我国的园林到底从何时、何处发展而来？以往人们都认为是从商周王室的苑囿演变而来的。近来又有人研究了古代诗歌，并参照考古证实了最早的园林应是原始村落住宅边的林木绿化以及苗圃等实用性的小块土地。其实，艺术的起源本来就是复杂的，而非孤立的，往往由多种原因交织而成。村宅绿化与畋猎苑囿是我国古典园林源头的两股活水。

据考古学的推测，古代的纺织、制陶、磨制工具等活动多半在户外举行，再加上集会、祭祀、玩耍等需要，人们都会在村落中或者说四周的空地上植树，即可遮荫防尘，又可游戏其中。这种以植物为主，依靠天然地形的简朴的早期民间园林似乎对后来发展起来的恬淡素静的文人村居园林有过不小的影响。东晋诗人陶渊明《归田园居》中“方宅十余亩，草屋八九间，榆柳荫前檐，桃李罗堂前”正是接续了上古村宅园林的余韵。而明清之际的文人园也不断地从中吸取营养，正如园林家陈从周先生在《园林论丛》中所述：“柳荫曲路”、“梧竹幽居”、“荷风四面”等风景画，未始不从农村绿化中得到启发，只不过再经过概括提炼、以少胜多，具体而微而已……

帝王苑囿的出现和上古贵族围猎活动是直接相关的，可以说，囿起源于狩猎，中国古典园林的雏形产生于囿与台的结合。在公元前11世纪，也就是奴隶社会后期的殷末周初，殷代的帝王、贵族奴隶主很喜欢大规模地狩猎，古籍中多有“田猎”的记载。除此之外，囿不定期有圈养以及作物种植的功能，囿无异于一座多功能的大型天然动物园。帝王也将苑囿作为戏耍燕乐之地，使之具有狩猎宴饮双重功能。

中国古典园林的漫长的演进过程，正好相当于以汉民族为主体的封建大帝国从开始形成转化为全盛、成熟直到消亡的过程。中国古典园林，作为封建文化的一个组成部分，就其内容的深度而言，涉及物质、制度以及心态层面的文化，在其广度上也包涵了古代文化的所有领域，如宫廷文化、士流文化以及市民文化。

作为封建文化的形态之一，中国园林与哲学、诗文、绘画等众多的文化形态是相互交织、相互影响着的，它们并非孤立。这表现为哲学是一切自然知识和社会知识的终极概括，也是文化的核心，它影响并浸润于园林，成为园林创作的主导思想，造园实践的理论基础。

一、中国园林的艺术原则

（一）多样与统一

如果把众多的事物，通过某种关系联系在一起，获得和谐的效果，这就是多样统一。多样统一规律是一切艺术领域中处理构图的最概括、最本质的原则，园林构图亦莫能外。多样就意味着不同，不同就存在着差异，有差异就是变化。因此，多样就同变化等同起来，所以多样统一亦可称为变化统一。统一就是协调，亦就是和谐，没有多样就无所谓统一，正因为有了多样才需要统一。多样统一规律反映了一个艺术作品的整体构图中的各个变化着的因素之间的相互关系。以音乐与绘画为例，如果音乐缺乏变化，就将产生单调枯燥的感觉，令人厌倦，如果缺乏统一，则音乐中只有噪音，使人感到刺耳难忍。同样，绘画只有变化而没有统一，使人感到杂乱无章，如果画面缺乏变化，就会使人感到平淡无奇。一件艺术作品的重大价值，不仅在很大程度上依靠构成要素之间的差异性，而且还有赖于艺术家把它们安排得统一。或者说，最伟大的艺术是把最繁杂的多样变成最高度的统一，这已经是被人们普遍承认的事实。

（二）对比与协调

对比与协调是运用布景中的某个因素（如色彩、体重等）中两种程度不同的差异，取得不同艺术效果的表现形式，或者说是利用人的错觉来互相衬托的表现手法，在整体上进行协调。古代造园家提出了动静、虚实、曲直、大小、藏露、开合、聚散等艺术词汇，均属于对比法则的范畴。协调可以使彼此和谐，互相联系，产生完整的效果。园林要在对比中求调和，在调和中求对比，使景观既丰富多彩、生动活泼，又突出主题，风格协调。

（三）对称与平衡

对称又称“均齐”，对称的图形具有单纯、简洁的美感，以及静态的安定感，对称本身具有平衡感，对称是平衡的最好体现。平衡的形式有对称平衡和非对称平衡。在法国古典园林凡尔赛中，最能体现静态平衡，对称形成的秩序感也最为明显，它的植物被修剪得异常整齐，如同士兵列队相迎。一条超长的视觉轴线贯穿始末，轴线两侧植物、雕塑在摆放距离、大小、造型方面做相同安排，达到“绝对对称”的效果。这样的形态让人产生视觉与心理上的完美、宁静、和谐之感，它的目的是体现皇权对环境的控制与塑造。

非对称平衡则侧重在变化中求统一，与“绝对对称”造成的庄严、震撼、稳定、秩序的平衡视觉效果相比，“相对对称”使得基本对称的两边在对比的基础上达到“动态平衡”，使得整个场所更加富有趣味性和“可读性”，更加耐人寻味，避免了太多“绝对对称”造成的单调、僵化、呆板，更加贴近自然。中国古典园林中非对称平衡应用的最为普遍，例如，靠近水面建亭、榭等建筑物，建筑物具有一定间距，并且间种高大乔木以及低矮灌木，就是为了实现在游览过程中多个角度的“动态平衡”以及定点“休息”时观察到的“静态平衡”。

（四）尺度与比例

因地制宜、因情制宜、合理布局。根据园林绿地的性质、功能要求和景观要求，把各种内容和各种景物，因地制宜和因情制宜地合理布局，是实现园林构图多样统一的前提。调整好主从关系要通过次要部位对主要部位的从属关系达到统一的目的。在每个空间中也一定要有主体与客体之分，主体是空间构图的重心或重点，起主导作用，其余的客体对主体起陪衬或烘托作用。这样主次分明，相得益彰，才能共存于统一的构图之中。

若是主体孤立，缺乏必要的配体衬托，即形成“孤家寡人”的情形。过分强调客体，喧宾夺主或主次不分，都会导致构图失败。所以整个园林构图乃至局部都需要重视这个问题。凡是名园的构图，重点必定突出，主次必定分明，凡是缺乏重点，主次不分明的园林，其景观必然紊乱或贫乏，缺乏强烈的艺术感染力，很难引人入胜，更谈不上构图的统一性。由此可见，在构图中建立良好的主从关系是达到统一的重要条件。在众多的次要景物之间建立良好的协调关系，是构图达到统一的重要手段。构图中的各个景物的选择和安排，都是为了加强主题，在各自的岗位上发挥作用。同时它们之间又以一定的构图形式互相联系着，用合适的比例与尺度，合适的节奏与韵律以及动势与均衡等艺术法则，使之产生一种既和谐又庄严的美，这就是统一。

（五）节奏与韵律

1. 简单韵律，即有同种因素等距离反复出现的连续构图的韵律特征。如行道树、等高等距的长廊等。

2. 交替韵律，即有两种以上因素交替等距反复出现的连续构图的韵律特征。如柳树和桃树的交替栽种、两种不同花坛的等距交替排列。

3. 渐变韵律，指园林布局连续出现重复的组成部分，在某一方面作有规律加大或变小、逐步加宽或变窄、逐渐加长或者缩短的韵律特征。如体积大小、色彩浓淡、质地粗细逐渐变化。

4. 突变韵律，指景物连续构图中某一部分以较大的差别和对立形式出现，从而产生突然变化的韵律感，给人以强烈对比的印象。

5. 拟态韵律，即有相同因素又有不同因素反复出现的连续构图。

6. 自由韵律，指某些要素或线条以自然流畅的方式，有一定规律地婉转流动，反复延续，出现自然柔美的韵律感。

（六）分隔与联系

外围封闭，是中国园林的特点。但在园内仍然用围墙和篱笆分隔开来，起分隔空间和遮挡的作用。这一点从苏州园林我们可以看出。要达到“庭院深深深几许”的效果，不继续向前走，你永远不知道前方还有更奇异、更美妙、更令人拍案叫绝的景致。中国字，以“深”为深厚、深遂、深远的含义，深为中国哲学所极力推崇和赞美。不论是人的友情、山水画的意境、学问的广博，匠人工艺的精湛，都可以用深来表达。一块土地，有大有小，经过修整，作为园林的素材，工程师就像画笔一样，在这块蓝图上描绘着自己的梦想。为使园内的意境深厚，空间深远，变化更为丰富，造园家用分隔的办法营造出一个个小的空间，根据地形、设想和意图，营造出不同氛围、不同景致的艺术效果。大如园明园，有四十景。小如网师园，园内有园，景外有景。

中国园林对空间进行适当和精巧的分隔，形成了不同艺术魅力的大小景致。造园中，有“隔则深，畅则浅”的法则。开畅，虽空间大之，却一眼即透，无后续观赏热点，很快便让人觉得索然无味，不再驻足，便去寻找新的景致和观赏点。面积再大，若无空间错落和角度、创意的变化，也只能称为浅，因为所有空间都在视觉之内，缺乏纵深和变化。分隔，则内涵更加丰富，空间更加错落有致，景致更加变幻多样。如同心有七窍，女有千面，每一窍都有自己的魅力精华所在，每一面都让人魂牵梦绕。一步一景，一景一园，变幻莫测，让人流连忘返。

二、中国园林的观赏特性

（一）观赏特性

一个有光、形、色、体的可感因素，有一定的空间形态，较为独立并易从区域形态背景中分离出来的客体。且具有一定的社会文化内涵，有观赏功能，改善环境及使用功能，可以通过其内涵，引发人的情感、意趣、联想、移情等心理反映，即所谓景观效应。

（二）造型

园林建筑有十分重要的作用，它可满足人们生活享受和观赏风景的愿望。中国古典园林，其建筑一方面要可行、可观、可居、可游，一方面起着点景、隔景的作用，使园林移步换景、渐入佳境。中国古典园林中的建筑形式多样，有堂、厅、楼、阁、轩、榭、舫、亭、廊、桥等。

廊狭长而通畅，弯曲而空透，用来连结景区和景点，它是一种既“引”且“观”的建筑，廊柱还具有框景的作用。

亭子是园林中最常见的建筑物，主要供人休息观景，兼做景点，亭子的形式千变万化。若按平面的形状分，常见的有三角亭、方亭、圆亭、矩形亭和八角亭；按屋顶的形式有掂尖亭、歇山亭；按所处位置有桥亭、路亭、井亭、廊亭。

厅堂是私家园林中最主要的建筑物，常为全园的布局中心，是全园精华之地，众景汇聚之所。厅多作聚会、宴请、赏景之用，集多种功能集于一体。厅造型高大、空间宽敞、装修精美、陈设富丽，一般前后或四周都开设门窗，可以在厅中静观园外美景。

榭常在水面和花畔建造，藉以成景，榭都是小巧玲珑、精致开敞的建筑，室内装饰简洁雅致，近可观鱼或品评花木，远可极目眺望，是游览线中最佳的景点。

阁是私家园林中最高的建筑物，供游人休息品茗，登高观景，阁一般有两层以上的屋顶，形体比楼更空透，可以四面观景。

舫为水边或水中的船形建筑，又称不系舟，舫在水中，使人更接近于水，身临其中，有荡漾于水中之感，是园林中供人休息、游赏、饮宴的场所。

（三）表现含蓄

含蓄是中国古典园林重要的建筑风格之一，在园林中强调曲折多变，含蓄莫测。这种含蓄可以从两方面去理解：其一，其意境是含蓄的；其二，从园林布局来讲，中国园林往往不是开门见山，而是曲折多姿，含蓄莫测。巧妙地通过风景形象的虚实、藏露、曲直的对比来取得含蓄的效果。拙政园在围墙外就可以看到园内一些屋顶、树木和圆内较高的建筑，但看不到里面全景，这就使人产生暇想，产生了解园林景色的兴趣。

（四）强调意境

中国古典园林追求的“意境“二字，多以自然山水式园林为主。一般来说，园中应以自然山水为主体，这些自然山水虽是人作，但是要有自然天成之美，有自然天成之理，有自然天成之趣。园林中必须建筑各种相应的建筑，园林中的建筑，与山水自然融合在一起，力求达到自然与建筑有机的融合。拙政园的听雨轩，为典型的“夜雨芭蕉”景观，轩前一泓清水，边植芭蕉翠竹，轩后数丛蕉叶，无论春夏秋冬，雨点落在不同的植物上，加上听雨人的心态各异，就能听到各种情趣的雨声，境界绝妙，别有韵味。

（五）故事性

神话、传说在中国古典园林中有重要的地位，它们带给人们创作的灵感，同时也留下了宝贵的财富。它的浪漫主义、虚无主义影响着古典园林的形态，从艺术的角度来看是不可多得的财富，从文化的角度上看也是宝贵的传承。壶中天地的传说影响极其深远，它成为理想境界的代称，并被运用到了园林创作和建筑当中，尤其是私家园林的创作中。园林从秦汉发展到南北朝之后，其规模有从宏大变为精小的趋势。私家园林从汉代的宏大一变而为这一时期的小型规模，意味着园林内容从粗放到精致的跃进，造园的创作方法从单纯写实到写意与写实相结合的过渡，包含着老庄哲理、佛道精义、六朝风流，诗文趣味影响浸润的结果。到了中唐以后这种趋势更是如星星之火成燎原之势蔓延开来。中国的造园者们力图在有限的“壶中天地”内，创造出深广的艺术空间和丰富的艺术变化，园子虽小，而诸景具备。百步之内，溪丘泉沟，池堂厅岛，应有尽有。在小小的空间中构建起完备的空间体系，力求小中见大。其背后反映出的是士人心态的变化。中唐以后，“中隐”意识开始成为士大夫普遍追捧的心态。

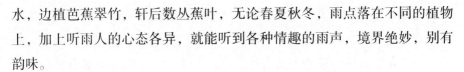

园林主人们不仅将“壶中天地”作为园林空间原则，甚至将园林中的某些景点以“壶中”来命名，以此来明志，表达一种出世的逍遥心态。如王世贞在自己的园中建“壶公楼”，又如潘允端《豫园记》说：入园处“竖一小坊，曰‘人境壶天’”有些园林更以“小方壶”、“小有天”等作为园景、园林名称。今天的游人在北京北海琼岛的北坡可以看到题为“一壶天地”的山亭，在扬州个园可以见到园中主建筑抱山楼所悬“壶天自春”的匾额，楼下廊壁上所嵌刘凤浩《个园记》对此“壶中”景色做了详细的描述：“……曲廊邃宇，周以虚栏，敞以层楼，叠石为小山，通泉以平池，绿梦袅烟而依回——以其营心构之所得，不出户而壶天自春。”在中国的道教活动中，葫芦与灵药相关，并成为道教仙人最具特征的伴物。道教徒在炼丹时用它作各种容器——太上老君的仙丹就是用葫芦装的；道教中的八仙之一张果老也是带着一个宝葫芦；唐末宋初大思想家、著名道士陈抟“斋中有大瓢挂壁上”（《宋史·陈抟传》）；唐玄宗时，曾官至御史中丞的道士李筌，在道教典籍《集仙传》里说，他曾游达王屋山，遇女仙骊山姥从袖中取出一瓢给他取水。现实生活中许多道教建筑，甚至后来众多的寺庙庵观亭塔都常在屋脊或顶上放置瓷质或陶制的葫芦。园林中门洞、花窗、铺地中的瓶状构图，直接为葫芦形或由葫芦演化而来，亭的宝顶也有不少为葫芦状，都有壶中仙境和上述多种吉祥涵义。

园林是人们生活的环境舞台，其中少不了历代才子佳人的故事，这些故事增加了园林的文化属性，也提供人们茶余饭后回味的谈资，也让园林真正融入了普通生活的内容中，而不仅仅是一件仅仅能够观赏的“玩意儿”。这些故事中知名的有：沈三白与沧浪亭。沧浪亭，始为五代时吴越国广陵王钱元璙近戚中吴军节度使孙承祐的池馆。宋代著名诗人苏舜钦以四万贯钱买下废园，进行修筑，傍水造亭，因感于“沧浪之水清兮，可以濯吾缨；沧浪之水浊兮，可以濯吾足”，题名“沧浪亭”，自号沧浪翁，并作《沧浪亭记》。欧阳修应邀作《沧浪亭》长诗，诗中以“清风明月本无价，可惜只卖四万钱”题咏此事。

第二节　欧洲园林

欧洲园林也称西方园林，是世界三大园林体系之一。其早期为规则式园林，以中轴对称或规则式建筑布局为特色，以大理石、花岗岩等石材的堆砌雕刻、花木的整形与排行作队为主要风格。文艺复兴后，先后涌现出意大利台地园林、法国古典园林和英国风景式园林。近现代以来，又确立了人本主义造园宗旨，并与生态环境建设相协调，出现了城市园林、园林城市和自然保护区园林，引领世界园林发展新潮流。

一、历史渊源

一般认为欧洲园林起源于古代西亚、北非以及爱琴海地区，后来随着阿拉伯帝国征服西班牙，继承西亚波斯园林衣钵的伊斯兰园林传入西欧，欧洲园林体系完成奠基。西方造园起自于西亚的古代波斯，即古波斯所称的“天国乐园”。这种造园的特点是用纵横轴线把平地分作四块，形成方形的“田字”，在十字林荫路交叉处设中心喷水池，中心水池的水通过十字水渠来灌溉周围的植株。这样的布局是由于西亚的气候干燥，干旱的沙漠环境使人们只能在自己的庭院里经营一小块绿洲。在波斯人的心目中，水和绿荫对于身处万顷黄沙中的他们来说特别珍贵，认为天堂（即后来基督教所说的伊甸园）就是一个大花园，里面有潺潺流水，绿树鲜花。在古代西亚的园林中，那个交叉处的中心喷水池就象征着天堂，后来水的作用又得到不断发挥，由单一的中心水池演变为各种明渠暗沟与喷泉，这种水法的运用后来深刻地影响了欧洲各国的园林。

二、起源

埃及位于非洲大陆北部，尼罗河从南到北纵穿其境，冬季温暖，夏季酷热，全年干旱少雨，砂石资源丰富，森林稀少，日照强烈，温差较大。

尼罗河的定期泛滥，使两岸河谷及下游三角洲成为肥沃的良田。

约公元前3100年，南方上埃及王朝的美尼斯（埃及第一王朝的开国国王，后在一次狩猎中被河马杀死。）统一了上、下埃及，开创了法老专制政体，即所谓前王朝时代（前3100年—前2686年），并发明了象形文字。从古王国时代（前2686年—前2034年）开始，埃及出现种植果木、蔬菜和葡萄的实用园，与此同时出现了供奉太阳神的神庙和崇拜祖先的金字塔陵园，这是古埃及园林的标志。中王国时代（前2033年—前1568年）的中上期，重新统一埃及的底比斯贵族重视灌溉农业，大型宫殿、神庙及陵寝园林，使埃及再现繁荣昌盛气象。新王国时代（前1567年—前1085年）的埃及国力十分强盛，埃及园林也进入繁荣阶段。园林中最初只种植一些乡土树种，如埃及榕、棕榈，后来又引进了黄槐、石榴、无花果等。从公元前671年开始，埃及又先后遭到亚述人、波斯人和马其顿人的入侵，到公元332年终于结束了长达3000多年的“法老时代”。

三、觉醒

古希腊是欧洲文明的摇篮，给文化复兴运动以曙光和力量。古希腊园林艺术和情趣，也对后来欧洲园林产生了深远的影响。古波斯帝国经过长年的扩张，在大流士二世时期达到鼎盛，成为名副其实的世界帝国。此时它的疆域西起中亚里海东至小亚细亚半岛毗邻地中海，南至埃及和阿拉伯半岛。在充分吸收两河文明和古埃及文明后，结合自身特色发展成影响深远的古波斯文明，它是伊斯兰文明的文化土壤。园林艺术方面也充分吸收了两河流域和埃及的艺术成果形成独特的波斯造园艺术。经过数次波希战争，西亚文明与爱琴海文明充分交融。古希腊于西元前5世纪逐渐学仿波斯的造园艺术，后来发展成四周为住宅围绕，中央为绿地，布局规则方正的柱廊园，古希腊园林风格形成。

四、发展和传播

希腊的园林为古罗马所继承，古罗马帝国初期尚武，对艺术和科学不甚重视，公元前190年征服了希腊之后才全盘接受了希腊文化。罗马在学习希腊的建筑、雕刻和园林艺术基础上，进一步发展了古希腊园林文化，他们将其发展为大规模的山庄园林，不仅继承了以建筑为主体的规则式轴线布局，而且出现了整形修剪的树木与绿篱，几何形的花坛以及由整形常绿灌木形成的迷宫。罗马帝国疆域辽阔，是继波斯和马其顿之后第二个世界帝国，罗马帝国跨亚非欧三大洲，是高度发展的奴隶制政体。在蒙昧未脱的当时，罗马是文明的标杆，罗马象征着秩序、道德和繁荣，是“文明世界”的坚盾，是当时西方世界的中心。罗马的征服不但带去了杀戮，同时也带去了它的文化，古希腊——罗马园林也因此传播到了整个帝国疆域。罗马帝国的征服为欧洲园林的传播做出了巨大的贡献。

五、枯潮

中世纪是西欧历史上光辉思想泯灭、科技文化停滞、宗教蒙昧主义盛行的“黑暗时代”。从5世纪罗马帝国瓦解到14世纪伟大的文艺复兴运动开始，大约历经1000年。在这个蛮族不断入侵，充满血泪的动荡岁月中，人们纷纷皈依天主基督，或安身立命，或求精神解脱，因而教会势力长足发展，占据政治、经济、文化和社会生活的各个方面。所以中世纪的文明主要是基督教文明，与此呼应，中世纪的园林建筑则以寺院庭园为代表。

公元5世纪，罗马帝国陷入政治危机，内战频仍，民不聊生。395年分裂为东、西罗马。东罗马建都于拜占庭，西罗马仍以罗马为首都。从此，西罗马历经野蛮民族日耳曼、斯拉夫等大举南侵蹂躏。476年，飘摇的西罗马帝国覆灭。同时，基督教也分裂为东正教和天主教，在分裂与动乱中收揽人心，获得了出人意料的发展。在西罗马灭亡后一千多年间，教皇同时兼世俗政权的统治者，形成政教合一的局面。同时存在的地主阶层有教皇、国王、大贵族领主和其他较低级贵族，教皇则是最大的地主，全盛时期教皇拥有全欧洲30%的土地，国王的加冕都要通过教皇的应允。贵族领主们要么依附国王，要么依附教廷。领主们在自己的封地内享受特殊权利，并层层分封，等级森严。11世纪后，欧洲大部分地区采取世袭制，领主权利进一步集中，国王权力相对削弱，出现城堡林立的现象。

由于中世纪社会动荡，战争频仍，政治腐败，经济落后，加之教会仇视一切世俗文化，采取愚民政策，排斥古希腊、罗马文化，不利于欧洲园林建筑艺术的发展。在美学思想方面，中世纪虽然仍受希腊、罗马的影响，但却与宗教神学相联系，把“美”加以神学化和宗教化，看作是上帝的创造。

由于数百年的政教合一，促使教权大于王权，王权分散且孤立，因而中世纪的欧洲并没有出现像中国皇家园林那样壮丽恢弘的宫苑，只有以实用为目的的寺院园林和简朴的城堡园林。就园林发展而论，中世纪前期以寺院园林为主，后期以城堡庭院为主。

同时期的中东，阿拉伯帝国崛起，撒拉逊人在一个多世纪的时间里建立了强大的阿拉伯帝国。帝国东接中国和印度，环绕波斯湾，毗邻印度洋，往西蔓延至比利牛斯山脉。公元711年，摩尔人（撒拉逊人）入侵西班牙，受伊斯兰文化的影响，发展成别具一格的西班牙伊斯兰园林。当时西欧在中世纪宗教统治下，文化艺术处于停滞之时，摩尔治下的西班牙却全然不同。

早在古希腊时期，这里就有来自希腊的移民，后又成了罗马帝国的属地。8世纪初，信奉伊斯兰教的摩尔人侵入伊比利亚半岛，平定了半岛的大部分地区，建立了以科尔多瓦为首都的西哈里发王国。摩尔人大力移植西亚文化，尤其是波斯、叙利亚的伊斯兰文化，在建筑和园林上，创造了富有东方情趣的西班牙伊斯兰样式。

8世纪到15世纪，西班牙处于西班牙人和葡萄牙人驱逐阿拉伯人收复失地的斗争中，史称收复失地运动。七百多年里战争不断，但摩尔人仍然在伊比利亚半岛南部创造了高度的人类文明。当时的科尔多瓦人口达到一百万，是欧洲规模最大，文明程度最高的城市之一。摩尔人建造了许多宏伟壮观，带有鲜明伊斯兰艺术特色的清真寺、宫殿和园林，可惜留下来的遗迹不多。1492年，信奉天主教的西班牙人攻占了阿拉伯人在伊比利亚半岛上的最后一个据点，建立了西班牙王国。中世纪接近尾声。

六、复兴

文艺复兴时期，欧洲的园林出现新的飞跃。以往的蔬菜园及城堡里的小块绿地变成了大规模的别墅庄园。园内一切都突出表现人工安排的特点，布局规划方整端正，充分显示出人类征服自然的成就与豪情壮志。到法国的路易十四称霸欧洲的时代，随着1661年凡尔赛宫的兴建，这种几何的欧洲古典园林达到了它辉煌的高峰。在这一时期乃至随后的数百年内，欧洲大陆上从维也纳到柏林，从彼得堡到枫丹白露（位于巴黎市中心东南偏南55公里（34．5英里）处。枫丹白露属于塞纳马恩省的枫丹白露区，该区下属87个市镇，枫丹白露是区府所在地。枫丹白露是法兰西岛最大的市镇，也是该地区仅有的比巴黎市还大的市镇。枫丹白露与毗邻的4个市镇组成了拥有36，713名居民的市区，是巴黎的卫星城之一），到处都可见到这些闪现着王家与皇室荣耀的灿烂光辉的园林，巴洛克和洛可可艺术在其中得到了尽情展现。此后，受东方园林的影响，欧洲园林中出现了以英国自然风致园与图画园为代表的偏向自然风物的园林，这种园林发展到现在，就是当代美国新园林。

文艺复兴是14~16世纪欧洲新兴资产阶级以复兴古希腊、罗马文化为名，提出人文主义思想体系，反对中世纪的禁欲主义和宗教神学，从而使科学、文学和艺术水平整体远迈前代。文艺复兴开始于意大利，后来发展到整个欧洲。佛罗伦萨是意大利乃至整个欧洲文艺复兴的策源地和最大中心。文艺复兴使欧洲从此摆脱中世纪教会神权和封建等级制度的束缚，使生产力和精神文化得到彻底解放。文学艺术的世俗化和对古典文化的传承弘扬标志着欧洲文明出现了古希腊之后的第二次高峰，在各个领域产生了巨大的影响，也为欧洲园林开辟了新天地。

七、风格、类型

欧洲园林主要表现为开朗、活泼、规则、整齐、豪华、热烈、激情，有时甚至不顾奢侈地讲究排场。古希腊哲学家就推崇“秩序是美的”，他们认为野生大自然是未经驯化的，充分体现人工造型的植物形式才是美的，所以植物形态都修剪成规整的几何形式，园林中的道路都是整齐笔直的。18世纪以前的西方古典园林景观都沿中轴线对称展现。从希腊古罗马的庄园别墅，到文艺复兴时期意大利的台地园，再到法国的凡尔赛宫苑，其在规划设计中都有一个完整的中轴系统。海神、农神、酒神、花神、阿波罗、丘比特、维纳斯以及山林水泽等华丽的雕塑喷泉，放置在轴线交点的广场上，园林艺术主题是有神论的“人体美”。宽阔的中央大道，含有雕塑的喷泉水池，修剪成几何形体的绿篱，大片开阔平坦的草坪，树木成行列栽植。地形、水池、瀑布、喷泉的造型都是人工几何形体，全园景观是一幅“人工图案装饰画”。西方古典园林的创作主导思想是以人为自然界的中心，大自然必须按照人的头脑中的秩序、规则、条理、模式来进行改造，以中轴对称规则形式体现出超越自然的人类征服力量，人造的几何规则景观超越于一切自然。造园中的建筑、草坪、树木无不讲究完整性和逻辑性，以几何形的组合来达到数的和谐和完美，就如古希腊数学家毕达哥拉斯所说：“整个天体与宇宙就是一种和谐，一种数。欧洲园林讲求的是一览无余，追求图案的美、人工的美、改造的美和征服的美，是一种开放式的园林，一种供多数人享乐的“众乐园”。

归纳起来，西方园林基本上是写实的、理性的、客观的，重图形、重人工、重秩序、重规律，以一种天生的对理性思考的崇尚而把园林也纳入到严谨、认真、仔细的科学范畴。

（一）意大利台地园林

（初期）意大利位于欧洲南部的亚平宁半岛上，境内山地和丘陵占国土面积的80%。阿尔卑斯山脉呈弧形绵延于北部边境，亚平宁山脉纵贯整个半岛。北部山区属温带大陆性气候，半岛及其岛屿属亚热带地中海气候。夏季谷地和平原闷热逼人，而山区丘陵凉风送爽。这些独特的地形和气候条件，是意大利台地园林形成的重要自然因素。

文艺复兴的策源地和最大中心佛罗伦萨，是当时的艺术中心。佛罗伦萨集中了包括米开朗琪罗在内的大批文学艺术家，可谓群星灿烂，创作成果也是空前的。

佛罗伦萨的豪门和艺术家皆以罗马人的后裔自居，醉心于罗马的一切，欣赏乡间别墅生活，追求田园牧歌情趣，并建造了一批别墅与花园，由此推动了园林理论的研究。阿尔贝蒂是系统论述园林的人，他既是著名的建筑师和建筑理论家，又是人文主义者和诗人，并于1485年出版了《论建筑》。他十分强调园址的重要性，主张庄园应该建于可眺望佳景的山坡上，建筑与园林应形成一个整体，如建筑内部有圆形或半圆形构图，也应该在园林中有所体现以获得协调一致的效果。他强调协调的比例与尺寸的重要作用。并认为园林应该尽可能轻松、明快、开朗，除了形成所需的背景外，尽可能没有阴暗的地方。这些论点在以后的园林中有所体现。文艺复兴初期的那些著名的别墅庄园都是为美第奇家住的成员建造的，它们具有相似的风格和特征。所以称这一时期流行的别墅庄园为美第奇式园林。

（中期）16世纪，罗马继佛罗伦萨之后成为文艺复兴的中心。接受新思想的教皇尤里乌斯二世支持并保护人文主义者，采取措施促进文化艺术。一时之间，精英云集，巨匠雨聚，使罗马文化艺术迅速登上巅峰。尤里乌斯首先让艺术大师们的才华充分体现在教堂建筑的宏伟壮丽上，以彰显花园豪华、博大的气派。米开朗琪罗、拉斐尔等人就是这个时期离开佛罗伦萨来到罗马的，他们在此留下了许多不朽的作品。尤里乌斯二世还是一位古代艺术品收藏家，他将自己收藏的艺术珍品集中到梵蒂冈，展示在附近小山岗的望景楼中，他还委托当时最有才华的建筑师将望景楼与梵蒂冈宫以两座柱廊连接起来，并在望景楼周围规划了望景楼园。柱廊不仅解决了交通问题，也成为很好的观景点，由此可以欣赏山坡上那片郁郁葱葱的森林和梵蒂冈全貌，也可以远眺罗马郊外瑰丽的景象。

文艺复兴中期最具特色的就是依山就势开辟的台地园林，它对以后欧洲国家的园林发展影响深远。

（后期）文艺复兴后期，欧洲的建筑艺术追求奇异古怪、离经叛道的风格，被古典主义者称为巴洛克风格。巴洛克风格在文化艺术上的主要特征是反对墨守陈规陋习，反对保守教条，追求自由、活泼、奔放的情调。由于文艺复兴是从文化、艺术和建筑等方面首先开始的，以后才逐渐波及造园艺术，所以，16世纪末当建筑艺术已进入巴洛克时期，巴洛克园林艺术尚处于萌芽时期，半个世纪之后，巴洛克式园林才流行起来。

巴洛克建筑与追求简洁明快与整体美的古典主义风格不同，流行繁琐的细部装饰。运用曲线加强立面效果，往往以雕刻浮雕作品作为华丽的建筑装饰。巴洛克建筑风格对文艺复兴时期的意大利园林产生了巨大的影响，罗马郊外风景如画的山岗上一时出现很多巴洛克式园林。

（二）法国园林

（初期）在法国文艺复兴初期，法国园林中仍然保持着中世纪城堡园林的高墙和壕沟，或大或小的封闭院落组成的园林在构图上与建筑之间毫无联系，各台层之间也缺乏联系。花园大都位于府邸一侧，园林的地形变化平缓，台地高差不大。意大利的影响主要表现在建园要素和手法上，园内出现了石质的亭、廊、栏杆、棚架等，花坛出现了绣花纹样的简单图案，偶尔用雕像点缀。岩洞和壁龛也传入法国，内设雕像，洞口饰以拱券或柱式。

（中期）16世纪中叶后，法国园林风格焕然一新。府邸不再是平面不规则的封闭堡垒，而是将主楼、两厢和门楼围着方形内院布置，主次分明，中轴对称。花园的观赏性增加了，通常布置在邸宅的后面，从主楼脚下开始伸展，中轴线与府邸中轴线重合，采用对称布局。（末期）法国园林在学习意大利园林的同时，结合本国特点，创作出一些独特的风格。其一，运用适应法国平原地区的布局法，用一条道路将刺绣花坛分割为对称的两大块，有时图案采用阿拉伯式的装饰花纹并与几何图形相结合。其二，用花草图形模仿衣服和刺绣花边，形成一种新的园林装饰艺术，称为“摩尔式”或“阿拉伯式”装饰。绿色植坛划分成小方格花坛，用黄杨做花纹，除保留花草外，使用彩色页岩细粒或砂子作为底衬，以提高装饰效果。其三，花坛是法国园林中最重要的构成因素之一。无论是把整个花园简单地划分成方格形花坛，还是把花园当作一个整体，都按图案来布置刺绣花坛，形成与宏伟建筑相匹配的整体构图效果，这是法国园林艺术的重大飞跃。

（三）勒诺特尔式园林

法国勒·诺特尔式园林是西方古典园林的一种重要风格。这一风格的开创者是17世纪法国造园家勒·诺特尔。他在继承欧洲造园传统、尤其是文艺复兴园林的基础上，创造了一种新的“伟大风格”。它是路易十四统治下的法国政治、社会和文化状况的一种反映，代表了理性主义的文化思潮，反映了绝对君权制度。这种风格具有宏伟壮丽、中轴突出、严谨对称的特点，具有很高的艺术成就，成为风靡欧洲各国100多年的一种造园样式，并影响到各国的城市建设。直到今天，仍然有许多现代风景园林师从勒·诺特尔式园林中汲取营养，在现代社会创造了新的风格。

（四）英国园林

英国园林的发展主要经历了以下三个时期：

“庄园园林化”时期：英国学派园林的第一个阶段（18世纪20年代至80年代），造园艺术对自然美的追求，集中体现为一种“庄园园林化”风格。

“画意式园林”时期：就在勃朗把自然风致园林洁净化、简练化，把庄园牧场化的时候，随着18世纪中叶浪漫主义在欧洲艺术领域中的风行，出现了以钱伯斯为代表的画意式自然风致园林。

“园艺派”时期：英国学派的成功，是将自然风致园林的影响渗透到整个西方园林界。在这一过程中，具有现代色彩的造园逐渐成为一个专门和固定的职业。同时也使得造园艺术逐渐受到商业利益的控制和驱使。

（五）俄罗斯园林

11–17世纪俄罗斯东正教影响了城市园林、私家花园和修道院庭园的发展。沙皇彼得大帝（1682–1725）将源自西方的法国规则式园林设计手法以一种巨大的尺度移植到俄罗斯帝国的“大地”上。新的风景倾向（英国特点的风景园）与叶卡捷琳娜二世（1762–1796）有关。在苏维埃时期（1917–1991年），俄罗斯风景园林受到社会和政治的强烈影响。文化与休息公园就是在20世纪20年代末形成的。

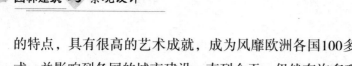

在1941–1945年的卫国战争中，有数百万人失去了生命，1710座城镇被摧毁，于是出现了胜利公园、综合性纪念公园和纪念陵园等其他苏维埃风景园林形式。在20世纪60–80年代的“发达社会主义”时期，又有了纪念苏维埃政府和苏维埃领导人特别纪念日的苏维埃公园的新类型。苏维埃风景园林的另一个重要内容是对最优秀的历史园林修复流派的发展。“新俄罗斯人”私家别墅之风的盛行是后苏维埃时代（1991年至今）的特征。此时风景园林职业也在俄罗斯兴盛起来，风景园林的全球化和西方化进程非常迅速。

（六）欧洲新型园林

18世纪中叶到19世纪初，随着工业革命的轰鸣，城市化蓬勃发展，城市人口爆棚，城市用地不断扩大，然而安全、环境、住宅、交通等城市问题也应运而生。

城市问题的出现，冲破了古老的欧洲园林格局，解放了人们的传统思想，也赋予园林以全新的概念，产生了与传统园林内容、形式差异较大的新型园林。

随着城市建设规模的扩大，除原属皇家而后归国家所有的园林向平民开放外，城市公共绿地也相继诞生，出现了真正为居民设计，供居民游乐、休息的花园或大型公园。

（七）城市公园

多位于城市中心及周围地区的原皇家园林改为向市民开放游览的公园，也有一部分属于国家在城市及郊外新建的公共园林。

（八）动物园

大多由原皇家猎苑改为向市民开放游览的公园，也有一部分是国家在野生动物聚栖区且交通便利之地新建的供人们观赏的动物园。

（九）植物园

利用原来的各种园林或新建园林，以观赏各种植物景观为主，兼有教学科研的目的，并向公众开放的园林。

（十）城市公共绿地

由各类园林以外的广场、街道、滨水地带的绿地，以及公共建筑、校园、住宅区绿地等构成的绿地系统，是城市环境建设的重要组成部分。

近代欧洲新型园林的风格和特征就是从古典园林向现代园林过渡的“过渡风格”。这种过渡风格更多地继承了英国风景园林的风格特点，吸收了文艺复兴及古典主义时期的优秀园林传统，从而使欧洲新型园林为人们提供了更加舒适、快乐的休息环境。继承优秀园林文化，改造历史遗留园林，改造城市环境，更好地适应公众休息娱乐，成为近代欧洲园林的根本特征。

（十一）美国园林

美国园林是以西欧自然式园林为主体发展而成的，属于世界三大园林的西方园林体系。美国的自由主义观念是元多文化的融合点，这些也影响美国园林的发展。美国园林风格的形成、发展与美国历史文化发展具有异曲同工之效。

美国最早的永久性殖民地建于1607年的维吉利亚州和1620年的马萨诸塞州。在这些地方，美国殖民时期居民发现了一些已被印第安人所实践和采用的、原始而天然的造园方法。与此同时，他们也发现了许多有益的地方性水果和药草。在当时的艰难条件下，为满足生存需求，这些新居民必须尽其全力地辛勤耕耘。这样，他们“不得不”成为当地造园师的榜样。在新的土地上，他们迅速展开对经济作物的耕种，并在各自住房的周围打造带围篱的小块场地。为满足个人精神上的强烈需求，这些来自英格兰的新居民从老家的花园带来了自己最喜爱的花木，并使其得以在这片新的土地上开花结果。在美洲殖民地时期的花园中，有些花园的规模相当大且尤为肥沃。经过一百多年的艰苦创业，移民们将各民族文化与当地自然环境相结合，创造出具有民族文化特征的建筑及居住环境，称之为早期殖民式庭园。经过1776～1861年的独立战争，除西向扩张之外，美国的文化几乎都没有发生任何改变其建筑和造园都延续了殖民时期的模式，但该模式的保真度却在下降。到殖民地末期，已经可以看到一些特定的新型运动。处理内战后处于成熟阶段的建筑、家具和花园比现今更为方便。这场著名的内战开始于1861年，直至1865年，整个国家的形式才得以控制。最后，国家精疲力竭，几近破产。随之而来的则是新时代的开始，但令人遗憾的是，这一新时代的艺术状况相当糟糕。在建筑、雕塑、诗歌和造园领域，创作灵感被摒弃，设计品位则跌落至最低水平。

不过，这样的混沌状态中也萌生出好的开始，当时出现了一位重要的风景造园杰出人物——安德鲁·道宁。道宁清楚地展现了美国的雷普敦式传统。他倡导英国式或自然式风格的风景造园原则，而他的倡导也迅速得到了美国人的最佳回应。他在《园艺家》上所发表的社论，以及他在《景观造园》中的经典论述，都完全捕获了大众品位。

虽然景观造园的贵族化导向在内战前就已扎根，但其开花结果却在这场动荡之后。后来，这一思想又被老弗雷德里克·劳·奥姆斯特德继承发扬。他在内战期间就引起公众注目。不过，他在景观建筑学行业的真正作品则开始于1857年。当时，他被指定为建设中的纽约城新“中央公园”的主管。在奥姆斯特德的指导下，该公园得以在战后续建，这种建造于寸土寸金之地的大型公共园林，无疑为拥挤繁华的纽约市中心提供了一处感受大自然、放松身心的清新场所。奥姆斯特德主持制定了很多城市规划、街道及绿地规划，使美国城市公园建设后来居上，走在世界的前列。

19世纪末，随着工业高度发展，人们大规模地铺设铁路，开辟矿山，美国西部大片草原被开垦，茂密的森林遭到严重破坏，赖以生存的动植物濒临灭绝之灾，一些有识之士为预感到将要出现的悲哀后果而大声疾呼，揭示保护自然环境的重大战略意义，引起了联邦政府的高度重视。从此，建立大型国家公园以保护天然动植物群落、特殊自然景观和特色地质地貌的生态环境保护工程在美国许多州郡破土动工，美国黄石国家公园开创了世界国家公园的先河。在借鉴吸收英国自然风景园林风格的基础上，结合本国自然地理环境条件，加以独特创造，形成了美国特色的园林风格。

注重公众身心健康，在园林规划设计中体现出提高城市生态环境质量，将自然引入城市，使人们获得最大健康和快乐的生态园林理念，改变了美国园林的根本特征。

美国的国家公园对冰川、火山、沙漠、矿山、山岳、水体、森林和野生动、植物等自然资源都予以保护。然而，由于美国率先兴起国家公园，不论是产生背景、立意，还是内容、形式和功能，都与传统欧洲园林有较大差异，没有明显的继承性。

美国的城市公园属于自然风景式园林。开阔的水体，弯曲的水岸线，中心地带牧场式的起伏草地,蜿蜒的园林小径，天然的乔灌木树林，给人以悠闲舒适之感。丰富的娱乐设施更加符合居民的休息需要，使城市公园成为真正意义上的公园。

城市园林绿地建设把公园和城市绿地纳入一个体系进行系统规划，从而导致城市生态规划的产生，这是对欧洲城市绿地园林建设的重大发展。

公园周边为大片的森林带，以乡土树种为主调，引进世界各国优良树种，形成独特的植物景观。常见有云杉、青扦、椴树、枥树、胡桃、桑树、桦木、杨柳、鹅掌楸、鹅耳枥、山楂、木兰、湿地松、广玉兰、洋槐、花楸、合欢、黄檀柑橘和蔷薇类植物等天然树种。

欧洲园林（西方园林）是世界园林体系的组成部分，人文关怀是和自由主义是其特色。现在的中国，城市化发展迅猛，城市人口不断增加，新兴城市如雨后春笋不断涌现。此时的中国与20世纪中期的美国很相似，面临着同样的城市问题，而美国在园林建设中的人文关怀恰恰是中国现阶段最需要学习的，学习美国园林的人文特质和科学内涵，能更好地改变中国城市规划中常见的浮躁、穷奢风气。谨记以人为本，为人民服务的工作理念和宗旨，我等园林工作者共勉之。

第六章
园林景观设计

第一节　景观设计概论

一、景观设计的基本含义

园林景观设计与规划和生态，地理等多种学科交叉融合，在不同的学科中具有不同的意义。园林规划设计主要服务于城市景观设计（城市广场、商业街、办公环境等）、居住区景观设计、城市公园规划与设计、滨水绿地规划设计、旅游度假区与风景区规划设计等。

园林景观设计要素包括自然景观要素和人工景观要素。其中自然景观要素主要是指自然风景，如大小山丘、古树名木、石头、河流、湖泊、海洋等。人工景观要素主要有文物古迹、文化遗址、园林绿化、艺术小品、商贸集市、建构筑物、广场等。这些景观要素为创造高质量的城市空间环境提供了大量的素材，但是要形成独具特色的城市景观，必须对各种景观要素进行系统组织，并且结合风水使其形成完整和谐的景观体系，有序的空间形态。使得建筑（群）与自然环境产生呼应关系，使其使用更方便，更舒适，提高其整体的艺术价值。景观设计包括：会展展览设计、艺术景观设计、空间道具设计和节日气氛设计。

城市里的景观设计无处不在，在城区人们可以看到钢筋水泥的都市景观，在郊区人们可以看到山清水秀的自然景观或是与历史有渊源的文化景观，提供场所给人们进行聚集、互动、联结及参与塑造等社会活动。

从规划角度来说，景观设计的目的通常是为人们提供一个舒适的环境，提高该区域的商业，文化，生态价值，因而在设计中应抓住其关键因素，提出基本思路。举例来说：天津服装街，作为一条已经衰落的商业街，在改造过程中应着重于重新营造该街及周边地区的商业氛围，按照步行商业街的尺度，补充必要的商业辅助设施，针对服装业特点提供适宜的氛围和环境。设计中需要解决的应是人流的组织，休息场所的安排，通过软硬景观建立商业氛围，以及细部与整体的协调一致。以此来达到最初的目的。但不幸的是最大的困难不在设计本身，而是时间和资金，最终方案并未清晰地体现设计意图，最终的施工只是将地面重铺一遍，并粉刷立面。至于表现手法，国内拼凑图纸的现象非常普遍，即扫描照片拼凑于平面图之上，算不上真正的表现。真正的表现并不在于漂亮的画面，而是对设计意图的充分体现。在景观表现上，手绘起比电脑表现，不论在效果上，还是对意图的表达上都更加有利。

景观设计的内容根据出发点的不同有很大区别，城镇总体规划大多是从地理，生态角度出发；中等规模的主题公园设计，街道景观设计常常从规划和园林的角度出发；面积相对较小的城市广场，小区绿地，甚至住宅庭院等又是从详细规划与建筑角度出发；但无疑这些项目都涉及景观因素。通常接触到的，在规划及设计过程中对景观因素的考虑，分为硬景观（hardscape）和软景观（softscape）。据我理解的硬景观是指人工设施，通常包括铺装，雕塑，凉棚，座椅，灯光，果皮箱等。软景观是指人工植被，河流等仿自然景观，如喷泉，水池，抗压草皮，修剪过的树木等。

二、设计价值

（一）人眼中景象

1．景观作为城市景象

在西方，景观一词最早可追溯到成书于公元前的旧约圣经，西伯来文为”noff”，词源上与”yafe”即美（beautiful）有关。它用来描写所罗门皇城耶路撒冷壮丽景色（Naveh，1984）。因此这一最早的景观含意实际上是城市景象。可以想象，一个牧羊人，站在贫瘠的高岗之上，背后是恐怖而刻薄的大自然，眼前是沙漠绿洲中的棕榈与橄榄掩映着的亭台楼阁宫殿之属。因此，这时的景观是一种乡野之人对大自然的逃避，是对安全和提供庇护的城市的一种憧憬，而城市本身也正是文明的象征。景观的设计与创造，实际上也就是造城市、造建筑的城市。

2．景观作为城市的延伸和附属

人们最早注意到的景观是城市本身，景观的视野随后从城市扩展到乡村，使乡村也成为景观。文艺复兴之前的欧洲封建领主制将人束缚于君权之下，人被系于土地之中，大自然充满神秘和恐怖，又为人类生活之母，对土地的眷恋和依赖，使人如母亲襁褓中的婴儿。城市资本主义的兴起使人从土地中解放出来，土地的价值从生存与生活所必须的使用价值，转变为可以交换的商品和资源，人与土地第一次分离而成为城里人。新兴的城市贵族通过强大的资本勾画其理想城市，同时不断向乡村扩展，将其作为城市的附属。新贵族们想用理想城市的模式来组织和统领理想的乡村风景，实现一种社会的、经济的和政治的新秩序。

3. 景观作为城市的逃避

景观作为视觉美含意的第二个转变，源于工业化带来的城市环境的恶化。工业化本身是文艺复兴的成果。从19世纪下半叶开始，在欧洲和美国各大城市，城市环境极度恶化。城市作为文明与高雅的形象被彻底毁坏，反而成为丑陋的和恐怖的场所，而自然原野与田园成为逃避的场所。因此，作为审美对象的景观也从欣赏和赞美城市，转向爱恋和保护田园。才有以Olmsted为代表的景观设计师（Landscape Architect而非Gardener）的出现，和景观设计学（Landscape Architecture而非Gardening）；因此才有以倡导田园风光为主调的美国城市公园运动，和以保护自然原始美景为主导的美国国家公园体系；才有霍华德那深得人心的田园城市和随后的田园郊区运动。

文明社会关于景观（风景）的态度经过了一个翻天覆地的变化。这一转变的轨迹从逃避恐怖的大自然而向往壮丽的城市，到设计与炫耀理想的城市，并把乡村作为城市的延伸和未来发展的憧憬，进而发展到畏惧城市、背离城市，而把田园与郊野作为避难之所，从而在景观中隐隐地透出人们对自然田园的珍惜与怜爱。

4. 景观作为审美对象的含意及递变

以社会经济形态庄园及封建领主制经济为主的文艺复兴时期，城市经济上升工业化，城市经济主导美的景象。

景观营造宅院、宫苑在描绘和再现乡村风景的同时，将自然引入城市（公园和绿地系统）或将城市引入田园（田园城市和田园郊区）。

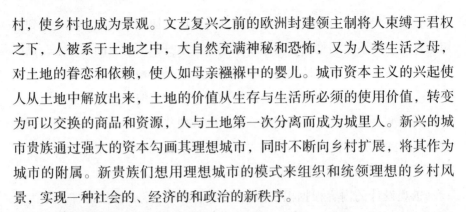

景观作为视觉美的感知对象，是基于物我分离的基础之上的，即人作为欣赏者。但同时，人在景观中寄托了个人的或群体的社会和环境理想。陶渊明的桃花源也正是这种意义上的景观，武陵人眼中的桃花源是中国士大夫的社会和环境理想的典型。

但桃花源里的人或者说“内在人”眼中的景观则另有一番含意，即将景观作为一个栖居地。

（二）内在人生活体验

1. 景观是人与人、人与自然关系在大地上的烙印

每一处景观都是人类居住的家，中国古代山水画把可居性作为画境和意境的最高标准。无论是作画或赏画，都是一种卜居的过程（郭熙、郭思《林泉高致》），也是场所概念（Place）的深层含义。这便又回到哲学家海德歌尔的栖居（Dwelling）概念（Heidegger，1971）。栖居的过程实际上是与自然的力量与过程相互作用，以取得和谐的过程。大地上的景观是人类为了生存和生活而对自然的适应、改造和创造。同时，栖居的过程也是建立人与人和谐相处的过程。因此，作为栖居地的景观，是人与人，人与自然关系在大地上的烙印。

城市的龙山或靠山，村落背后的风水林，村前的水塘，房子后门通往山后的小路，还有梯田和梯田上的树丛，甚至是家禽、家畜、蔬菜、瓜果，都是千百年来人与自然力相互作用、取得平衡的结果，是人们对大自然的选择和利用，也是对大自然刻薄与无情的回避和屈服。桃花源的天人和谐景观并不是历来如此，也决非永远如此，正是在与自然力的不断协调过程中，有时和谐，有时不和谐，最终自然教会了人如何进行生态的节制，包括如何节约土地和水，保护森林，如何选地安家，如何引水筑路，如何轮种和配植作物，懂得“斧斤以时入山林，材木不可胜用（孟子·梁惠王），懂得”仲冬斩阳木，仲夏斩阴木”（周礼·地官）。”

城市中的红线栏杆、籓篱城墙，屋脊之高下、门窗之取向，农村的田埂边界、水渠堤堰，大地上的运河驰道、边境防线，无不是国与国，家与家和人与人之间长期竞争、交流和调和而取得短暂的平衡的的结果，即Jackson所谓的政治景观。

2. 景观是内在人的生活体验

景观作为人生活的地方，把具体的人与具体的场所联系在一起。景观是由场所构成的，而场所的结构又是通过景观来表达的。与时间和空间概念一样，场所是无所不在的，人离不开场所，场所是人于地球和宇宙中的立足之处，场所使无变为有，使抽象变为具体，使人在冥冥之中有了一个认识和把握外界空间和认识及定位自己的出发点和终点。哲学家们把场所上升到了一个哲学概念，用以探讨世界观及人生；而地理学家、建筑及景观理论学者又将其带到了理解景观现象的更深层次。对场所性的理解首先必须从场所的物理属性，主体人与场所的内——外关系，以及人在场所中的活动，无所不在的时间四个方面来认识，这四个方面构成景观作为体验场所的密不可分的整体。

（1）场所的物理属性

场所由空间和特色两部分构成，也可理解为空间和资源特征。关于空间的结构的分析，一个是“点——结——线——面”模式，最典型的是Lynch的“节点——标志——路径——边沿——区域”模式（1969），和“内——外”模式。后者可通过底面、顶面、围合、豁口、边界等元素来分析，并通过向心性、指向和节奏来强化空间感。在中国人的景观认知模式中，场所现象的空间更像“盒子中的盒子”，无论是风水模式、中国画中的空间构图还是宗教神话中的洞天福地，都体现了这种空间模式的存在，可把它称为葫芦模式（俞孔坚，1998）。“点——线——面”模式与葫芦模式是可以结合的，这种结合更有利于我们对空间的把握。

而空间的特色则是由更为具体的物质成份及其状态所决定的，它具体描绘了构成空间的元素或成分，物体质地，光线色彩，形式等，形成地方特色的氛围。如哈尼族村寨景观中蓝色的天空，白色的云，黑色的土地，墨绿色的森林，长着青苔的房顶，着红衣服的哈尼少女，赶着老黄牛回家的老人的吆喝声，竹筒饭的消香……所有这些共同铸成了一个场所的特色和氛围。这些都形成了景观的地方个性，或地理性格。

（2）关于主体人的内——外关系

景中人和景外人看待景观是不一样的，前者是景观的表达，而后者是景观的印象。后者以一种走出景外看景的距离感和主客观分离的姿态来研究景观，形成了景观作为风景的艺术观，以及景观作为实证地理学的区域概念和系统概念的科学观。人文地理学及现象学则强调对景观的地方性的认识必须是人在景中的，Jackson（1984）对景观的理解正基于此。他认为景观存在于人类的生活之中，而它不是人们观看的对象。景观是一种社会生活的空间，景观是人与环境的有机整体，这与实证主义的主、客观分离的观点是完全相反的。景观的评判是将其作为一个生活和工作的空间，而且是站在那些生活和工作其中的人的立场和角度来评判和认识的。所有景观都表达了一种理想，一种经世不衰的，在大地上创造天国的理想。

（3）关于场所的功能或人的活动：定位和认同

场所是人与自然秩序的融合，是我们对外部世界体验的最直接、最具体的中心，与其说场所是通过其地点、属性或者社区定义的，不如说它们是通过人在特定场合下的体验所定义的。场所在英文中的含意与发生，产生（Takeplace）相联系，世界上大多数民族和文化中关于世界创生的传说都是把混沌无秩作为世界前的状态。当天地分开，晦明有秩，日月星辰，山川河流，鸟、兽、人文开始成形之时，便有了场所。所以场所使无变为有，从无秩走向有秩。场所的形成在于对世界的组织，将世界分化为性质上各有区别的独特的中心，并使其有结构以反映和引导人们的体验。而要获得场所，感觉到场所的存在，则需要依赖于人的体验，这决定于两个方面：即定位和认同，前者说明人是否感觉到以某地方为中心或节点的秩序的存在，后者则表明人自身秩序是否能与客观的秩序发生共鸣与和谐。如果两者是肯定的，则场所是有意义的，或者说是有场所感的。否则，要么在空间和茫茫宇宙中人不知所在，无所适从；要么所从不适，而茫然不知所去，这便是场所感的丧失。

首先谈下定位，它主要和空间的结构特征相对应。中国文化景观中的葫芦模式，如以穴位为中心的四神兽风水图式，便是一个传统中国人的空间定位模式。基于这一模式，中国大地形成了一个多层次地方系统，或国土定位系统，在最大尺度上的定位结构是仰观天象、星座，地分经纬，以昆仑为祖山，长江、黄河、五岳为四至和环护。次级定位系统则围绕州府、县衙，辩龙山、龙脉，以分玄武、朱雀，明朝山案山、水口，偶尔标以风水亭塔。这些都是在不同尺度上的空间定位坐标，使栖居者明白其在天地中的位置，犹如母亲子宫中的胎儿，依偎于自然母亲的怀抱中，获得安宁的栖息。中国人的葫芦模式是一个栖居的模式，是一个基于农业生产方式的空间定位模式。林奇的点线面模式则给运动于景观中的人一个空间定位系统和参照，通过这些空间元素，形成整体城市的印象，指导人在城市中的运动。节点的向心性，道路的指向性以及空间的节奏和变化，都使场所的秩序感得以强化。

场所对人的活动的作用的第二个方面是认同，它是与地方的特色和个性相对应的，认同即与特定的环境成为朋友，或者说是使自己归属于某一场所和这个地方上的社会群体。认同一个场所，是适应于这个地方的所有自然过程与格局以及社会的过程和结构的结果，是个体人的秩序与其脚下的土地，头顶的苍天，以及周围的自然和人的秩序的谐同，当对方告诉你是来自哀劳山的麻栗寨时，他实际上带给你的是哀劳山半山腰上的那个村寨，寨子上头的那片密林，林子上的云雾，以及寨子下面的梯田，和梯田上的那丛树，那一堆巨石。他实际上还带给你那又长又粗的竹筒烟枪，男子头顶的红头巾，少女身上的黑底白纹绣花，还有竹筒米饭的清香，以及蘑菇房、长街宴、神树上的祭台。这时，人成为场所的一部分，场所也成了人的一部分。

场所的方向与定位功能取决于场所的空间结构属性，人对场所的认同则对应地方的物质特性。物质属性、人的活动以及这些活动的含义是构成场所整体个性特征的基本元素。

作为一个景中人，你归属于某一场所，认同于该场所，你在景中的状态越深入，对场所的认同感就越强。只有成为景中的人，归属于场所的自然过程、自然力以及场所的社会过程和地方之中，认同它们，你才能获得真正的场所感，一种自觉的场所归属感，由场所构成的景观才具有意义。

三、设计场所

（一）景观设计中场所的隐喻性研究

在环境景观设计领域里，尤其是在国内环境景观理论比较落后的当今，在相当长的时间里停留在对场所应该满足使用者具有的物质功能的分析和研究上，很少对环境场所具有的精神功能作细致的分析和探讨。随着社会的不断发展，人们生活质量的提高，人们对环境场所的精神需要不断增多，环境景观设计应该更多地注意到环境的宜人性和情感性方面。注重场所本身所反映的情感特征，和使用者的情感、心理反映，因此景观设计除应当具有一定功能外，更应当注重整个环境带给人们的精神满足，更多的是景观作为人生存和向往的人文关怀。

隐喻作为一种极其普遍和重要的思想情感表达方式，在文学艺术中起到很大的作用，在景观设计中也具有很大的优势。景观的隐喻是通过场所传递给人的，是人和环境情感交流的桥梁，是环境对人的生理和心理交互作用的结果。场所的隐喻是人通过认识环境本身，显示出的精神或心理、情感态度或某种认知关系。实际上，隐喻是人类文化的一部分，也是人类思维的重要表现形式。在需要更多人文关怀的今天，隐喻在设计中的应用显得尤其重要。信息时代的科技发展给予了设计者更多发挥场所隐喻的空间，将其拿出来进行分析和研究对于设计来说具有现实意义。

四、设计发展

中国城市化呈燎原趋势，人地关系面临空前的紧张状态。同时，全球化进程使中国大地景观面临前所未有的改变。土地乃民族存在之本，已经暴露的认定关系危机、城市建设的诸多弊端和奇缺的景观设计人才，景观设计行业已经到了发展的关键时期。

《2013–2017年中国景观设计行业深度调研与投资战略规划分析报告》显示，目前我国城市化率已接近50%，与发达国家平均75%的城市化率相比有着很大的发展空间。城市化进程，特别是中西部地区十二五期间城市化的加速，将推动城市基础设施建设和住宅建设，对城市景观设计的需求也将持续增长。

据许多开发商的经验，住宅开发中设计投资（设计费）和景观绿化投资是边际利润最高的两项投资。其中景观绿化投资往往可以带来5倍左右的收益。此外，随着个人购房率的上升，环境设计水平将在未来的住宅市场竞争中扮演非常重要的角色。除了住房外观以外，景观品质也日趋受到重视。

景观设计是一个涉及多重学科的领域，包括地理、数学、科学、工程学、艺术、园艺、技术、社会科学、政治、历史、哲学甚至动物学。从公园和大路以及站点规划到公司办公大厦，从住宅庄园设计到民用基础设施和大自然保护区的管理，都涉及到了园艺师的活动。园艺师研究结构和外部空间的所有类型，例如大或小，都市或农村等。并且可能涉及生态学问题。

园艺师合作专业任务非常宽广，项目类型包括：

（一）计划、形式、标度和选址的新发展

（二）民用设计和公众基础设施

（三）暴雨水管理包括雨庭院、绿色屋顶和治疗沼泽地

（四）校园和站点设计

（五）公园，植物园，树木园，林荫道路和自然蜜饯

（六）休闲设施，高尔夫球场，主题乐园和体育设施

（七）住房地区、工业园和商业园

（八）高速公路运输结构，桥梁和运输走廊

（九）都市设计镇和城市广场、江边、步行街计划和停车场

（十）森林、旅游或者历史的风景，历史的庭院评估和保护研究

最有价值的贡献经常是在一个项目中对空间早期创作的用途。景观师能对整体的贡献和准备一个最初的总计划，详细设计可能随后准备。他也能要求或者监督整个建筑工作的土地利用，准备设计、评估影响、品评环境或者审计和行动。他也可以支持或应用为资本或收支资助津贴做准备。

在1800年之前，地形建筑的历史写的第一个“做”风景的人是约瑟夫Addison。“造园家”这个词汇被发明了。第一位专业设计师是Humphry

Repton。期间“地形建筑”被GilbertLaing Meason在1828发明，并且首先使用了作为一个专业标题，布朗是保持一个最响誉的“景观设计师”实际上称自己“园艺师”或“造园匠人”。在19世纪期间，“园艺师”这个词语被人们建立（和有时设计）风景同时“景观建筑师”变得后备为设计的人（和有时修造）风景。随着“景观建筑师”该词被广泛运用，“美国景观建筑师协会”（ASLA，American Societyof Landscape Architects）在1899成立，并且1948年建立了园艺师的国际联盟（IFLA）.

五、景观雕塑

景观雕塑是环境景观设计手法之一。古今中外许多著名的环境景观都采用景观雕塑设计手法。有许多环境景观主体就是景观雕塑，并且用景观雕塑来定名这个环境。所以景观雕塑在环境景观设计中起着特殊而积极的作用。世界上许多优秀景观雕塑成为城市标志和象征的载体。

（一）景观雕塑类型

根据景观雕塑所起的不同作用，可将其分为纪念性景观雕塑、主题性景观雕塑、装饰性景观雕塑和陈列景观雕塑四种类型。

（二）景观雕塑的选题和选址

景观雕塑是城市规划的重要内容之一，必须从城市总体规划和详细规划文件上确定位置。城市景观雕塑应注意发掘那些可以表现这个城市特色的题材，考虑它们是否能成为这个城市标志，或者成为城市特色景观。

（三）景观雕塑观赏的视觉要求

景观雕塑是固定陈列在各个不同环境之中的，它限定了人们的观赏条件。因此，一个景观雕塑的观赏效果必须事先做预测分析，特别是对其体量的大小、尺度研究，以及必要的透视变形和错觉的校正。

人们较好的观赏位置一般处在观察对像高度两倍至三倍以远的位置上，如果要求将对象看得细致些，那么人们前移的位置大致高度一倍距离。

米开朗基罗在1644年改建的罗马卡比多广场，体现了一部分严谨的视觉构成关系。从中轴线看过去，广场中心的马可·奥兰科斯雕塑开始是以北面建筑的人口为背景的，直到观赏雕塑达到27度角度时整体关系十分完整。当转入观赏雕塑自身，突破了27度角时，背景已变为从属位置。

景观雕塑的观赏的视觉要求主要通过水平视野与垂直视角关系变化加以调整。

（四）景观雕塑的基座设计

景观雕塑的基座设计与景观雕塑一样重要，因为基座是雕塑与环节。基座既与地面环境发生连接，又与景观雕塑本身发生联系。一个好的基座设计可增添景观雕塑的表现效果，也可以使景观雕塑与地面环境和周围环境协调。

基座设计有四种基本类：碑式、座式、台式和平式。

（五）景观雕塑的平面设计

景观雕塑的平面设计有几种基本类型：

1. 中心式景观雕塑处于环境中央位置。具有全方位的观察视角，在平面设计时注意人流特点。

2. 丁字式景观雕塑在环境一端，有明显的方向性，视角为180度。气势宏伟、庄重。

3. 通过式景观雕塑处于人流线路一侧，虽然有180度视角方位，但不如丁字式庄重。比较合适于小型装饰性景观雕塑的布置。

现代城市重要特点便是优美的环境景观。园林景观的优美性包含着诸多内容，如诗情画意、艺术感、文化内涵等方面。高品位的审美境界有助于各种各样的人群陶冶情操，因此景观设计必须满足人与视觉环境的情景沟通和交融，建筑与环境的协调。

第二节 景观设计的应用

伴随着的经济的不断发展，社会的不断进步，我国城市建设的步伐不断加快。提高城市建设水平，完善城市生活环境，提高城市生活质量，是每一个城市的建设者与规划者正在面临的任务与挑战，城市的景观不仅为城市增添了更多的自然气息，也彰显了城市的精神风貌。在对城市景观进行设计的过程中，城市景观设计已经成为景观设计的重要组成部分。在日新月异、突飞猛进的中国人居环境建设中，明确景观规划设计应用的根本目标，掌握评判景观规划设计方案的标准，熟悉景观设计作为一门学科的理论原理，从而创新、规划、设计出更多的景观杰作，是每一位景观规划设计从业者首要解决的根本问题。

一、城市景观设计中的应用方向

第一，总体规划原则。在对城市景观设计时要给生态景观设计以明确的定位，要以城市的公共空间设计为主要目标，以城市的结构为基本着陆点，把生态景观当成城市公共空间系统的重要组成部分。也就是说生态景观的设计不但要考虑自身的特性，还要将把它与城市的景观整体设计结合起来，衡量城市的整体结构状况。首先从城市的整体结构布局为出发，其次结合城市发展的方向来理解生态景观的形成以及未来的演变过程，最后将生态景观设计放到所有环节中去考虑，确保城市的空间布局与结构层次得到不断地发展与完善。

此外，要从整体上加以把握，注重细节的设计与整体设计的相互融合，适当在细节上进行规划设计，用特殊的设计风格来吸引最多的市民，也吸引投资，用这种方式来提高城市的生存质量与人民的生活水平。

第二，景观地域性特色。任何一个城市必然拥有自身的生态系统，在生态景观设计的过程中，要从城市的系统条件方面进行把握，在景观设计相互协调中来体现景观各自的优势和特色，免除生态植物种类单一，结构简单的情况，而且要因地制宜，科学地选择材料，创造出具有优势特色的城市生态景观环境。具体到城市道路两旁的自然景观设计，学会运用不同生物物种的优势特点，做出结构或者形式上的设计，达到回归大自然的效果，不断充实景观设计的意义。

第三，景观共享性效果。景观区域通常是一个城市景观中比较清新、风光最为优美的区域，要达到能够为城市市民提供景观享受的效果。在对城市景观进行规划设计过程中，要以景观的共享性为原则，反对把临水区域作为圈地专用。这样以来，全体城市市民都能够感受到自然气息，体会到大自然带来的清新。只有这样才能实现景观设计的意义，才能保证城市的精神风貌更加完美。

第四，以人为本，优化设计。景观设计归根到底是为人服务的设计，在对景观设计的过程中要从市民的心理特点与生活习惯出发，任何一项景观的设计都要符合人们的需求，满足人们的需要，把城市人们的心理或者生活中的特点放入景观设计中去研究，只有这样才能为城市景观设计增添更加真实的体验，相反，如果将城市人们的需求搁置一旁，就会使城市的景观设计毫无意义，景观成为一种摆设，无法发挥景观对人的作用，无法满足现代人对于城市景观的需求，不符合城市生活环境的良性循环。所以，在城市景观的设计与建造方面，要以人为本，全面解读与分析不同层次的市民的心理特征，根据他们的心理需求来满足不同市民群体的生活需要。

第五，综合全面把握。城市的景观设计是一项综合学科，并非单一人群能够决定的，而且评价一个项目能否成功的关键是要全面衡量这个项目能否建立在保护生态平衡的基础上，能否从现实出发来对城市的地域景观进行规划设计，是否能够改善城市的精神面貌，使市民来到这个景观面前就能够立刻感受到大自然赋予人类的美好，产生一种地理空间的归属感。

二、城市景观的设计方法

首先，体现地域特色，开发并保护本土生态资源。城市景观的设计要注重本土性，要充分运用当地的自然物种材料。与此同时也要加强生态物种之间的协调，尊重生态景观区域的自然规律。从经济发展、社会进步与生态等诸多方面进行协调，达到自然与人文的协调统一，保护生态系统的完整性，确保景观的生态健康、持续发展。

其次，创造多维的景观空间，拓宽市民的活动范围。城市景观区域是市民娱乐活动最为频繁的区域，在对景观设计时要根据不同的区域地理空间的规模，尽全力创造出更多的为市民提供自由活动的空间。例如在生态园林中增设座椅和人工长廊，形成林荫步道，让市民在移步易景间感受一个城市的自然风光，在一些滨水区域设置健身活动区，木平台等实现市民亲水的目的，用这种方式来实现人与自然的融合，营造出和谐共生的城市空间景观。

再次，开发城市景观中的人文资源。城市的生态景观大大丰富了城市的文化意义，在展示城市景观特色与塑造生态形象方面都发挥着不可替代的重要作用。在对景观进行规划设计的过程中，要从城市的区域文化背景进行全面把握，凸显出城市的整体文化特色，维护城市长远发展。根据区域景观的特殊性，进行创新的设计，以此衬托区域景观特色，来展示特色的景观效果，丰富城市的形象，例如澳大利亚的首都悉尼的临近海湾在设计时，就出现了两种意见的分歧，一方面认为要对这片土地进行重新设计运作；另一方面认为要保持地域原有的人文文化氛围，在这个基础上进行修饰与维护。经过激烈的争论，最后得出的结论是要维护本地的文化遗产，更加注重对文化意义的维护，把延续城市的历史文化放在首要位置，在这个基础上加强对城市经济的保护，生态景观中注入文化内涵，为城市的旅游业发展带来了新的契机，使城市的传统文化代代传承。

此外，一个城市的景观设计与改造，要以当地的经济发展，景观环境的完善为重要目标，一方面要建设城市的自然风光，改善城市的生存环境，另一方面也要吸引投资者的目光，推动当地商业的发展，拉动经济的增长，在景观附近增设购物广场，旅游景点等诸多商业项目，推动城市的良性发展。

景观设计是城市经济建设的重要组成部分，城市景观的设计要注重维护当地的文化传统，以人为本，为人们创造出更多的生态自然环境，满足人们生存与发展的需要。

第三节　景观设计的形式与功能

形式是指事物和现象的内容要素的组织构造和外在形式。景观的形式必须要满足社会与人的需要，这是景观设计人员应该首先考虑的。景观设计就是在一定的地域范围内，运用园林艺术和工程技术手段，通过改造地形、设置水体、种植树木花草，营造建筑和布置园路等途径创作美的自然环境和生活、游憩境域的过程。现代景观是功能体系的一种特殊形式，要求把相关的功能因素放在优先位置考虑，不能因为追求某种预定的纯艺术形式而与功能抵触。园林景观的功能要提倡有机性，功能之间应该是有机的关系。除了附属的功能之外，好的景观设计要将园林景观的形式与功能有机的结合起来。

景观设计是一个综合的设计过程，它是在一定的经济条件下实现的，必须满足社会应有的功能，也要符合自然的规律，遵循生态原则，同时还属于艺术的范畴，缺少了其中任何一方，设计就存在缺陷。创造景观本身也有功能义务，除了悦目以外，景观必须具有场所精神，必须让人感到舒适，要提供最起码的树荫、座椅、散步路等功能因素，还要根据自身的性质，进一步提供如慢跑径、水池及游泳池、运动场地和设施等内容。

一、形式的定义

形式是指事物和现象的内容要素的组织构造和外在形式。形式是道不明的一种必须。

园林景观从某种意义上来说也是一种艺术，不过它的范围更广，包括了天然景观和人造园林景观。统一它的形式与功能，将人造园林景观当作一种艺术来研究也很有必要。要使景观的形式和功能达到统一，先从艺术的美学角度来研究形式与功能的关系，毕竟形式美也是我们造园的艺术追求。

（一）形式与艺术

艺术形式与艺术内容并举，指的是艺术作品内部的组织构造和外在的表现形态以及种种艺术手段的总和。艺术形式包括两个层次：一是内形式，即内容的内部结构和联系；二是外形式，即由艺术形象所借以传达的物质手段所构成的外在形态。在任何艺术作品中，内形式与外形式是结合在一起的，只有通过一定的艺术形式，艺术作品的内容才能够得到表现。艺术形式具有意味性、民族性、时代性、变异性等特点。构成艺术形式的要素有：结构、体裁、艺术语言、表现手法等。艺术形式是为艺术内容服务的。艺术内容离不开艺术形式，同时艺术形式也离不开艺术内容。没有无形式的内容，也没有无内容的形式。一般说来，艺术内容决定艺术形式，艺术形式表现艺术内容，并随着艺术内容的发展而发展。但艺术形式可以反作用于艺术内容，既可以有助于艺术内容的完美展示，也可以阻碍艺术内容的充分表现，影响艺术社会功能的有效发挥。艺术形式还具有相对的独立性，例如同样的内容在某种情况下可以采取不同的艺术形式去表现，艺术形式在艺术发展中有继承性等等。衡量一部艺术作品的艺术成就，不仅要看内容，而且要看其形式是否完满地表现了内容。艺术形式是不断发展变化的。在景观设计中要根据艺术内容发展变化的需要，批判地继承改造旧的艺术形式，创立与新的艺术内容相适应的新形式，从而创造出具有鲜明时代精神和富于形式美的优秀艺术作品。

（二）形式美的概念

形式美是指自然、生活、艺术中各种形式因素（色彩、线条、形体、声音）及其有规律的组合所具有的美。形式美的根源是生活实践。因为形式美的法则是人们在长期审美实践中对现实中许多美的事物的形式特征的概括和总结。人们之所以认为这样的形式是美的，是因为它是体现美的事物的形式，这种形式最初体现人们的自由创造的美的事物的外部特征。之所以认为这样的形式是美的，是由于它是内在美的外部形式。后来受人的条件反射心理的影响，只要见到这种美的形式特征，就会产生美感，而不必去考虑形式中包含的内在本质。形式美体现了人的自由创造的事物的外部形式，是人们对在实践活动中创造的美的事物的外部特征的高度概括和自觉运用的结果。所以说形式美的根源是生活实践。

二、景观的功能

关于景观的功能，目前未有准确的定义，有的人认为景观就是组成生态系统间的能量、物质和物种的流动。也就是说，景观实际包括了生产功能，生态功能以及美学功能。以下内容主要从美学角度对景观的功能和形式的统一性进行探讨。

在城市景观设计中，设计的对象必须有恰当的功能与合理的经济性，但也必须使人看到时愉快，在运用现代技术解决功能问题时应与美融合在一起。要辨证地处理功能与形式的关系，功能因素总是不可或缺的。

城市景观的功用性既涉及个体生活上的种种要求，更涉及社会群体的诸多需要，从本质上来说，城市景观的这种功能性是社会群体的功能性。因此，城市景观具有深刻的社会内涵。城市景观环境的设置必须满足包括人们交往方式在内的社会需要，否则就会产生问题。

城市中许多文化设施，其物质载体是可以看成建筑的，作为建筑融进整座城市的硬质景观，但是它的精神层面却是在打造这座城市最为重要的文化灵魂。除了宗教外，如承载这座城市历史文化和艺术珍品的博物馆、艺术馆，还有传承人类文化知识的各类学校，它们在体现城市的文化品位上都有着极为重要的作用。法国巴黎的罗浮宫，这座昔日的皇宫今日的艺术馆，以其陈列、保管着人类最有价值的艺术珍品而享誉世界。巴黎的辉煌在很大程度上得益于这座建筑。

作为城市软质景观的文化对于城市来说，在某种意义上也许更为重要。有些城市实体性景观实在是平平，但它有着极具特色的软质景观，如中国云南的一座小镇，那里没有像样的建筑，但据说是某英国旅游家所想象的美丽的天国“香格里拉”的所在地而声名鹊起。同类的例子极多，湖南湘西有一个名叫王村的小镇，就是因为在这里拍了一部有名的电影《芙蓉镇》从而改名为芙蓉镇，游客络绎不绝。

三、景观设计的形式美与功能性统一的表现

（一）中国古典园林之美

园林建筑物常作景点处理，既是景观，又可以用来观景。因此，除去使用功能，还有美学方面的要求。楼台亭阁，轩馆斋榭，经过建筑师巧秒的构思，运用设计手法和技术处理，把功能、结构、艺术统一于一体，成为古朴典雅的建筑艺术品。它的魅力，来自体量、外型、色彩、质感等因素，加之室内布置陈设的古色古香，外部环境的和谐统一，更加强了建筑美的艺术效果。美的建筑，美的陈设，美的环境，彼此依托而构成佳景。

（二）现代园林景观之美

现代园林景观设计中，园林景观的艺术形象是在其各种构成要素和空间之中，具有自身的形式美法则。不同构成要素的交织融合所构成的园林环境、形式等都具有不同的艺术形象，并且具有不同的意境。形式的变化、构成要素中材料对比和形象特征等通过人的视觉信息传达，最终目的都是使园林景观空间的艺术形象更加和谐统一，在人的情感世界之中产生审美情趣。这意味着每个人都具有物质和精神的双重需要，任何一件设计作品都是功能实施和审美鉴赏的结合体，对其空间造景现状的审美特性加以分析，并在其中作深层的、积极的思索，在整合中如何体现自己独特的民族性，即基于本土文化之上，具有现代意味的地域特色，造就人们的审美意识，使人们的生活更富有审美情趣。

（三）对比的表现形式

园林构图的统一变化，常具体表现在对比与调和、韵律、主从与重点、联系与分隔等方面。

1．对比与调和

对比、调和是艺术构图的一个重要手法，它运用在布局中的某一因素（如体量、色彩等）中，两种程度不同的差异，取得不同艺术效果的表现形式，或者说是利用人的错觉来互相衬托的表现手法，差异程度显著的表现称对比，能彼此对照，互相衬托，更加鲜明地突出各自的特点。差异程度较小的表现称为调和，使彼此和谐，互相联系，产生完整的效果。园

林景色要在对比中求调和，在调和中求对比，使景观既丰富多彩、生动活泼，又突出主题，风格协调。

对比的手法有形象的对比、体量的对比、方向的对比、开闭的对比、明暗的对比、虚实的对比、色彩的对比、质感的对比。

2. 韵律节奏

韵律节奏就是在艺术表现中某一因素作有规律的重复，有组织的变化。重复是获得韵律的必要条件，只有简单的重复而缺乏有规律的变化，就令人感到单调、枯燥，所以韵律节奏是园林艺术构图多样统一的重要手法之一。

园林绿地构图的韵律节奏方法很多，常见的有：简单韵律、交替的韵律、渐变的韵律、起伏曲折韵律、拟态韵律、交错韵律。

3. 主从与重点

（1）主与从

园林布局中的主要部分是主体与从属体，一般都是由功能使用要求决定的，从平面布局上看，主要部分常成为全园的主要布局中心，次要部分成次要的布局中心，次要布局中心既有相对独立性，又要从属主要布局中心，要能互相联系，互相呼应。

主从关系的处理方法：

组织轴线：主体位于主要轴线上；

安排位置：主体位于中心位置或最突出的位置，从而分清主次。

运用对比手法，互相衬托，突出主体。

（2）重点与一般

重点处理常用于园林景物的主体，以使其更加突出。重点处理不能过多，以免流于烦琐，反而不能突出重点。

常用的处理方法：

以重点处理来突出表现园林功能和艺术内容的重要部分，使形式更有力地表达内容。如主要入口广场的形式选择，重要的景观、道路和广场的形式选择，一般采用基本形或基本行的组合，这些都需要精心设计。

以重点处理来突出园林布局中的关键部分，如主要道路交叉转折处和结束部分等，这些部分的形式也是非常讲究的，我们可以作为关键的节点来处理。

以重点处理打破单调，加强变化或取得一定的装饰效果，如在大片草地、水面部分，在边缘或地形曲折起伏处做重点形式变化，以达到与功能的协调。

4. 联系与分隔

园林绿地都是由若干使用要求不同的空间或者局部组成，它们之间存在必要的联系与分隔。园林布局中的联系与分隔是组织不同材料、局部、体形、空间，使它们成为一个完美的整体的手段，也是园林布局中取得统一与变化的手段之一。

综上所述，景观设计中形式与功能是一个统一的整体，形式在设计中是有机的，它由最基本的形式单元出发，结合不同的功能需求，有创造性地组合千变万化的形式，从而既满足景观功能的要求，也给人们以视觉的审美体验。

第四节 景观设计中的预见性与适应性

随着景观生态学、生态美学及可持续发展的观念引入到景观设计中，景观设计不再是单纯地营造满足人的活动，构建赏心悦目的空间，而更在于协调人与环境的可持续和谐相处，对景观设计的预见性与适应性通过科学有据的方法，达到高度和谐的统一，并巧妙的通过理性的思维以形象的方式加以表达。环境设计对于潜在行为的有效预见以及提高环境对于人们行为的有效适应，从而更好地满足人们的行为需求，达到人与环境和谐统一。

一、景观设计

景观设计是指设计者利用水体、地形、建筑、植物等物质手段，依据使用者的心理模式及行为特征，结合具体环境特点，对用地进行改造或调整，设计出特定的满足一定人群交往、生活、工作、审美需求的户外空间。狭义的景观是指人类创造或改造而形成的城市建筑实体之外的空间部分。景观设计具有两个属性：一是自然属性，它作为一个可感因素，具有一定空间形态，是一个较为独立的并易从区域形态中分离出来的背景客体；另一个是社会属性，它必须具有一定的社会文化内涵，有观赏功能、改善环境及使用功能，可以通过其内涵引发人的情感、意趣、联想、移情等心理反应，即所谓景观效应。

景观设计的核心在于对土地及景观空间生态系统的干预和调整，借以实现人与环境的和谐。景观设计的重要目的，在于将景观设计师的理念与目的传达给观者，游人通过景观空间、景象及景观构成要素了解设计者所表达的意图，景观设计师将理性的思维以形象的方式加以表达，观者经由审美通过空间形象解读其设计意图。

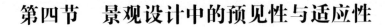

二、景观设计的预见性

景观设计的预见性，是指对景观设计中所有元素进行预见性的调查分析与评价，从而使设计适用景观环境。长期以来，景观设计缺乏科学的分析与评价，景观场地中包含了多种不同的属性因素，各个属性在场所中的价值往往取决于设计者依据经验的判断，缺少实地实际的科学的分析，因此景观环境的评价往往是定性的表述，较多的依赖于评价者的知识水平、经验积累，存在着一定的或然性。为了更加准确地对景观设计场地预见性了解及定位，对其进行科学的评价，需要科学的方法。

首先要进行实地勘察，深入现场调查，了解地块现状以及地貌特征，查看场地中有无山脉水系穿越，有无可以利用或者需要保护的名木古迹，人文背景的考察以及在此地有无发生过意义重大的历史事件及其残留物。对场地周边环境的人文氛围和景观资源作深入调查分析之后，可采用开辟视景线等各种手段将周边美好的地景引入场地画面之中，为我所用，以增加景观的层次感。景观设计预见性的科学实现，叠图法和GIS的运用基于对景观环境要素分析的基础上，通过整合统筹，实现对场地的认知，是现代景观环境调查与评价的两种基本方法。

在GIS广泛使用的今天，叠图法这一以因子分层分析和地图叠加技术为核心的环境评价方法，对于景观设计评价中仍具有便捷的运用价值。叠图法是将环境中具有控制作用的因子提取，依类别进行逐一分析，以色阶或数值表现于同一底图上，并以图形交叠方式显示出影响环境诸因素的总和。叠图法可产生一个复合式的土地利用图，既体现出该地块的生态敏感区域，也反映了整个环境的形态特征，使景观设计的预见性得以实现。通过叠图法，各因子的状况可以反映出场地的生态梯度，明确了场地的开发强度，可对已建环境要素进行再评价，明确场地适应性，从而合理利用场地。

三、景观设计的适应性

设计之始，立意在先，对场地做出科学的评价，应根据该场地性质所要求的环境。景观设计环境预见性的科学实现，使景观设计者更加明确了设计点，即推理设计点的实现，从而得到景观环境适应性的实现。影响景观设计的因素纷杂，但理性的思维在行为预见性实现的基础上，可帮助提高设计效率，即从场地项目中实际预见评价中分析其主要矛盾，然后根据主要矛盾找出适应的解决方案，“以子之矛攻子之盾”从而形成场地项目的设计特点。场地项目适应性的实现主要有以下几点：

（一）分析整理场地项目中景观环境预见性的景观评价

运用理性思维分析出景观环境中行为预见性中的最大矛盾，包括最明显特征，最大的优劣势，将这些最大的、最明显的、最客观的特点进行“组合”，即成为设计师的设计推理点集合，形成“设计点”，突出关键矛盾点。设计点的适应性的实现，必须为客观存在的最大程度地反映场地项目的本质特点。

（二）找到景观设计适应性的本质的设计点

景观设计的适应性的设计点，不只是一个因素，往往是一对矛盾体，景观设计者需使其矛盾体精华突出，糟粕转优。这一设计矛盾体的适应性的实现，需要设计者有“大景观”的广阔视野，并运用“极简主义”大手笔取舍的设计手法，其产生的过程、结果和评判，最终必须依赖于理性的思维和客观的事实。

（三）设计点适应性的实现转化为专业景观设计

此过程的实现需景观设计者运用专业技巧，正如齐白石先生所说“艺术贵在似与不似之间”。景观设计者同样也不应运用具象的圆形和方形来表达“天圆地方”的抽象哲学理念，而应通过专业的设计手法将设计点转化为既能够满足实际功能，又具有艺术特色的景观空间，使景观设计的适应性得以精彩实现。

四、景观设计中预见性与适应性的关系

不同的行为对环境的要求不尽相同，环境与行为之间往往存在一种潜在的对应关联，环境诱发行为，行为又反过来作用于环境。研究这种关系有助于把握环境设计中对于潜在行为的有效预见以及提高环境对于人们行

为的有效适应，从而更好的满足人们的行为需求，实现人性化的景观环境设计。

景观设计中的预见性与适应性是一个庞大的体系，二者包含着丰富而复杂的内容。景观场地有了科学的评价，抓住事物的主要矛盾，找到适应性的解决方案。在现代景观设计中，我们只有抓住预见性与适应性的关系，对人们的潜在行为有效预见，从而提高环境对于人们行为的有效适应。实现人性化的景观环境设计。

第五节 细部景观设计

园林景观在城市营造中扮演着非常重要的角色，它集合了自然属性与社会文化、功能要求、经济技术、艺术布局等方面，它是人与环境关系作用中最基础、最直接、最频繁的实体，给环境增添浓厚的艺术气息。从目前园林景观现状来看，很多的园林景观设计和营造过程中，对景观的细部处理不够重视，从而直接影响了整体景观的品质感。通过实践体现出了“细微之处见精神，细节决定成败”的道理，我们应该提倡以精雕细刻的理念去营造园林景观工程。在本章节中主要阐述了园林景观工程细部的几大基本特性和细部处理的具体措施，为园林景观工程提供一些参考，从而提升人们对园林景观品质的关注度。

一、园林景观工程细部的基本特性

（一）细部的艺术性和多样性

园林由人为的艺术加工和工程措施而成。园林美源于自然而高于自然，是自然景观和人文景观的高度统一。在我们的园林美学中，细部构造的作用并不只是附加在园林建筑表面的装饰成分，它与园林建筑本身是不可分割的。园林景观的美是其全部意义的感性表述，而景观的设计却是通过艺术和美感的创造，为人们提供身心愉悦的环境，进一步提高环境的舒适度。细部的设计在满足功能的前提下，充分地体现出它的艺术性，追求最大的美感，为求达到高品位的要求。

同时细部也具有多样性，园林不只作为游憩之用，还具有保护和改善环境的功能。在园林景观工程中，为满足人们不同的需求，在园林中布置了不同的设施，从而形成动态活动区和静态活动区。动态活动区满足游乐、健身、休闲、科普教育等的要求，但在地面处理上必须要平坦防滑。在空间布局上，应分别布置在私密空间与开放空间，达到动静结合、虚实对比，满足人们在不同程度上的需求。静态活动区，让人们游憩在景色优美和安静的园林中，有助于消除长时间工作带来的紧张和疲乏，使脑力、体力得到恢复，应考虑设置一些树荫、户外遮顶、宽敞的空间、廊道等作为休息空间。

（二）细部的综合性和再创性

园林景观工程综合性强，涉及植物、建筑、艺术、水电等多个领域，与实践工作关系密切，对设计实践、施工技术等有着很高的要求。景观行业在高速发展，取得丰硕成果的同时，在很多层面上也出现了一些细部处理问题，如设计人员不了解施工工序与内容，导致设计方案难以落实；景观设计与施工的脱节，导致设计不切实际；景观工程施工过程中没有设计人员配合，随意变更设计方案等等。这一系列的问题影响了园林景观施工品质，从而难以达到预期效果。景观设计创作本身就经过多次反复的推敲和处理细部环节。然而一幅完美的景观作品，包含着许多的细部。在园林景观工程施工的过程中，不但需要施工者按图施工，还需他们二次创作。因为设计图纸上所表达的理念，往往难以表述清晰，基本上都只是示意描述，同时在景观细部设计过程中，根据提供原始的环境条件，来营造景观满足不同需求。但在工程实施中，由于施工者们在选材、施工工艺难度等方面，产生许多细节处理的问题，这时就须由二次创作来解决。

（三）细部的地域性和交叉性

园林景观工程的地域性比较强，应该结合当地的人文地理、风俗习惯来设计。如山水的布局、植物的种植、亭廊的构建等等，无不根据光照、气候、地理条件等影响因素，营造舒适宜人的理想环境。因此，根据现场情况变化与当地地形地貌、水文地质、乡土植物等自然条件，在工程施工过程中，选择适合当地市场情况的石材，降低工程造价，根据适地适树的原则，尽量选择乡土树种，降低成本与种植难度，也便于后期养护管理。一个完整的园林景观工程，会涉及每项工程内部间与分项间细部的处理工作，这就需要根据完美的细部处理配合计划的每一道工序来进行施工。园林建筑、假山、水景、小品和植物配置等分项工程之间，既要独自成景，又要互相映衬，构成最完整的园林景观体系。在园林景观工程施工过程中，施工工序极为繁杂，交叉作业影响很大，往往难以全局统筹，经常会出现顾此失彼的现象。在进行交叉作业的时候，成品的保护也是比较困难的，细部比较容易受损，作品艺术的完美性就比较难以保证。

（四）细部的功能性

细部功能性的最高标准是满足最基本的功能需求，以人为本的人性化的设计。园林景观中的无障碍设计，充分考虑残疾人、老年人、儿童及其他行动不便者在居住、出行、休闲娱乐和参加活动时，能够自主、安全、方便地通行和使用所建设的物质环境，它除了要把握好环境空间要素之外，同时还需要对一些通用的硬质景观要素（出入口、坡道、台阶）等细部的构造要考虑得细致入微。比如，步行道上为盲人铺设的走道、触觉指示地图、无障碍坡道等等。

二、园林景观工程细部处理的具体措施

（一）土壤的改良及地形地势的处理

良好的土质能保证植物最基本的生长要求，是园林景观效果保持长效的基础。但是不同的土质会在一定程度上影响树木的生长和发育，如果忽视了这一细节，将会增加养护管理工作的难度，这就有可能会影响景观效果。在一般的情况下，表层土壤具有良好的团粒结构并且含有丰富的营养物质，有助于植物的生长。而通常在地形改造施工的过程中，为了能够省事，就直接用外购的土壤覆盖在原来的表土上，同时机械的碾压让土壤的团粒结构遭受到破坏，从而直接影响了植物的成活率和植物的正常生长。

地形地势的处理是造园的基础，也是造园的必要条件。地形地势处理的好坏直接影响着园林空间的美学特征和园林的空间感受，更影响着园林的整体布局、排水、管道设施等要素。园林中的地形是具有连续性，其各组成部分也是相互联系、相互影响、相互制约的，彼此不可能孤立而存在。在园林景观设计中，对地形处理会有说明与标注，然而在实际的操作过程中，经常会有一些细节问题的发生。在对较小区域地形抬高的时候，通常会忽视坡脚和四周的地形、地貌，对土壤的自然沉降的幅度不能准确地把握，填土过少有可能造成植后土壤的明显下沉，从而容易积水；填土

过多，浇水时土壤就随水外溢，污染周边的环境，有碍观瞻。因此，地形的处理既要满足排水及种植要求，又要与周围环境融为一体，力求达到自然过渡的效果。

（二）绿化植物的细部处理

对每项园林景观工程来说，植物的造景贯穿于全园，有的独自成景，有的与山石和水体相配成景。因此，植物的配置决定了园林作品是否优秀。植物配置除了考虑不同功能区的条件外，还要考虑植物相互间的生长速度、影响力、阴阳性、观赏性、生长习性等影响因素。植物有成千上万种，它们各自的形态、色彩和香味都可衬托出不同的意境和风韵。在绿化种植工艺上，首先绿化地清理、平整并进行地形处理，既满足景观要求，也应利于排水；其次在定点放线方面，应严格按图定点定位，撒上白灰标明，方可挖穴；在种植苗木前，根据不同树种，应当适度修剪、断根。在绿化种植的细部处理的时候，处理植物与景观建筑、排水、照明之间的的协调和衔接关系。因此，应合理的选择植物所特有的色彩、质感、层次的变化等等，让园林景观达到更好的效果。

园林景观工程的营造，细部的处理是决定全局完美性的关键。因此，在施工的过程中，不但要领会设计的意图，还要进一步地细化和完善，将园林景观的尽可能充分和完美地展现出来。

第六节 现代雕塑与景观设计

景观设计的发展除根植于丰厚的园林传统外，还受到现代艺术的极大影响。现代雕塑，尤其是极简主义和大地艺术的思想和手法对当代景观设计产生了很大作用。大地艺术是雕塑和景观的综合，今天许多景观作品同时也被认为是大地艺术作品。

一、现代雕塑与景观设计

雕塑与园林有着密切的关系。历史上，雕塑一直作为园林中的装饰物而存在，即使到了现代社会，这一传统依然保留。与现代雕塑相比，现代绘画由于自身的线条、块面和色彩很容易被转化为设计平面图中的一些要素，因而在现代主义的初期，便对景观设计的发展产生了重要的影响。追求创新的景观设计师们已从现代绘画中获得了无穷的灵感，如锯齿线、阿米巴曲线、肾型等立体派和超现实派的形式语言在二战前的景观设计中常常被借用。而现代雕塑对景观的实质影响，是随着它自身某些方面的发展才产生的。

一是走向抽象。由于具象的人或物引起人注意的是其形体本身，很难演变为园林中空间要素的一部分，因而抽象化是雕塑成为环境空间之要素的第一步。

二是要走出画廊，在室外的土地上进行创作。这里并不是指简单地将博物馆中的作品搬到室外，也不仅仅是指为某个室外的环境创作特定的雕塑作品，使雕塑成为环境中和谐的一分子，而是指在自然的土地上进行创作，将自然环境构成作品不可分割的一部分的艺术品，这样的雕塑与环境之间有了真正密切的联系。

三是扩大尺度。雕塑的背景从博物馆的墙面变成了喧嚣的城市街道、广场或渺无人烟的旷野，为了能和环境相衬，雕塑的尺度不可避免地扩大，甚至达到了人能进入的尺度，成为能用身体体验空间的室外构造物，而不仅仅是用目光欣赏的单纯的艺术品，这时的雕塑就具有了创造室外空间的作用。

四是使用自然的材料。在自然的环境中创作雕塑，使用自然界的一些未经雕琢的原始材料，如岩石、泥土、木材，甚至树枝、青草、树叶、水、冰等自然材料来创作雕塑，会显得更为和谐和统一。有的时候，自然界的各种现象和力量，如刮风、闪电、侵蚀等，也成为一些艺术作品的一个重要组成部分。

当一些雕塑朝着这样一个方向发展时，与景观作品相比较，无论是工作的对象、使用的材料还是空间的尺度等方面都没有太大的区别，这两种艺术的融合也就自然而然地产生了。

二、现代雕塑的发展

19世纪60年代，西方社会被日益增多的冲突撕裂，艺术界也出现了新的震荡，现代主义的统治地位产生动摇，新的思想不断涌现，概念艺术、过程艺术、极简艺术等成为艺术界的新动向。对景观艺术影响最大的是极简艺术和与它密切联系的大地艺术。

极简主义（Minimalism）是一种以简洁几何形体为基本艺术语言的艺术运动，最早出现于绘画，发展的高潮集中表现在雕塑。极简主义是一种非具象、非情感的艺术，主张艺术是“无个性的呈现”，以单一简洁的几何形体、或数个单一形体连续重复构成作品。极简艺术是对原始结构形式的回归，回到最基本的形式、秩序和结构中去，这些要素与空间有很强的联系。大多数的极简艺术作品运用几何的或有机的形式，使用新的综合材料，具有强烈的工业色彩。著名的极简艺术雕塑家有卡罗（AnthonyCaro1924-）、金（P. King1934-）、贾德（DonaldJudd1928-1994）等等。这些人的思想和作品不仅促进了大地艺术的产生，而且影响了二战后的景观设计。

十九世纪60到70年代，美国的一些艺术家，特别是极简主义雕塑家开始走出画廊和社会，来到遥远的牧场和荒漠，创造一种巨大的超人尺度的雕塑——大地艺术（LandArt或Earthworks）。

早期的大地艺术作品往往在远离文明的地方，如沙漠、滩涂或峡谷中。1970年，艺术家史密森（RobertSmithson1938-1973）的“螺旋形防波堤”（SpiralJetty）是一个在犹他州大盐湖上用推土机推出的458米长，直径50米的螺旋形石堤。人们参观它的时候，第一印象不是一件新的美术作品，而是一件极端古老的作品，似乎这个强加在湖上的巨型“岩石雕刻”是自古以来就在那里的。

1977年，艺术家德·玛利亚（WalterDeMaria1935-）在新墨西哥州一个荒无人烟而多雷电的山谷中，以67米×67米的方格网在地面插了400根不锈钢杆。每根钢杆都能充当一根避雷针，在暴风雨来临时，形成奇异的光、电、声效果。这件名为“闪电的原野”的作品赞颂了自然现象中令人敬畏的力量和雄奇瑰丽的效果。

著名的“包扎大师”克里斯多（JaracheffChristo1935-）在长达40年的时间里，一直致力于把一些建筑和自然物包裹起来，改变大地的景观，作品既新颖又气势恢弘。他在1972-1976年制作的“流动的围篱”，是一条长达48公里的白布长墙，越过山峦和谷地，跌荡起伏，最后消失在旧金山的海湾中。

大多数大地艺术作品地处偏僻的田野和荒原，只有很少一部分人能够亲临现场体会它的魅力，而且有些作品因其超大的尺度，只有在飞机上才能看到全貌，因此，大部分人是通过照片、录像来了解这些艺术品的。在一个高度世俗化的现代社会，当大地艺术将一种原始的自然和宗教式的神秘与纯净展现在人们面前时，大多数人多多少少感到一种心灵的震颤和净化，它迫使人们重新思考一个永恒的话题——人与自然的关系。

大地艺术既可以借助自然的变化，也能改变自然。它强调与自然的沟通，利用现有的场所，通过艺术的手段改变它们的特征，创造出精神化的场所，为人们提供了体验和理解他们原本熟悉的平凡无趣的空间的不同的方式，富于浪漫主义的色彩。

大地艺术继承了极简艺术的抽象简单的造型形式，又融合了过程艺术、概念艺术的思想，成为艺术家涉足景观设计的一座桥梁。在大地艺术作品中，雕塑不只是放置在景观里，艺术家运用土地、岩石、水、树木和其他材料以及自然力等来塑造、改变已有的景观空间，雕塑与景观紧密融合，不分你我，以致于目前许多景观设计的作品也同时被认为是大地艺术。

三、雕塑结合景观的设计

十九世纪60年代的西方艺术界，雕塑的内涵和外延都有相当大的扩展，雕塑与其他艺术形式之间的差异已经模糊了，特别是在景观设计的领域里。建筑师、景观设计师和城市规划师逐步认识到，大尺度的雕塑构成会给新的城市空间和园林提供一个很合适的装饰，雕塑家也就有越来越多的机会为新的城市广场和公园搞一些供人欣赏的重点作品，从老一辈的大师摩尔、考尔德、野口勇，到新一代的“极简艺术”雕塑家。一些雕塑家采用大尺度的雕塑作品，控制城市局部区域的景观，以此参与城市景观空间的创作。另一些雕塑家更是直接涉足景观设计的领域，用雕塑的语言来进行景观设计。

较早尝试将雕塑与景观设计相结合的人，是艺术家野口勇（Isamu Noguchi1904–1988）。这位多才多艺的日裔美国人一直致力于用雕塑的方法塑造室外的土地，在许多游戏场的设计中，他把地表塑造成各种各样的三维雕塑，如金字塔、圆锥、陡坎、斜坡等，结合布置小溪、水池、滑梯、攀登架、游戏室等设施，为孩子们创造了一个自由、快乐的世界。

野口勇最著名的园林作品是1956年设计的巴黎联合国教科文组织总部庭院。这个0.2公顷的庭院是一个用土、石、水、木塑造的地面景观，今天，庭院已经因树木长得太大而不易辨认了，但是树冠底下起伏的地平面的抽象形式，仍然揭示了艺术家将庭院作为雕塑的想法。

1983年野口勇在加州设计了一个名为“加州剧本”（California Scenario）的庭院。在这个平坦的基本方形的基地上，野口勇把一系列规则和不规则的形状以一种看似任意的方式置于平面上，以一定的叙述性唤起人们的反应。

野口勇曾说：“我喜欢想象，把园林当作空间的雕塑。”他是艺术家涉足景观设计的先驱者之一，他的作品激励了更多的艺术家投身景观领域。今天，艺术家参与创作的景观作品比比皆是。

女艺术家塔哈（Athena Tacha1936-）20多年来一直从事“特定场地的建筑性雕塑”的创作，产生了独特的室外雕塑与景观结合的作品。她的灵感来自于大海退潮后在沙滩上留下的层层波纹，丘陵地区典型的农业景观——梯田，海边岩石上贝壳的沉积，鸟类的羽毛，以及自然界中各种层叠的天然物。因此，她的作品大多是基于各种形式的复杂台地，曲线的、直线的、折线的、层层叠叠，形成有趣的和独一无二的硬质景观。

苏格兰诗人、艺术家芬莱（Ian Hamilton Finlay1925-）于1967年开始建造的小斯巴达（Little Sparta）花园，充满具有象征意义的雕塑物和有隐含意义的铭文。他将诗、格言和引用文刻在花园里，把自己的理解和看法加于景观之中，与中国古典园林中的题刻有异曲同工之处。

雕塑是景观中无法或缺的重要元素之一，是艺术在景观中最直观的表现形式。雕塑和园林景观的共同发展过程中，不仅改观了园林景观的形态面貌，而且与其融合成为有机的整体。

湖北省环艺分析道：“景观雕塑是固定陈列在各个不同环境之中的，虽然限定了人们的观赏条件，但注意制作景观雕塑的要求，可突破这一限定。”首先，一个景观雕塑的观赏效果必须事先做预测分析，特别是对其体量的大小、尺度研究，多考虑对周围的环境因素，以及必要的透视变形和错觉的校正。再从人们的视觉出发，考虑景观雕塑的位置和高度，从雕塑观赏性的多方位考虑。湖北省环艺认为，景观雕塑的观赏的视觉要求主要通过水平视野与垂直视角关系变化来加以调整。雕塑与周围环境的相互渗透与融合，改变了环境景观的形态面貌，成为一种新的艺术整体，引领人们进入一个新的艺术设计时代。

不同时期的雕塑在景观中起到的作用和影响是不同的。传统雕塑与景观大多以装饰的角色出现，在题材上也大多是具象的人物雕塑、神仙和宗教故事，优美的造型和宏伟的气势不仅反映了艺术家高超的技艺，更使整个景观生动起来。

湖北省环艺描述道，“随着时代的进步和艺术发展，现代雕塑对景观设计产生了重要的影响，其中关键一步是走向了抽象雕塑，抛弃了传统的仿真再现和模仿，建立了独立自足的形式，即艺术的自足独立性，而恰恰是这种反复提炼与抽象了的雕塑与周围现代环境景观很好地融合在了一起。”

20世纪50年代末，后现代艺术出现，使得审美艺术语言的表达取向发生了很大转变，雕塑的内涵和外延都已得到扩展，雕塑与景观的关系更加紧密，甚至界限也变得模糊了。后现代雕塑景观还承担起了拉近人与景观之间关系的重要任务。情趣化成了现代雕塑景观的重要特征之一。

第七章

园林建筑景观的空间设计

第一节 园林建筑景观空间概述

园林景观空间环境，主要依赖感觉器官来感知和体验。园林景观中的景物高低错落、进退变化，存在着一种和谐美的关系。这主要是园林的空间之美。空间的界面、空间的形态、空间的尺度以及空间系统等有机地组织在一起，才使园林有令人赏心悦目的感觉。

一、空间的基本概念

老子在《道德经》里有言："埏埴以为器，当其无，有器之用。凿户牖用以为室，当其无，有室之用。故有之以为利，无之以为用。"这说明不管是器皿还是房子，人们用的都是它的空间。人们会有这些心理感受：空间是容积，和实体相对存在；空间的封闭与开场也是相对的。在园林景观中，空间的构成分为空间单元与空间系统。任何一个丰富多样的场所都可以分解为不同的空间单元，这些单元之间相互联系并建立起一个空间系统。生机勃勃的空间是园林景观的内涵。园林景观期望创造空间。

二、空间界面

园林景观是通过塑造界面来塑造我们要的空间。按照界面的位置分为三种：底界面（地），顶界面（顶），侧界面（墙），园林景观中底界面是空间的起点、基础，形式多样化，不仅仅表现在材质和质感上，还会结合地形产生变化。侧界面因地而立，是空间的边界，能划分、围合空间，具有限定视觉空间的作用。顶界面是为了遮挡而设，一般是乔木的树冠、建筑的顶、构筑物的顶，天空是自然存在的顶界面。

以平地和天空构成的空间有旷达感，令人心旷神怡。以峭壁或高树夹持，高宽比约在6:1～8:1的空间有峡谷或夹景感。由六面山石围合的空间，有洞府感。以树丛和草坪构成的大于1:3空间，给人以明亮亲切感受。

以大片高乔木和矮地被组成的空间，给人以荫浓景深的感觉。中国古典园林的咫尺山林，给人以小见大的空间感。大环境中的园中园，给人以大见小（巧）的感觉。巧妙地运用不同的界面，会给园林景观空间造景形成多种魅力。

三、空间形态

（一）空间首先是个有方向性的概念

它是我们漫步世界的自始至终的追随者，它帮我们确定自己的位置。没有人就不存在空间，我们创造它又“演绎它”

空间的形态塑造是设计的重要内容之一。空间形态的塑造依赖于围合空间的界面，界面的形状、材质、肌理、尺度决定空间的特征，在空间布局时应当注意不同空间形态的结合，避免单调或结构散乱。

“纯净”的空间是自足的，有内在结构的，由均匀、连续闭合的侧界面墙围合而成，它有一个均衡、水平的底界面。景观意味着设计空间界面和体在空间中的位置，改变或变形“纯净”空间闭合的侧界面，是为“内部空间”和外部环境寻找及提供更广泛联系的方法。“纯净”空间的边界打破得越彻底，它与环境的联系越密切，空间的整体感和独立感越弱。

（二）图底理论

对“形”的认识是依赖于其周围环境的关系而产生的。人们在观察一定范围的时候，会把部分要素作为图形而把其余部分作为背景。“图”就是我们看到的“形”，“底”就是“图”的背景。分辨形是图还是底，主要看形所占面积的大小。画面中所占面积大的形容易成为底，反之，面积小的容易成为图。另外，颜色浅的如白色，容易成为底，反之，颜色深的容易成为图。图底关系对于强调主体、重点有重要意义。在做设计图时，通常颜色较深的部分表示的是实体，可能是建筑或构筑物或植物等实体，而外部空间就是“空空的部分”，这样有利于我们把握实体要素，但往往忽略了外部空间。那么我们把实体要素留白，而将外部空间填色，看作图形，空间就成了积极的图形，就可以更好地设计空间。

四、空间尺度

尺度的处理关键在于以人地感受为标尺看空间地尺度。当围合物界面高度与人与界面地距离比不同时，人地感受不同。

（一）最宜视距

正常人的清晰视距为25～30m，明确看到景物细部的视野为30～50M，能识别景物类型的视距为150～270m，能辨认景物轮廓的视距为500m，能明确发现物体的视距为1200～2000m，但这时已经没有最佳的观赏效果。

（二）最佳视阈

人的正常静观视场，垂直视角为130度，水平视角为160度。但按照人的视网膜鉴别率，最佳垂直视角小于30度，水平视角小于45度，也就是人们观察事物的最佳视距为景物高度的2倍或宽度的1.2倍，按照这样设计效果最佳。在静态的空间中，游人在不同的位置观景，对景物观赏的最佳视点有三个位置，即垂直视角为18度（景物高的三倍距离）、27度（景物高的2倍距离）、45度（景物高的1倍距离）。尤其是雕塑类，可以在这三个视点位置上设置平坦的休息和欣赏的场地。

五、空间系统

对于区域范围较大、内容多样的场所，只靠对环境元素的认识不能清楚地描述环境的总体特点。任何一个功能多样的场所都要有不同的空间单元，空间单元和它们之间的相互关系构成空间系统。

（一）相邻空间的相互关系

相邻的两个空间之间的基本关系主要有：包含关系、穿插关系、邻接关系、公共空间连接的关系。

（二）空间组合

空间组合是多个空间按照一定的逻辑顺序结合起来，共同构成一块场地的空间系统。《建筑：形式、空间和秩序》中把建筑空间组合方式分为集中式、线式、辐射式、组团式和网格式。这些空间组合方式同样可用于园林景观的设计。

城市园林景观的数量和质量都在不断提高，园林景观是由多样的空间组成，用于人们观赏和活动的场所。空间塑造是园林景观设计的基础，设计应从人的需要和感受出发，以人的尺度为参考系数。对空间进行巧妙、合理、协调、系统的设计，构成一个完整和丰富的美好环境。

第二节　园林建筑景观的空间类型

园林景观空间的风格类型关系到园林城市整体风格的形成。随着人们生活水平的不断提高，全国许多地方都在致力于人类宜居园林城市的设计和修建。打造何种类型的园林空间，直接关系到今后园林城市整体风格的形成。

一、园林景观空间的概念及功能

园林景观空间是相对于建筑物的外部存在，是园林艺术的一个基本概念，指在人目距范围内各种植物、水体、地貌、建筑、山石、道路等各园林景观单体组成的立体空间。在园林中具体表现为植物（草坪、树木）空间、道路空间、园林建筑空间、水体空间等。

园林景观空间的设计目的在于为人民提供一个休闲、锻炼、欣赏、游玩等集多种功能于一体的舒适而美好的外部场所。使人们在忙碌的生活和工作间隙，能够有一个放松的空间。如平顶山市的鹰城广场、河滨公园广场等，每至清晨和傍晚，广场上休闲或锻炼的人熙熙攘攘。

二、园林景观空间的类型

依据单个景物的占比大小可将园林景观空间分为：以植物为主组成的空间；以道路为主组成的空间；以建筑为主组成的空间，以水体为主组成的空间和以多种景物组合而成的立体交叉空间。

（一）以植物为主组成的空间

以植物为主组成的空间，主要指以草坪和树木为主的园林空间。它们在园林中除了生态和观赏等功能外，还有一项重要的功能就是可以充当和建筑物的天花板、幕墙、地板、门窗一样的隔断、联通室内外空间的作用。它可以形成顶平面、垂直面和地平面单独或共同组成的具有实在或暗示性的范围组合。如平顶山市河滨公园广场，草坪、低矮的地被植物和灌木构成了绿色地表空间，北面成排的古松与草坪形成了一个垂直的夹角。远远望去，古松如一面深绿色的屏障将草坪的绿意从中截断，但仔细审视，古松间树干、叶丛的间隙又将古松后面空间的信息朦朦胧胧地传递过来，加之树干、叶丛间隙的疏密不均，分枝的高低不一，这样以来，有的地方色彩浓黑，有的地方色泽淡绿，从而为人们呈现了一个隐隐约约、似断非断、将通未通的空间，虚虚实实的景象引起了人们无限丰富的遐想。

（二）以建筑为主组成的空间

园林建筑主要指园林中人工修建的亭台楼阁，画廊假山等。这些建筑组成的园林空间可形成封闭、半开敞、开敞、垂直、覆盖等不同空间形式。在这方面的典范应该属我国的苏州园林。园内庭台楼榭，游廊小径蜿蜒其间，内外空间相互渗透。透过格子窗，广阔的自然风光被浓缩成微型景观。涓涓清流脚下而过，倒映出园中的景物，虚实交错，把观赏者从可触摸的真实世界带入无限的梦幻空间。在拙政园“倚虹亭”中能看到园外的北寺塔；在沧浪亭的花窗中，能欣赏到屋外的竹林。正如叶圣陶先生在苏州园林中所说：“他们讲究亭台轩榭的布局，讲究假山池沼的配合，讲究花草树木的映衬，讲究近景远景的层次。”“务必使游览者无论站在哪个点上，眼前总是一幅完美的图画。”

（三）以水体为主组成的空间

从古至今大部分著名园林，水都是其不可缺少的组成部分，有的园林中，水甚至占到整个园林面积的一半以上。如我国著名的皇家园林——颐和园，是移植的南方园林，水的面积占到了整个园林的四分之三。而南方的大部分园林，都是依水而建。在水流回旋处，或凸起的一块陆地上修一座小亭；或在两岸之间，砌起一座拱桥；或这大片陆地之上，修起竹篱楼舍、茅草小屋。以水为主的园林空间，最著名的莫过于素有“中国第一水乡”之称的古镇周庄。古镇四面环水，犹如浮在水上的一朵睡莲。保存完好的明清建筑依水而立，错落有致。八大名桥，各具姿态，与周庄的水共同组成了一个美丽的园林空间。

（四）以多种景物组合而成的立体交叉空间

大多数园林是多种景物共同组成的综合体，园林里不仅有绿地、鲜花、树木，而且还有亭台楼榭，曲折小径。有的现代园林，会人为地修建座座假山甚至音乐喷泉。这样，植物和地形结合，可强调或消除由于地形的变化所形成的空间。建筑与植物的搭配，更能丰富和改变空间的层次结构，形成多变的空间轮廓。三者共同配合，既可软化建筑的硬直轮廓，又能提供更丰富的视域空间。加之假山的视线隔断形成的景物深浅变化，沟壑、池塘所带来的景物纵深，喷泉带给人的视觉动感，很好地诠释了园林的动静结合，古代和现在相沟通，使得古代园林既有历史的厚重，又增加了现代生活的轻松。

总之，不同的造园手法可创造出各种不同的园林景观空间，使人们获得不同的感官享受。当前，随着社会的发展，科技的进步，园林景观空间设计领域也得到了更进一步的扩展，各种先进的声、光、电仪器设备都被相继运用到园林景观空间的建造上，传统的三维空间造园法面临着前所未有的挑战。时间作为时空存在的一个维度也通过各种先进的科学手段逐渐引入到园林的设计中来，成为了一个新的造园手法。各种影像设备的运用，将立体的图像和声音带到人们的身边，围绕着人们形成了一个十分逼真的现实场景。在这样的园林景观空间徜徉，古代、现代和未来相纠结交织，仿佛每个人都亲自置身于过去和未来的时空中。在这现代化的园林中，人们将超越时空，倒转时空，回到各种神话、传说、童话所创造的情景中，并且与古人对话、交流，甚至可以畅游宇宙间的各个星球，亲自去领略一下宇宙的浩瀚、奇妙。虽然目前将现代技术运用到园林空间的建造上仍旧属于试验阶段，但相信这种新型的园林景观空间设计和建造手段在今后必将被更多地研究和运用实际中去。

第三节　园林景观的空间处理手法

一个好的园林设计作品，会在数量、质量、空间构图、环境的协调，艺术布局等方面，巧妙地、精而体宜地对园林空间与时间序列的苦心经营，使其达到兼具功能、艺术效果。此类成功的空间，我们称之为积极空间，而失败的园林空间设计，就是消极空间。中国园林空间的组成要素包括山石、水体、建筑、植物和道路等，这些要素是营造园林空间的物质基础，其装饰作用在园林景观中具有重要意义。根据周围的环境、地形、以及比例尺度创造出协调的园林环境，构成了生动的意境，组成了多样性主题内容，形成一种空间艺术。在构筑空间时，往往运用各种手法。

园林设计是一种环境设计，也可说是“空间设计”，目的在于提供给人们一个舒适而美好的外部休闲憩息场所。园林由地形、地貌、水体、园林小品、道路和植物等造园要素组成。空间的本质在于其可用性，即空间的功能作用。空间需要人们的认和感，在人们的视觉感受中，一个空间给他带来的感受是不同的，这就需要在空间的设计中以优美的景色、幽静的境界为主，而更重要的是意境的设想，能够寓意于境、寓意于景，从而达到情景交融的效果，使人触景生情，把思绪扩展到比园景更广阔更久远的境界中去。园林空间是一种相对于建筑的外部空间，由组成要素所组成的景观区域，既包括平面的布局，又包括立面的构图，是一个综合平、立面艺术处理的立体概念。简言之，园林之中，围合是形成空间的最直接手段，一个围合的空间是视觉的重点，给人以场所感、归属感。空间的垂直面能表现出组成要素的内在构成规律。这个规律符合人们的审美观念以及精神文化水平，人们在这个空间中能找到场所感、归属感，产生愉悦的感觉，那么这就是个积极的空间；反之，人们一进入这个空间，感觉到这里的景色杂乱不堪，有逃离的感觉，那么这就是一个消极空间。

一、积极空间

所谓的积极空间，是人身处其中能产生场所感、归属感，喜欢在这个空间中停留，这就是一个成功的积极空间。从这点上来看，中国古典园林艺术“尽错综之美，穷技巧之变”，构思奇妙，设计精巧，达到了设计上的至高境界。最常用的空间处理手法有：

（一）突出重点。主景突出，通过动静、曲直、大小、隐显、开合、聚散等艺术手法，突出主题，强化立意，也可使相互对比的景物相得益彰，相互衬托。如苏州的留园，在处理入口空间时也用到类似的手法，当游人走进入口时，会感到异常的曲折、狭长、封闭，游人的视线也被压缩，甚至有一种压抑的感觉，但当走进了主空间的时候，顿时有一种豁然开朗的感觉。

（二）景观布置的原则性。

1. 均衡感，在中国讲究不对称的平衡，比如曲线运用要比直线多，以大小、黑白、虚实等达到平衡。

2. 突出主题，主景的布置体现一个空间的主题。

3. 视觉的统一，用植物的重复来表现。

（三）空间节奏韵律的把握，要注意用事物之间的联系性，比如植物之间联系与变化、植物与建筑之间的过渡、建筑与建筑之间不同材质的变化构成一个节奏韵律的起伏与平静，使这个空间有极大的趣味性。

（四）运用含蓄的手法，让幽深的意境半露半含，或是把美好的意境隐藏在一组或一个景色的背后，让人去联想，去领会其深邃。“春色满园关不住，一枝红杏出墙来”的诗句是园景藏露的典型例子。“露”是一枝红杏出墙，“藏”则是那满园春色。

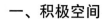

（五）对景与借景手法的使用。借景，通常是通过漏窗或其他手法将景色借到自已园中。借景可以扩大造园空间，突破自身基地范围的局限，使园内外，或远或近的景观有机地结合起来，充分利用周围的自然美景，给有限的空间以无限的延伸，扩大景观视野的深度与广度，使人感到心旷神怡，丰富了园林景色。因地借景，选择合适的观赏位置，使园内外的风景成为一体，是园林布局结构的关键之一。对景所谓“对”，就是相对之意。我把你作为景，你也把我作为景。使人工创造的园林融在自然景色中，增添园林的自然野趣，借景对景，相辅而相成。

（六）植物、地形、建筑在景观中通常相互配合共同构成空间轮廓。植物和地形结合，建筑与植物相互配合，更能丰富和改变空间感，形成多变的空间轮廓。三者共同配合，既可软化建筑的硬直轮廓，又能提供更丰富的视域空间，园林中的山顶建亭、阁，山脚建廊、榭，就是很好的结合。

（七）要与当地的文化传统相适应。景观园林的设计离不开当地的文化因素，在空间的布置设计中，要从当地的人文视角来观察，突出景观隐性感觉，同时要有自己的园林思想在里面。

（八）比例与尺寸。和谐的比例与尺度是园林形态美的必要条件。对主景的安排得有合适的视距。如要设置孤植一株观赏性的乔木为主景时，其周围草坪的最小宽度就要有合适的视距，才能观赏到该树的最佳效果。在园林空间中，应该遵循空间的比例与尺度的控制，空间的界面的处理。园林空间尺度主要依据人们在建筑外部空间的行为。无论是广场、花园还是绿地，都应该依据其功能和使用对象确定其尺度和比例，给人以美的感受，让人感到舒适、亲切。

二、消极空间

对于消极空间，就是园林设计者对于一个空间的布置使人们不但不愿意接近，还要刻意地避开。比如植物布置杂乱无章，没有主景，颜色没有循序变化且单一，没有季节性体现等等。往往是由于园林建筑没有正确合适的规划，空间尺度、比例，布局的设计与空间无法契合，不了解人与空间、空间与空间的相互关系，设计出的空间给人们的生活带来影响和不便，让人感觉不协调，特别的别扭。消极空间的影响在此不再详述。

创造空间是园林设计的根本目的。每个空间都有其特定的形状、大小、构成材料、色彩、质感等构成要素，它们综合地表达了空间的质量和空间的功能作用。但在现代城市土地紧张，规划出的绿地较小的情况下，有些人认为随便种几棵树，铺上草坪就有绿，就是园林了；有的甚称“虽由人作，宛自天开”；有的为了提高档次，建园林时不惜金钱搞假山、亭廊、挖湖堆山、大兴土木，这种片面领会乃至套用的错误想法，使很多新园林风格上似古非古、不伦不类，想设计成积极空间但是事与愿违，成了消极空间。设计中既要考虑空间本身的这些质量和特征，又要注意整体环境中诸空间之间的关系。把园林空间的构成和组合这一形式构成规律用来提高园林艺术水平。

空间塑造是园林景观设计的基础，设计应从人的需要和感受出发，以人的尺度为参考系数。对空间进行巧妙、合理、协调、系统的设计，构成一个完整和丰富的美好环境。

第八章

园林景观的设计表达

第一节　景观设计的基本原则和行为心理

一、基本原则

（一）自然优化/生态保护原则

自然景观指受人类间接轻微的影响，而原有的自然面貌未发生明显变化的自然景观（例如：沙漠、雨林、河流、山川……）

自然景观资源包括原始自然保留地、历史文化遗迹、山体、坡地、森林、湖泊及大的植物板块，要绝对保护自然保留地和宝贵的历史文化遗迹。在保护的前提下，开发资源并合理利用。只有这样，才能保证景观设计的可持续发展。

（二）全面规划、分期实施，强调景观的整体优化原则

景观是一系列生态系统组成的有机整体，其景观序列是连续而完整的，景观系统具有功能上的整体性和连续性。规划时应保证其完整性，将其作为一个整体来考虑，同时根据资金状况、景观的保护需要，分期实施。

（三）景观的异质性原则

异质性本是系统或系统属性的变异程度，而对空间异质性的研究成为景观生态学别具特色的显著特征，它包括空间组成、空间形态和空间相关等内容。异质性同抗干扰能力、恢复能力、系统稳定性和生物多样性有密切关系。景观异质性程度高，有利于物种共生而不利于稀有物种的生存。景观异质性也可理解为景观要素分布的不确定性。

（四）景观的尺度性原则

尺度是研究客体或过程的空间维和时间维，时空尺度的对应性、协调性和规律性是其重要特征。生态平衡与尺度性有着密切的联系，景观范围越大，自然界在动荡中表现出的与尺度有关的协调性越稳定。具体到景点设计，尺度性越发显现出来，比例协调、均衡，往往使景观、建筑与周围

环境相得益彰，《园冶》所说的“精在体宜”正反映了这一点。

（五）个性原则

景观的个性不同。在地域上，有的以山岳为主，有的以海洋为主。森林植被的地域性更加明显，北方和南方差别悬殊。规划时应根据自然规律创造出具有地方特色，个性鲜明的景观类型。

特色是一个民族在特定的历史特定的地区的反应。环境景观特色主要反映在当地的生活中，是指分布于某一地区而不能在其他地区出现的，不可替代的形象、形式。特色主要受环境区域分异规律的影响，易于在封闭环境中形成，保持特色传统。封闭打破互相模仿失去特色。

区域分异规律特征是地球表面最基本的特征。地球表面是一个不均匀的面层，由于太阳光照（能量）在地球表面分布不均，发生气温、气压、风向、温度、湿度等不同。

（六）生态、社会、经济三大效益相结合的原则

景观的开发不是孤立进行的，既要强调人与自然的和谐共生、天人合一，又要考虑到景观与周边社会环境、当地经济的密切联系，规划时必须科学地处理好三大效益的比例关系。应当遵循适应当地的原则、洗练的原则、背景的原则、首尾一贯的原则和顺应自然的原则。

二、行为心理

行为心理学在环境景观设计中的应用越来越受到人们的重视。环境景观设计离不开人的思维活动，因此设计师们研究人类的行为心理并充分将其运用于环境景观设计中是一项必不可少的任务环节。人类生存环境中存在着各种压力、不快和烦闷等密集而压抑的人为因素，当人们被这些不稳定的因素或政治经济局面所困扰时，就产生了对原始、自然的事物的向往，希望面对无伪装的自然环境，以得到心灵上的一种洗礼和释放，在与自然沟通中寻求自我精神世界。他们想改变环境，松弛和玩乐一下。在自然景观中举止、穿着随意，他们嚷嚷、玩耍、奔跑、漫步或思考，做任何他们在工作之余想做的事。这种环境下人们的举止没必要太正式，因为在这里等级和差别的感觉被削弱了，人们更接近真实的自我，在这种“情感

的归宿”中，人们可以触及自己的灵魂。

一个优秀的景观设计作品，无论是一个公园、广场还是居住区环境，除了构景美观与结合生态外，还应该认真考虑到使用者的行为心理。因为人类是体验景观环境的主体，一个景观作品的完成，最终是为了服务于人。脱离人类群体，一个再优秀的景观作品，犹如一个没有演出者的舞台，也就毫无意义！

景观环境在居住区中发挥着重要的作用，居民有一半的时间花费在居住区中，居住区环境景观质量直接影响到人们的心理、生理以及精神生活，因此，景观设计应建立在以人为本的原则基础上，为人类服务。

（一）居住区中居民户外活动类型

扬·盖尔在《交往与空间》一书中，将户外活动分为必要性活动、自发性活动和社会性活动（又称连锁性活动三种类型），并指出它们与户外物质环境质量存在正相关关系，户外物质环境质量的提高将大大促进自发性以及社会性活动的产生，而不理想的户外空间只能引发必要性活动。

1. 必要性活动

各种条件下都会发生的活动，必要性活动是指，如穿行、上学、上班、等候、购物等。经过分析，以发生必要性活动为主的居住区外部环境空间主要包括宅间绿地、回家通道、入户道路等区域。

2. 自发性活动

只有在适宜的户外条件下才会发生自发性活动，与必要性活动相比，它是另一类全然不同的活动，人们有参与的意愿，并且在时间、地点可能的情况下才会发生，如晨练、散步、驻足观景、休息闲坐、老人或母携儿童玩耍等。居住区自发性活动较多的发生地点是公共绿地。

3. 社会性活动

社会性活动指的是有赖于他人参与的各种活动，也称为被动式接触。包括室外社交、聊天交谈、儿童游戏、各种球类活动、下棋、朋友聚会等。社会性活动的发生地点较多是居住区公共绿地。

居住区环境景观设计应从人体工学、行为学以及使用者的需求出发，营造适宜居住的户外生活环境，通过设置健身区运动场、儿童游乐场、休闲广场以及小绿地等公共空间，满足人们驻足、小憩、玩耍的需求。

（二）行为心理的影响因素

影响居民行为的心理因素有以下四种：

1. 领域性

涉及范围内的行为发生，在使用上涉及产权问题。心理学家在对人生活习性的观察中得出领域空间的特征：领域空间是个人或一部分人所专有的空间。居住区的户外领域空间是指住宅楼外，居民在感觉上认为属于他们自己的空间。这种领域空间大致有三个层次：

第一层次是一户（或几户）居民专有的领域，如阳台、楼前小院等。

第二层次是居民的家居生活进一步向外延伸的空间，如住宅楼前或楼间的外部空间。

第三层次是离住宅楼有一定距离，但仍属于该组团的领域空间，如组团绿地。

领域性是人类的基本需求，居住区的领域空间对居民来说具有重要意义。它是居民进行正常交往活动的主要场所，关系到居民的安全感，可提高住宅的防卫能力。

2. 私密性

小区室外空间的变化处理，不仅要考虑到居民领域性的倾向，同时也要满足私密性的要求。和私密性相比，领域权是对特定地段的占有权，有长久性。而私密性却是一个情过境迁的暂时现象。追求私密性的人并非出于争取对空间的长期控制，而仅仅是在某时某地当某人需要出现的时候，设法取得并维持对某一满意环境为我所用的暂时控制。私密是整个人类都具有的一种基本需要，人们对户外空间同样有私密性要求。

3. 归属感

归属感是指对本社区地域和人群的喜爱、依恋等心理感受，如对住宅的位置、标志物等以及由此而产生的自豪感和其他特有的感情。

归属感是一种很基本的感情和需要，在心理上给人们以重要作用，引发人们对生活环境的亲切和归宿感。一个良好的环境，会给它的拥有者重要的感情庇护，人们因而能与外部环境相协调。

4. 个体空间距离

每个人都有自己的空间，当个人的空间与他人的空间相重叠时，我们就会感到不舒服。在进行社会交往时，人们总是随时调整自己与他人保持的距离。

艾德华.T.赫尔（EdwardT·Hall）提出了人在社会环境中具有四种距离。这四种距离又可进一步各自分为接近相和远方相。

密切距离：（0~0.45m）：是身体接触且可以握手的距离，是特定密切关系的人，才能使用的空间。

个体距离（0.45~1.20m）：可以看到对方细微的表情，是适合于友人交谈的空间。

社会距离（1.20~3.60m）：适合洽谈公务和各自办事不受干扰的空间。

公共距离（3.60~7.60m）：必须大声说话或动用姿势、表情才能看清，适合于演讲、演出时所用的空间。

归属感、个人空间距离以及领域性、私密性等心理因素影响居民的行为。除此之外，还要研究居民多层次的心理和行为，人的行为一直是不停地变化发展的，行为场所与人是一个动态的相互作用过程，因而要建立动态的观念。

（三）心理环境的创造及方法

1. 领域环境的创造

领域空间可以通过以下两个方法来创造：

（1）有比较明确的边界和服务对象。领域感来自空间的完整性，完整性是由其周围较为明显的边界造成的。边界分为实体性和心理性两种：

①实体性：围墙、绿化、道路、河流等。

②心理性：居民经常性的活动增强了场所的领域感，形成无形的边界。心理边界受社会和文化方面影响很大，但一般心理边界有赖于实体边界的支持。

（2）赋予室外空间明确的定义。可以通过设置所有权标志，如用树木、围墙、建筑立面等将环境分割成一系列让人一目了然的小区域。一般来说，在对空间进行积极围合的同时，容易产生消极空间。如两幢住宅楼背靠背所形成的空地就容易形成没有定义的消极空间，成为无人光顾的“死角”。变消极空间为积极空间的方法是赋予空间鲜明的定义：

①让小区道路穿过。

②开辟为专门活动场地。

小区绿地识别性的创造

城市形象的五个要素：道路、边界、标志、节点、区域，也同样适用于小区绿地。

（1）通过对这几个要素不同方式的组合，形成不同的识别性。在组团内设置大小、形状、内容各不相同的绿地。有的是带状树丛围绕叠石与流水，有的将各色各样的花坛布置在绿地中。

（2）对某一要素的重点使用，也可强调识别性，例如强调小品、绿化、喷泉，以此来产生强烈的识别性。

3. 私密环境的创造

私密空间可由以下两个方法来创造：

（1）对角落、转角等地方精心处理。角落、转角都是形成私密空间的地方，对这些地方应精心设计和处理。如设置一些坐憩设施，就能使之成为吸引人的去处。

（2）根据环境控制的概念，一空间到另一空间的过渡区具有较强的私密性，应充分利用。

对于心理环境的营造方法还有很多，除了以上所提到的几种外，还可以用不同的颜色、空间尺度的大小或不同的材质等方法去营造出适合不同人群所需的环境。在对居住区的景观设计的同时更应注重对适合老人及儿童的行为和心理的景观环境的营造。相对而言，他们在居住区的时间比上班族的青年人要多些，所以设计师在设计中应该多考虑到老人和儿童的行为和心理特征，营造出更具人性化的居住环境。

居住区景观环境作为服务居民的开放空间，应满足人们游憩、社交、公共活动的需求，使人们在景观中能够得到身体和心理的双重收益，实现视觉景观、自然生态和大众行为心理的完美融合。

（四）色彩的重要性

不同的色彩给人不同的心理感觉，也能营造出不同的生活情调，这是毋庸质疑的。红色是一种较具刺激性的颜色，它给人以燃烧感和挑逗感。但不宜接触过多，否则就容易使人产生焦虑和身心受压的情绪，容易产生疲劳。黄色是人出生最先看到的颜色，是一种象征健康的颜色，它之所以显得健康明亮，也因为它是光谱中最易被吸收的颜色。橙色能产生活力，诱发食欲，也是暖色系中的代表色彩，同样也是代表健康的色彩，它也含有成熟与幸福之意。绿色是一种令人感到稳重和舒适的色彩，所以绿色系很受人们欢迎。绿色还代表积极且充满青春活力。自然的绿色对昏厥、疲劳、恶心与消极情绪有一定的作用。粉红是温柔的最佳诠释，这种红与白混合的色彩，非常明朗而亮丽，粉红色意味着“似水柔情”。蓝色是一种令人产生遐想的色彩，是相当严肃的色彩。这种强烈的色彩，在某种程度上可隐藏其他色彩的缺失，是一种方便搭配的色彩。蓝色的环境也使人感到幽雅宁静。褐色是最容易搭配的颜色，它可以吸收任何颜色的光线，是一种安逸祥和的颜色，可以运用在家居中。黑色高贵并且可隐藏缺陷，它适合与白色、金色搭配，起到强调的作用，使白色、金色更为耀眼。灰色是一种极为随和的色彩，具有与任何颜色搭配的多样性，所以在色彩搭配不合适时，可以用灰色来调和，灰色可算是中间色的代表。白色会反射全部的光线，具有洁净和膨胀感，所以在居家布置时，如空间较小，可以白色为主，使空间增加宽敞感。

色彩是最具表现力和感染力的视觉要素。色彩不仅作用于人的感官，而且影响到整个人的生命机能和心理。色彩与形态紧密相关，但又在某种程度上比形态有更强的冲击力和吸引力，居住区景观中一切构成要素只要诉诸于视觉，那么它必定有色彩。因此居住区色彩是构成居住区景观的主要因素，也是改善住区环境功能的主要手段之一。如何才能塑造出和谐优美、独具特色的住区景观色彩形象，进一步提升住区品位，已越来越成为设计者关注的焦点。

1．色彩在居住区景观中发挥的作用

（1）物理作用

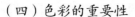

色彩的物理功能主要指色彩的光属性。不同的色彩对太阳辐射的吸收

是不同的，热吸收系数也是不同的。它和物体的材质有一定关系，物体表面的粗糙与光滑，物体固有色的冷暖都会影响到吸热与反光，与住区景观中建筑物的热工方面有关。例如在园林中建筑物的外墙墙面的色彩若选择不当，墙面温度高，使外墙产生伸缩变形，有时会使外墙粉刷面脱落而影响美观。另外，不同色彩对光的反射系数也不同。黄、白色等反射系数最高，浅蓝、淡绿等浅淡色彩次之，紫、黑色反射系数最小，因此在建筑外墙上采用高反射系数的色彩可以增加环境的亮度。

（2）生理、心理作用

色彩对于人的心理状态和情绪有较为明显的作用，不同的色彩给人的心理刺激也不同，它使人产生冷暖、轻重、膨胀与收缩、活泼与忧郁、兴奋与沉静、疲劳、联想等各种复杂的心理感受。色彩的心理作用是多种多样的，在设计色彩时不能忽视。

（3）识别作用

色彩的识别功能已经越来越广泛地被应用于现代园林景观设计中。个性突出的色彩总能最快、最久持留在我们的记忆中。园林景观中的构筑物或小品的色彩可以处理成标识或用来区分的手段，显示其不同的功能和用途。

（4）文化作用

色彩能通过物质现象反映出一个特定时期文化的性能，称为色彩的文脉性。这种文脉性表现在色彩的风格、式样、情趣等方面。色彩随着形式的不断发展，形成当时的文化潮流。后来的建筑色彩设计和施工继承了这种传统色彩，发展弘扬了色彩文化。

（5）美感作用

色彩作为一种造型语言在园林景观中发挥的最主要作用是产生视觉上的美感。协调而优美的色彩会引起视觉的兴奋，影响心理感受。在造型上，利用色彩可以调整比例、掩饰缺陷，突出形体自身的特点，起烘托作用。

2. 居住区景观色彩的构成元素及其设计的特殊性

居住区景观色彩主要由自然色彩和人工装饰色彩两类构成。居住区景观中的植物、水体、山石以及天空等，所生成的色彩都是自然色；居住建筑物、休闲广场、路面、小品等，都是人工产物，所生成的色彩都是人工色。自然色源自自然，人类对于自然界的天然色彩有一种天生的好感，它较人工色彩更为真实和有活力，也更能满足人类对回归自然的渴望。人工色往往很单一，但是它可以调配出各种色相、亮度和彩度，我们可以拥有任意的选择将其施用于建筑、小品和铺装上，它为景观色彩的营造提供了无限多种的可能性。

不同的景观类型所对应的色彩处理也不同，如城市广场的色彩一般凝重一些；商业区的色彩比较活跃；旅游区的色彩强调的则是和谐悦目，与其他景观类型相比，居住区的色彩，相对则素雅一些。从色彩面积来分析，居住区景观中大多是以绿色为基调色的，植物是园林景观中的主要造景元素，植物本身的色彩是主色彩，在色彩面积中占绝对优势。而建筑、小品、铺装、水体等景观元素的色彩则是作为点缀色而出现的。反之，以硬质铺装为主的广场和主要的休息活动场地（如：建筑、小品、铺装、水体等）所承载的色彩在园林景观色彩构成中起主要的作用，植物色彩则退居其次。只有掌握了不同园林景观的类型特点，在色彩设计中才能合理运用色彩学的基本原理，创造出和谐、优美的园林景观色彩。

3. 居住区景观色彩的设计原则

由于居住区景观色彩的构成元素较多，并且受自然、社会、历史、文化、职能定位等多种因素影响，因此居住区景观色彩的设计必须极为慎重，在色彩的处理上应遵循以下原则。

（1）整体和谐原则

居住区景观的建筑、道路、小品、树木、花草等具有各种各样的色彩。首先必须从整体上考虑，把这些色彩和谐地组合在一起，处理好人工色彩之间、人工色彩与自然色彩之间、单体内部、单体与环境的色彩关系，达到和谐统一。对居住区景观要确定一个统一的风格，注重主色调的选择，在不同的功能区中用一个或几个适当的辅助色调使居住区色彩有所变化，可以利用对比的艺术手法来处理功能区之间的色彩。色彩的分区要切合住区景观的空间结构特点，以形成美好的色彩组合，使其协调一致。

我国现有的居住区，不是色彩过于单调，就是各种色彩生硬地拼贴在一块，无系统规划，过于混乱。如很多住区的铺地材料，色彩各不相同，又不能自然地衔接。有的小区只考虑自身醒目突出，而不顾及与住区内建筑的关系，采用十分刺眼的色彩，从而造成色彩杂乱无章。

（2）尊重自然美原则

人类的色彩美感来自于大自然对人的陶冶。对人类来说，自然的原生色总是易于接受的，甚至是最美的。因此，住区景观的色彩要尽量突出自然色，特别是树木、草地、水体、甚至山石的自然色。自然的色彩搭配不仅能让居住者舒缓疲劳和压力，还能营造出一种回归自然的感觉。

（3）人性化原则

居住区景观色彩要符合居民的生理、心理和文化的特点，以人性为设计核心，与大众的审美情趣一致，关注人性和人的视觉心理，同时利用人的色彩视觉特点，如色彩的错觉、进退感等，来丰富居住区景观的色彩效果和造型层次。合理利用色彩的心理作用会使小区的色彩变得更为人性化，促进居民的身心健康。如考虑到儿童的视觉心理需求，在居住区景观中的儿童休闲活动区内可加入明度和纯度较高的色彩。老年人则喜欢安静、平和的感觉，故在老年人的活动区域内可加入一些调和，浅淡的色彩，营造氛围。

（4）文化的原则

优美的景观和浓郁的地域文化、地方美学有机统一，和谐共生。色彩除了具有自身的特性外，还具有文脉性，起着文化信息传递的作用，它通过物质现象反映出特定时期文化的性能。每个地域在发展过程中，都会因为社会和自然条件的原因，形成特殊的，并为本地居民所喜爱的色调。在居住区景观的建设中必须考虑色彩的地方性，顺应当地的气候环境，尊重人们的色彩喜好传统，注重本地历史文脉的延续和气候特点，用色彩来体现地域的风格和文化气质。北方景观的色彩明艳，南方景观的色彩淡雅。无论是何种风格的色彩组合都能体现并延续当地的历史文化。设计师们更应利用历史文化留下的色彩特色，珍视这些独特的色彩特质，来构造有个性的居住区。

居住区景观色彩是居住区景观构成的一个重要因素，它深刻影响着人们的环境感受。这在未来的居住区景观建设中应被高度重视，把景观色彩规划纳入现行的居住区规划中，进行系统、科学、统一的设计，创造个性突出、生动丰富的人居环境。

第二节　环境行为心理学在景观设计中的应用

环境是围绕着某种物体，并对物体的行为产生某些影响的外界事物。不同的学科对于环境有不同的定义。我们一般以人为考察对象，将人类以外的一切自然和社会的事物都看作环境因素。环境至少应包括时间和空间的思维要素。

人的心理或意识是指人们心中的思想感情，是感知、记忆、思维、意志、能力、性格等心里思想的总和，可分为认知过程、情感过程和意志过程三个方面。简单的说，就是人们心里的想法，包括感觉和情绪。人的心理活动极其隐蔽且复杂，用科学的方法来研究人们的心理活动规律，是心理学的任务。在高强度竞争的现代社会中，心理健康已成为我们对人们评价的重要准则。生态学的兴起，人性化的研究，也使人们越来越关注人的“心理变化”。

行为是人的心理反应，行动的目的和动机是为了满足人们的需求。行为科学是一门研究人类行为规律的综合性学科，重点研究和探讨在社会环境中人类行为产生的根本原因及行为规律。简单地说行为就是人们做的事情，包括思想、观察、谈话、走动等。行为是人们的社会结构意识支配的能动性活动，必然发生在一定的环境脉络中，并且在许多方面与外在的环境，包括自然的、人工的、文化的、心理的、物质的环境，有着良好的对应关系。动作是具体的，偏重于身体的生理活动，而行为是整体的，偏重于人们心理的和精神的活动。

一、环境行为心理学在园林景观空间布局中的应用

（一）私密性与开放性空间

私密性可以理解为个人对空间接近程度的选择性控制。人对私密空间的选择可以表现在三个方面：

1. 一个人独处；

2. 按照自己的愿望支配环境，如建立几个亲密相处的不受他人干扰的环境；

3. 个体在人群中不求闻达、隐姓埋名的倾向。

目前，设计师多采用围合的方式，不仅在私人别墅庭院，而且在城市街头绿地、居住区、城市广场上，创造出满足人们需求的全封闭和半封闭的私密性空间。在喧嚣、疲惫的大都市中，人们可以有一片属于自己的清静之地，可以在其中读书、静坐、交谈、私语。对于开放空间的设计形式就更为简单，如在城市广场上设置冠荫树；公园草坪要尽量开放，但不能一览无余，还要有遮阳避雨的场所；居住区绿地中要尽量选择观赏价值较高的观叶、观花、观果等植物品种。这些设计思路都能够创造更多适于人的大范围活动的空间。

（二）安全性与稳定性空间

在个人化的空间环境中，人需要能够占有和控制一定的空间领域。心理学家认为，领域不仅提供相对的安全感与便利的沟通，更能够体现占有者的身份与对所占领域的权利象征。园林景观设计应该尊重人的这种个人空间，使人获得稳定感和安全感。如庭院围墙的内侧种植一些茂密的爬墙植物，既增加了围墙的厚实感，又不易攀爬；再如私人庭院里常常运用绿色屏障与其他庭院分割，既实现了各自区域的空间限制，又对家人起到暗示安全感的作用，从而使人获得领域感。

（三）实用性空间与宜人性空间

在许多园林景观中都有一些经济实用的空间，如果树园、草药园、科普园、专类园等。在这些特殊的空间中，能够增加人们学习和认识大自然的机会，使参与者获得满足感和充实感。另外，园林景观中也存在许多实用性场所，如冠荫树下的树坛能够提供人休息；草坪开放能够让人在其中活动；设计花园和园艺设施使游人可以动手参与园艺活动；用灌木作绿篱可把大场地细分为小功能区，既能挡风、降低噪音，隐藏不雅的景致，形成视觉控制，同时也能使人们近距离地，欣赏植物的姿态。在现代社会里，园林景观不仅仅局限于经济实用功能，还必须满足人的审美和情感的心理需求。人的行为心理学表明，色彩，质感，各种景观元素的搭配能够让人在无意识的审美感觉中调节情绪，陶冶情操。抓住人的这些微妙的心理审美过程，对创造一个符合人行为需求的场所至关重要。

二、环境行为心理学

在园林植物配置中的应用植物配置是园林景观设计中重要的元素之一，行为心理学也在园林景观植物配置中得到充分地体现。

（一）序列性有序的植物景观意象是整个环境意象的框架。这在道路景观中体现颇多，园林道路应该明确其贯通性，有强烈的引导性，使人有方向感，形式上或曲或直，或平或崎，即使是在迂回的通幽小径也有明显的规律性，向人们暗示前方别有洞天，吸引人们前进。

（二）边界性园林中的边界包括园林与外部环境之间以及园林内部不同区域之间的分界线，利用植物可形成不同的边界意象。边界有虚隔和实隔之分，虚隔如草坪与游路边界用球形灌木有机散植，形成相对模糊的边界，起到空间界定作用，但不过分阻隔人与自然的亲近；实隔通常用成排密实整形的绿篱对边界进行围合，创造出两个不能跨越的空间，有效地引导人流，实现空间转换。

（三）标志是一种具有显著特征，易于发现的定向参照物。人们对标志的环境意象是十分敏感和兴奋的。植物作为标志性的景观往往采用孤植树构成视觉焦点，此类植物要具有形体美、色彩美、质地美、季相变化美等特质，观赏价值极高，特别引人入胜。在建筑物前、桥头等位置的孤植树，具有提示性的标志作用，使游人在心理上产生明确的空间归属意识。通过标志一些具有历史纪念意义的古树名木，构成园林中的特有的精神特征和文化内涵，使其成为全园的标志。

环境景观空间如同我们自身的一种表达方式，它不是抽象的概念。我们要着眼于人和环境的关系，也要关注环境如何更理想地充当人际关系的媒介方式。

第三节　景观设计的要素和基本方法研究

景观设计是指通过对环境的设计使人与自然相互协调，和谐共存。它是大工业时代的产物，是科学与艺术的结晶，融合了工程和艺术、自然与人文科学的精髓，创造一个高品质的生活居住环境，帮助人们塑造一种新的生活意识，这是社会发展的趋势。

一、景观的视觉美的含义：外在——人眼中的景象

景观设计，实际上也就是创造城市。景观作为视觉审美对象的含义，经历了一些微妙的变化。第一个变化来源于文艺复兴时期对乡村土地的贪欲，即景观作为城市的延伸；其二则来源于工业革命中后期对城市的恐惧和憎恶，即景观作为对工业城市的对抗。

景观作为城市的延伸和附属，人们最早注意到的景观是城市本身，景观的视野随后从城市扩展到了乡村，使乡村也成为景观。文艺复兴之前的欧洲封建领主制度将人束缚在君权之下，人被束缚在土地之中，大自然充满神秘和恐怖。且大自然又为人类生活之母，对土地的眷恋和依赖使得人如母亲襁褓之中的婴儿。城市资本主义的兴起使人从土地中解放出来，土地的价值从生活和生存所必须的使用价值，转变成为可以交换的商品和资源，人与土地第一次分离而成为城里人。新兴的城市贵族通过强大的资本勾画其理想的城市，同时不断地向乡村扩展，将其作为城市的附属。1420年前后的透视原理，使理想城市的模式成为一个完全由几何、数学构成的围有围墙的图案。几何中心是一个大的开放空间，被行政建筑所包围。有国王的宫殿，法院的大楼，主教堂，监狱，财务大楼和军事中心。这样的理想城市是为行政办公及法律公正而设立的，是为了城市生活而设计的，是纯粹理想化的。理想城市模式与文艺复兴时期的绘画一样，遵循了严格的比例关系和美学原则。而景观作为城市的延伸，也被同样的审美标准来

设计和建造，因此有了以凡尔塞为代表的巴洛克造园。

景观作为城市的逃避景观是视觉美的含义的第二个转变，源于工业化带来的城市环境的恶化。工业化是文艺复兴的成果，但是从19世纪下半叶开始，欧洲和美国各大城市的环境极度恶化。城市作为文明和高雅的形象被彻底破坏。反而成为了丑陋和恐怖的场所，而自然原野和田园成为了逃避的场所。因此。作为审美对象的景观也从欣赏和赞美城市，转向爱恋和保护田园。因此才有以Olmsted为代表的景观设计师的出现和景观设计学的诞生。

二、景观的栖息地含义：内在——人的生活体验

景观是人与人、人与自然关系在大地上的烙印。每一景观都是人类居住的家。中国古代山水画把可居性作为画境和意境的最高标准。所谓的“山水有可行者，有可望者，有可居者，有可游者——但可行可望不如可居可游之为得”（郭熙、郭思《林泉高致》）。无论是作画还是赏画，实质上都是一种卜居的过程。这也是是场所概念（place）的深层含义。这便又回到哲学家海得歌尔的栖居概念。栖居的过程实际上与自然的力量与过程相互作用，取得和谐的过程。大地上的景观是人类为了生存和生活而对自然的适应、改造和创造的结果。同时，栖居的过程也是建立在人与人和谐相处的过程。

景观是内在人的生活体验。景观作为人生活的地方，把具体的人和具体的场所联系在一起。景观是由场所构成的，而场所的结构又是通过景观来表达的。与时间和空间的概念一样，场所是无处不在的，人离不开场所，场所是人于地球和宇宙中的立足之处，场所使无变为有，使抽象变具体，是人在冥冥之中有了一个认识和把握外界空间和认识及定位自己的出发点和终点。

三、景观作为系统的含义：科学、客观的解读

在一个景观系统中，存在着三个层次的生态关系：

第一是景观与外部系统的关系，如哈尼族村寨的核心生态流是水。哀

劳山中，山有多高，水有多深，高海拔将南太平洋的暖湿气流截而为雨，在被灌溉，饮用和洗涤利用之后，流到干热的红河谷地，而后蒸腾、蒸发回大气，经降雨又回到本景观之中，从而有了经久不衰的元阳梯田和山上茂密的丛林，这是全球及区域生态系统科学研究的对象。根据Lovelock的盖娅理论，大地本来是一个生命体：地表、空气、海洋和地下水等通过各种生物的物理的和化学的过程，维持地球上的生命。

第二是景观内部各个元素之间的生态关系，即水平生态过程。来自大气的雨、雾，经过村寨上丛林的截流、涵养，成为终年不断的涓涓细流，最先被引入寨中人所共饮的蓄水池，再流经家家户户门前的洗涤池，汇入寨中和寨边的池塘，那里是耕牛沐浴和养鱼的场所，最后富含养分的水流被引入寨子下方的层层梯田，灌溉着他们的主要作物——水稻。这种水平生态过程，包括水流、物种流、营养流与景观空间格局的关系，正是景观生态学的主要研究对象。

第三是生态关系。即存在于人类与其环境之间的物质、营养及能量的关系，这是人类生态学所要讨论的。社会、文化、政治性以及心理因素使得人与人、人与自然的关系变得十分复杂，已远非人类生态本身所能解决，因此必须借助社会学、文化生态、心理学、行为学等学科对景观进行研究。城市景观作为一个生态系统，几乎包含了上诉所有生态过程，成为城市生态学的研究对象。

四、景观作为符号的含义：人类理想和历史的书

人类是符号动物，景观是一个符号传播的媒体，是有含义的，它记载着一个地方的历史，包括自然和社会历史；讲述着动人的故事，包括美丽的或者是凄惨的故事；讲述着土地的归属，也讲述着人与土地，人与人，以及人与社会的关系，因此行万里路，如读万卷书。

这本书是由符号和语言写成的，景观具有语言的所有特征，它包含着话语中的单词和构成——图案、结构、材料、形态和功能。所有景观都是由这些组成的。如同单词的含义一样，景观组成的含义是潜在的，只有在上下文中才能显示。景观语言也有方言，它可以是实用的，也可以是诗

意的。海得歌尔把语言比喻成人们栖居的房子。景观语言是人类最早的语言，是人类文字及数字语言的源泉。“河出图，洛出书”固然是一个神话传说，但它却生动地说明了中国文字与数字起源对自然景观中自然物及现象的观察和启示的过程。同文字语言一样，景观语言可以用来说、读和书写，为了生存和生活如吃、住、行、求偶和生殖，人类发明了景观语言，何文字语言一样，景观语言是社会的产物，是为了交流信息和情感的，同时也是为了庇护和隔离的，景观语言所表达的含义只能部分地为外来者所读懂，而有很大部分只能为自己族群的人所共享，从而在交流中维护了族群内部的认同感，而有效地抵御外来者的攻击。

景观中的基本名词是石头、水、植物、动物和人工构筑物，它们的形态、颜色、线条和质地在空间上的不同组合，便构成了句子、文章和充满意味的书。一本关于自然的书，关于这个地方的书，以及关于景观中人的书。当然，读者要读懂就必须要有相应的知识和文化。不同的社会文化背景的人，如同上下文关系中的景观语言一样，是有多重含义的，这都是因为人是符号的动物，而景观符号，是人类文化和理想的载体。

五、景观设计所涵盖的领域

景观设计具有广泛的领域，大到国土与区域，小到庭院，甚至室内的绿色空间设计，从纯自然的生态保护和恢复，到城市中心地段的空间设计，都是景观设计多涵盖的领域。

（一）城镇规划

景观设计师很早就开始担当城市物质空间的规划角色，城镇规划是城市空间的中心规划。城镇规划是针对城市与乡镇的规划与设计。规划者运用区域规划技术与法规、常规规划、概念规划、土地使用研究和其他方法来确定城市地域内的布局与组织。城镇规划也涉及“城市设计”内容，如广场、街道景观等开放空间与公共空间的发展。

（二）场地和社区规划

环境设计是景观设计专业的核心问题。涉及居住区、商业、工业、各机构的室内空间以及公共空间等室外空间的细部设计。它把场地作为艺术研究的对象来看待，综合平衡室内与室外的软、硬表面，建筑物与植物的材料选择以及灌溉、栽培等基础设施建设和详细的构筑物的规划说明与准备等。

场地规划以某一地块内的建筑和自然元素的协调与安排为基础，场地规划项目涉及单幢建筑的土地设计、办公区公园设计、购物中心或整个居住社区的地块设计等。从更大的职业范围讲，基地设计还包括基地内自然元素与人工元素的秩序性、效率性、审美性以及生态等敏感性的组织与整合。其中，基地的自然环境包括地形、植物、水系、野生动物和气候。敏感性的设计有利于减少环境压力与消耗，从而提高基地的价值。

（三）景观规划

区域景观规划对于很多景观设计师来讲是个逐渐扩展的实践领域。它随着过去一年来公众环境意识的觉醒而发展。它融合了环境规划与景观设计。在这个领域，景观设计师针对土地与流域的规划、管理等全部范围，包括自然资源调查、环境压力状况分析、视觉分析和岸线管理等。

（四）公园与休闲区规划

公园与休闲区规划包括创造与改造城市、乡村、郊区的公园与休闲地带。同时发展成为更大范围的自然环境规划。如国家公园规划、郊野规划、野生动物保护地规划等。

（五）土地发展规划

土地发展规划包括大范围与多区域的未发展土地的规划和小面积的城市、乡村和历史地段的基地设计。同时在政策规划与个体发展计划之间建立沟通的桥梁。在这一领域，景观设计师需要掌握房地产经济及其发展组织过程的知识，同时还应理解土地开发与发展的客观限制条件。

（六）旅游和休闲地规划

基地的历史性保护与复兴如公园、私家花园、场地、滨水区和湿地等。它涉及基地相对稳定状态的维持与保护、作为历史重要地段的局部地块的保护、地段的历史记忆与质量的恢复以及在新的使用目的下地段的发展与更新。

六、景观设计的拓展

随着全球化趋势，景观设计的形式与内涵也在不断地变化。要使景观的发展跨越障碍，实现可持续，要求景观设计作出相应的拓展，首先应该是观念上的拓展：

（一）生态设计观

生态设计观念或结合自然的设计观念，已被设计者和研究者倡导了很长时间，随着全球化带来的环境价值共享和高科技的工具支持，生态设计观必然有进一步的发展，可以将其概括为是不仅考虑人如何有效利用自然的可再生能源，而且将设计作为完善大自然能量大循环的一个手段，充分体现地域自然生态的特征和运行机制，尊重地域自然地理特征，设计中尽量避免对地形构造和地表机理的破坏，尤其是注意继承和保护地域传统中因自然地理特征而形成的特色景观。从生命意义角度去开拓设计思路，既完善了人的生命，也尊重了自然的生命，体现了生命优于物质的主题。通过设计来重新认识和保护人类赖以生存的自然环境，建构更好的生态伦理。

（二）人性设计观

全球化是人类推动的，人类是世界的主体，是技术的掌握者、文化的继承者、自然的维护者。景观设计观念拓展重要的一方面即是完善人的生命意义，超越功能意义设计，进入到人性化设计。具体包括：以人为本，设计中处处体现对人的关注和尊重，使期望的环境行为模式获得使用者的认同；呼应现代人性意义，对人类生活空间与大自然的融合表示更多的支持；与人类的多样性和发展性相符合，肯定形式的变化和内涵的多义性。

（三）多元设计观

多元的景观发展要求景观设计强化地方性和多样性，充分保留地域文化特色的景观，以此来丰富全球景观资源。其观念具体包括：根据地域中社会文化的构成脉络和特征，寻找地域传统的景观体现和发展机制；以演进发展的观点来看待地域的文化传统，将地域传统中最具有活力的部分与景观现实及未来发展相结合，使之获得持续的价值和生命力；打破封闭的地域概念，结合全球文明的最新成果，用最新的技术和信息手段来诠释和再现古老文化的精神内涵；力求反映更深的文化内涵与实质，弃绝标签式的符号表达。

七、功能

植被的功能包括视觉功能和非视觉功能。非视觉功能指植被改善气候、保护物种的功能；植被的视觉功能指植被在审美上的功能是否能使人感到心旷神怡。通过视觉功能可以实现空间分割，形成构筑物，景观装饰等功能。

GaryO. Robinette在其著作《植物、人和环境品质》中将植被的功能分为四大方面：建筑功能、工程功能、调节气候功能、美学功能。

建筑功能：界定空间、遮景、提供私密性空间和创造系列景观等，简言之，即空间造型功能。

工程功能：防止眩光、水土流失、噪音及交通视线诱导。

调节气候功能：遮荫、防风、调节温度和影响雨水的汇流等。

美学功能：强调主景、框景及美化其他设计元素，使其作为景观焦点或背景。另外，利用植被的色彩、质地等特点还可以形成小范围的特色，以提高景观的识别性，使景观更加人性化。

八、其他事项

与景观道路、广场有关的绿化形式有：中心绿岛、回车岛、行道树、花钵、花树坛、树阵等。最好的绿化效果，应该是林荫夹道。郊区大面积绿化，行道树可和两旁绿化种植结合在一起，自由进出，不按间距灵活种植，营造路在林中走的意境。这不妨称之为夹景。一定距离在局部稍作浓密布置，形成阻隔，是障景。障点使人有“山重水复疑无路，柳暗花明又一村”的感觉。城市绿地要多多种绿化形式，才能减少人为的破坏。在车行道路，绿化的布置要符合行车视距、转弯半径等要求。特别是不要沿路边种植浓密树丛，以防人穿行时刹车不及。

要考虑把“绿”引伸到道路、广场，相互交叉渗透，最为理想。使用点状路面，如旱汀步、间隔铺砌；使用空心砌块，目前使用最多是植草砖。波兰有种空心砖，可使绿地占铺砌面2/3以上。在道路、广场中嵌入花钵、花树坛、树阵。设计好的道路，常浅埋于绿地之内，隐藏于绿丛之中。尤其是山麓边坡外，景观中的道路一经暴露便会留下道道横行痕迹，极不美观，因此设计者往往要求路比“绿”低，但不一定是比“土”低。由此带来的是汇水问题，在单边式道路两侧，距路1米左右的地方安排很浅的明沟，降雨时汇水泻入的雨水口，天晴时乃是草地的一种起伏变化。城市道路的绿化与道路的性质相关有很大不同，如高速公路、高架路、景观大道、步行街等。

（一）道路设计

这里所说的道路，是指景观绿地中的道路、广场等各种铺装地坪。它是景观设计中不可缺少的构成要素，是景观的骨架、网络。景观道路的规划布置，往往反映不同的景观面貌和风格。例如，我国苏州古典园林，讲究峰回路转，曲折迂回，而西欧古典园林凡尔赛宫，讲究平面几何形状。

景观道路和多数城市道路的不同之处，在于除了组织交通、运输之外，还有其景观上要求如组织游览线路；提供休息地面。景观道路、广场的铺装、线型、色彩等本身也是景观一部分。总之，当人们到景区之后，沿路可以休息观景，景观道路本身也成为观赏对象。

（二）景观道路分类

一般景观道路分为三种：

1. 主要道路。贯通整个景观，必须考虑通行、生产、救护、消防、游览车辆。宽7–8米。

2. 次要道路。沟通景区内各景点、建筑，通轻型车辆及人力车。宽3–4米。

如林荫道、滨江道和各种广场。

3. 休闲小径、健康步道。双人行走1.2–1.5米，单人0.6–1.0米。

健康步道是近年来最为流行的足底按摩健身方式。通过行走卵石路上按摩足底穴位既达到健身目的，同时又不失为一个好的景观。

（三）景观道路线型

规划中的景观道路，有自由、曲线的方式，也有规则、直线的方式，形成两种不同的景观风格。当采用一种方式为主的同时，可以用另一种方式补充。仔细观察，上海杨浦公园整体是自然式的，而入口一段是规则式的；复兴公园则相反，雁荡路、毛毡大花坛是规则式，而后面的山石瀑布是自然式的。这样相互补充也无不当。不管采取什么式样，景观道路忌讳断头路、回头路。除非有一个明显的终点景观和建筑。

景观道路并不是对着中轴，两边平行，一成不变的，景观道路可以是不对称的。最典型例子是上海的浦东世纪大道：100米的路幅，中心线向南移了10米，北侧人行道宽44米，种了6排行道树。南侧人行道宽24米，种了两排行道树；人行道的宽度加起来是车行道的两倍多。

地面铺装和植被设计有一个共同的地方即交通视线诱导（包括人流、车流）。无论是运用何种素材进行景观设计，首要的目的是满足设计的使用功能。地面铺装和植被设计在手法上表现为构图，但其目的是方便使用者，提高对环境的识别性。在明晰设计的目标后，可以放心地探讨地面铺装的作用、类型和手法。

（四）考虑因素

一般的道路铺装，通常采用块料——砂、石、木、预制品等面层，砂土基层即属该类型的景观道路。这是上可透气，下可渗水的“园林——生态——环保”道路。采用这种道路有很多优点，符合绿地生态要求，可透气渗水，极有利于树木的生长，同时减少沟渠外排水量，增加地下水补充，与景观相协调。自然、野趣、少留人工痕迹。尤其是郊区人工森林这种类型绿地，粗犷一些并无不当。新建的景观，往往因地形变更，土方工程使部分、甚至大部分道路、广场处于新填土之上。景观的绿地建设是一个长期过程，要不断补充完善。这种路面铺装适于分期建设，甚至临时放个过路沟管，抬高局部路面也极容易。不必如刚性路面那样开肠剖肚。是我国园林传统做法的继承和延伸。景观绿地除建设期间外，道路车流频率不高，重型车也不多。

（五）注意事项

块料路面的铺砌要注意几点：广场内同一空间，道路同一走向，用一种式样的铺装。几个不同地方不同的铺砌组成一个整体，达到统一中求变化的目的。实际上，这是以景观道路的铺装来表达道路的不同性质、用途和区域。

一种类型铺装内，可用不同大小、材质和拼装方式的块料来组成，例如，主要干道、交通性强的地方，要牢固、平坦、防滑、耐磨，线条简洁大方，便于施工和管理。用同一种石料，变化大小或拼砌方法。小径、小空间、休闲林荫道，可丰富多彩一些，如我国古典园林。要深入研究道路所在其他的景观要素的特征，以创造富于特色、脍炙人口的铺装来。例如，杭州的竹径通幽，苏州五峰仙馆与鹤所间的仙鹤图与环境融洽一体，诗情画意。明朝的计成在《园冶》中对此早有论述“惟所堂广厦中，铺一慨磨砖，如路径盘蹊，长砌多般乱石，中庭式宜叠胜，近砌亦可回文，八角嵌方选鹅子铺成蜀锦。”

块料的大小、形状，除了要与环境、空间相协调，还要适于自由曲折的线型铺砌，这是施工简易的关键。表面粗细适度，粗要可行儿童车，走高跟鞋，细不致雨天滑倒跌伤。块料尺寸模数，要与路面宽度相协调；使用不同材质块料拼砌，色彩、质感、形状等，对比要强烈。块料路面的边缘，损坏往往从这里开始。要加固。

园路是否放侧石，要依实而议定。

1. 看使用清扫机械是否需要有靠边；

2. 使用砌块拼砌后，边缘是否整齐；

3. 侧石是否可起到加固园路边缘的目的；

4园路两侧绿地是否高出路面，在绿化尚未成型时，须以侧石防止水土冲刷。

路面建议采用自然材质块料。接近自然，朴实无华，价廉物美，经久耐用。甚至于旧料、废料略经加工也可利用为宝。日本有种路面是散铺粗砂，我国过去也有煤屑路面；碎大理石花岗岩板也广为使用，石屑更是常用填料。如今拆房的旧砖瓦，何尝不是传统园路的好材料。

（六）地面铺装的作用

为了适应地面高频度的使用，避免雨天泥泞难走，给使用者提供适当范围的坚固的活动空间。通过布局和图案引导人行流线。

（七）地面铺装的类型

根据铺装的材质可以分为：

1. 沥青路面；多用于城市道路、国道。

2. 混凝土路面；多用于城市道路、国道。

3. 卵石嵌砌路面；多用于各种公园、广场。

4. 砖砌铺装；用于城市道路、小区道路的人行道、广场。

七、水体设计

一个城市会因山而有势，因水而显灵。为表现自然，水体设计是造园最主要的因素之一。不论哪一种类型的景观，水都是最富有生气的因素，无水不活。喜水是人类的天性。水体设计是景观设计的重点和难点。水的形态多样，千变万化。

八、运用原则

景观的设计应该首先注重实用，同时其所设置的环境也是人们户外活动的场所，所以应该以适合、适用为原则。各项设施、设备应该以满足使用者的需求，在符合人性化的尺度下，提供合宜的设施和设备，并考虑外观美，以增加环境视觉美的趣味。必须要了解设施物的实质特征（如大小、质量、材料、生活距离等）、美学特征（大小、造型、颜色、质感）以及机能特征（品质影响及使用机能），并预期不同的设施设计及组合、造型配置后所能形成的品质和感觉，确定发挥其潜能。

另外，设计中还必须考虑到设施景观的安全性，以防止它们被盗或遭到破坏，大型的运动设施应建造必要的围护。对于小型的设施应该把它们牢固地安装在地面或者墙上，保证所有的装配构件都没有被移动、拆卸的可能。

九、景观设计方法

景观设计是多项工程配合，相互协调的综合设计，就其复杂性来讲，需要考虑交通、水电、园林、市政、建筑等各个技术领域。只有了解掌握各种法则法规，才能在具体的设计中运用好各种景观设计要素，安排好项目中每一地块的用途，设计出符合土地使用性质的、满足客户需要的、比较适用的方案。景观设计一般以建筑为硬件，以绿化为软件，以水景为网络，以小品为节点，采用各种专业技术手段辅助实施设计方案。

从设计方法或设计阶段上讲，大概的有以下几个方面：

（一）构思

构思是景观设计最重要的部分，也可以说是景观设计的最初阶段。从学科发展方面和国内外景观实践领域来看，景观设计的含义相差甚大。一般都认为景观设计是关于如何合理安排和使用土地，解决土地、人类、城市和土地上的一切生命的安全与健康以及可持续发展的问题。它涉及区域、新城镇、邻里和社区规划设计，公园和游憩规划，交通规划，校园规划设计，景观改造和修复，遗产保护，花园设计，疗养及其他特殊用途区域等很多的领域。从目前国内很多的实践活动或学科发展来看，着重于具体的项目本身的环境设计，这就是狭义上的景观设计。但是这两种观点并不相互冲突。

综上所述，无论是土地的合理使用，还是一个狭义的景观设计方案，构思都是十分重要的。构思是景观规划设计前的准备工作，是景观设计不可缺少的一个环节。构思首先要满足其使用功能，充分为地块的使用者创造、安排出满意的空间场所，又要考虑不破坏当地的生态环境，尽量减少项目对周围生态环境的干扰。

（二）构图

构图对整个景观设计起着主导作用。对景可以分为直接对景和间接对景。直接对景是视觉最容易发现的景，如道路尽端的亭台、花架等，一目了然；间接对景不一定在道路的轴线上或行走的路线上，其布置的位置往往有所隐蔽或偏移，给人以惊异或若隐若现之感。

（三）借景

借景也是景观设计常用的手法。通过建筑的空间组合，或建筑本身的设计手法，将远处的景致借用过来。大到皇家园林，小至街头小品，空间都是有限的。在横向或纵向上要让人扩展视觉和联想，才可以小见大，最重要的办法便是借景。所以古人计成在《园冶》中指出，“园林巧于因借”。借景有远借、邻借、仰借、俯借、应时而借之分。借远方的山，叫远借；借邻近的大树叫邻借；借空中的飞鸟，叫仰借；借池塘中的鱼，叫俯借；借四季的花或其他自然景象，叫应时而借。如苏州拙政园，全面可以从多个角度看到几百米以外的北寺塔，这种借景的手法可以丰富景观的空间层次，给人极目远眺、身心放松的感觉。

（四）添景与障景

当一个景观在远方，或自然的山，或人为的建筑，如没有其他景观在中间、近处作过渡，就会显得虚空而没有层次；如果在中间、近处有小品、乔木作中间、近处的过渡景，景色显得有层次美，这中间的小品和近处的乔木，便叫做添景。如当人们站在北京颐和园昆明湖南岸的垂柳下观赏万寿山远景时，万寿山因为有倒挂的柳丝作为装饰而生动起来。

“佳则收之，俗则屏之”是我国古代造园的手法之一，在现代景观设计中，也常常采用这样的思路和手法。隔景是将好的景致收入到景观中，将乱差的地方用树木、墙体遮挡起来。障景是直接采取截断行进路线或逼迫其改变方向的办法用实体来完成。

（五）引导与示意

引导的手法是多种多样的。采用的材质有水体、铺地等很多元素。如公园的水体，水流时大时小，时宽时窄，将游人引导到公园的中心。示意的手法包括明示和暗示。明示指采用文字说明的形式如路标、指示牌等小品的形式。暗示可以通过地面铺装、树木等有规律布置的形式指引方向和去处，给人以身随景移“柳暗花明又一村”的感觉。

（六）渗透和延伸

在景观设计中，景区之间并没有十分明显的界限，而是你中有我，我中有你，渐而变之，使景物融为一体，景观的延伸常引起视觉的扩展。如用铺地的方法，将墙体的材料使用到地面上，将室内的材料使用到室外，互为延伸，产生连续不断的效果。渗透和延伸经常采用草坪、铺地等的延伸、渗透，起到连接空间的作用，给人在不知不觉中景物已发生变化的感觉。在心理感受上不会“戛然而止”，给人良好的空间体验。

（七）尺度与比例

景观设计的尺度依据人们在建筑外部空间的行为，人们的空间行为是确定空间尺度的主要依据。如学校的教学楼前的广场或开阔空地，尺度不宜太大，也不宜过于局促。太大了，学生或教师使用、停留会感觉过于空旷，没有氛围；过于局促会使得人们在其中会觉得过于拥挤，失去一定的私密性。因此，无论是广场、花园或绿地，都应该依据其功能和使用对象确定其尺度和比例。合适的尺度和比例会给人以美的感受，不合适的尺度和比例则会让人感觉不协调。以人的活动为目的确定尺度和比例才能让人感到舒适、亲切。

许多书籍资料都有描述具体的尺度、比例，但最好是从实践中把握感受。如果不在实践中体会，不在亲自运用的过程中加以把握，那么是无论如何也不能真正掌握合适的比例和尺度的。比例有两个度向，一是人与空间的比例，二是物与空间的比例。在其中一个庭院空间中安放点景的山石，应该照顾到人对山石的视觉，把握距离以及空间与山石的体量比值。太小，不足以成为视点；太大，又变成累赘。总之，尺度和比例的控制，单从图画方面去考虑是不够的，综合分析、现场感觉才是最佳的方法。

（八）质感与肌理

景观设计的质感与肌理主要体现在植被和铺地方面。不同的材质通过不同的手法可以表现出不同的质感与肌理效果。如花岗石的坚硬和粗糙，大理石的纹理和细腻，草坪的柔软，树木的挺拔，水体的轻盈。这些不同材料加以运用，有条理地加以变化，将使景观富有更深的内涵和趣味。

（九）节奏与韵律

节奏与韵律是景观设计中常用的手法。在景观的处理上，节奏包括：铺地中材料有规律的变化，灯具、树木排列中以相同间隔的安排，花坛座椅的均匀分布等。韵律是节奏的深化。如临水栏杆设计成波浪式一起一伏，很有韵律，整个台地都用弧线来装饰，不同弧线产生向心的韵律来获得人们的赞同。

以上是景观设计中常采用的一些手法，但它们是相互联系，综合运用的，不能截然分开。只有了解这些方法，并加上更多的专业设计实践，才能很好地将这些设计手法熟记于胸，灵活运用。

（十）景观设计的终极目标

景观设计是科学与艺术的结晶，融合了工程和艺术、自然与人文科学的精髓，创造一个高品质的生活居住环境，帮助人们塑造一种新的生活意识，是社会发展的趋势。它的最终目的是在人与人之间、人与自然之间创造和谐。在景观设计中要注意的是，人的需求应该放在景观设计的第一位；利用自然条件展现特色，保护和发展历史文化特色；着眼于长远，克服急功近利思想。

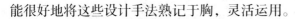

第四节　园林景观设计的表现技法

园林景观设计是根据设计师的思维定向，由浅析到深探、由粗糙到细腻地将一系列设计环节层层相扣、加以整合后所形成的能够在视觉上给人以美好、身心上使人愉悦的综合统一体。然而，面对当今社会文化多样性及需求多元化的层层压力，单纯地以个人审美意识为主导的唯美主义景观设计已不能再与高速发展的认知学说相融合，这就要求设计师从各个阶段着手，理顺思维、看清形势，认真分析设计任务、表现内容、表达方法，以期在常规的设计手法中融入自我创新，使景观设计最终实现人性化、美观化、实用化。以下结合常德市常长福邸居住区景观设计方案的形成过程，进一步探讨园林设计各阶段的表达技法。

一、园林景观设计流程及特点

一个设计项目从最初生成到最终实现，必须全面考虑整个项目的基本联系和各要素间的相互影响，并在不断磨合的设计过程中实现功能最优化。因此，明确园林设计各阶段中的主要任务、内容、目标、特点、方法对于促进下一阶段工作的展开尤为重要。

园林景观的设计阶段可以分为场地分析阶段、方案形成阶段、正式方案阶段、初步设计阶段、施工图设计阶段等。

（一）场地分析阶段

对每一块场地，都有一种理想的用途；对每一种用途，都有一块理想的场地。对场地情况的深入剖析是项目设计的重中之重，是设计师开启灵感之门的钥匙，是确立设计的主题思想与功能用途的必经阶段。事实证明，没有经过场地分析而凭空创造的景观设计是不可思议的。

场地分析阶段是通过多次反复的现场调查，利用测量图纸及其他相关数据，图像采集等方法准确掌握场地、场地与周围区域的关系。

常德常长福邸居住区的场地资料是通过实地调研、甲方提供部分数据资料整合后的结果。其中除对常规的交通、人流量、自然环境、区位环境等进行分析总结外，重点分析了当地的人文特色，融入了场所情感，并将“福的起承转合”作为主轴线植入下一步设计阶段中。

（二）方案形成阶段

设计方案必须不断调整以使负面影响减至最小，并充分表现那些希望得到的特征。场地分析进行到一定程度时，设计构思及概念已经基本形成，此时方案中的点、线、面分割尚未形成细部的、确定的尺寸。通过不断清晰的设计主题逐步勾勒出平面布局、确定元素符号、完善功能结构、落实设计目标和设计任务等工作。这一阶段主要采用草图绘制和拼接各种零碎的局部景观设计灵感为主。

常长福邸居住区景观设计分上下两层次进行，即上部的屋顶花园布局与下部的地面空间划分，结合设计主题运用连贯性强的流线型符号划分空间、组织交通，并通过对长沙地区的几个优秀楼盘景观设计的现场考察，拍摄了优秀的设计意向图、拟定了文字说明、绘制了大量方案草图等方法来表现主要内容。

（三）正式方案阶段

景观设计方案的具体化必须在多个阶段中进行，不断地变动、修正和改进是不可避免的。正式方案阶段的主要任务是对前期的方案构思进行尺度上的把握、整体布局上的优化、细节上的考虑，包括平面布置、交通分析、景观结构、视线分析、功能分区等方面进行相应的调整与改变。

在这一阶段中，设计师必须充分认识到设计方案与场地环境是否协调，环境参与者是否愿意直接参与体验并能理解设计思想，此时，设计师可通过电脑软件根据合理尺寸绘制空间图形、制作空间三维视频，以旁观者或使用者的身份感受空间协调性和适用性，此外，还可通过模型制作或效果图绘制等方式进行观察。

常长福邸居住区在正式方案阶段进行了大量的效果图草图绘制，不断从立体空间视图的角度寻求人与环境的平衡，包括道路、水体、材质、设施、意境、植被、构筑物等，形成了以“起——门迎百福（开始）”、

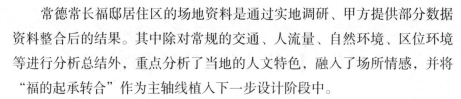

“承——红梅启福（过渡）”、“转——五福和合（高潮）”、“合——福寿连连（收尾）”的四个节点，体现小区的文化和精神，由静起始，转为动态变化，归为静，最终形成一个完整的景观序列。

（四）初步设计阶段

初步设计阶段是使整套设计方案的创意构思及功能形式具体化、详细化、现实化的过程，主要通过一系列相关图纸的绘制使正式方案阶段的内容得到落实。

（五）施工图设计阶段

施工图阶段是景观设计方案实现从理论化到物质化的必经阶段，设计师必须通过图纸比对、现场测量、施工监督、细节变更、材料选置等环节反复推敲才能达到合理建设。

常长福邸居住区景观设计的施工图部分是由专业施工团队制作的，这也正反映了时下大部分景观设计师只懂设计不会施工，而施工设计师只能绘制施工图而不能自行调整设计方案的现实问题。

二、从阶段性设计问题着手，剖析园林设计的表达方法

景观设计是对土地的分析、规划、改造、管理、保护、恢复的科学和艺术，是对土地的全面设计，是人与自然关系的协调，是人如何利用土地的问题。景观设计的任务和表现内容不是一成不变的，只有在常规基础上不断挖掘更深层次的精神内涵才能使设计拥有灵魂，才能在方案最终实现时使体验者与其产生共鸣。一项设计方案的实施必须经过反复研究、成图、汇报、修改才能几近完美，但是如此繁琐的过程也造成了一定程度的损耗，如场地分析阶段空间因素的制约；方案设计阶段资料不足、设计无从下手、图纸冗杂；施工图设计阶段图纸效果与现实不符、大量图纸变更等现象。如何直观、准确、高效地表达设计内容、体现设计意图必须从多方面着手，探究出更加适合现代园林景观设计的表达方法。

（一）提高对设计方案的宏观掌控能力，一切构思来源必须基于对场地精神与地域文化的探索，在各项理论的支持下，简化地、概念性地勾勒出方案的大体走向。

（二）抽象元素的提炼通常情况下需要繁复的细节推敲。点、线、面等基本要素的组合、重组更能体现景观设计的形式美。

对设计师绘画功底的要求应当是较为严格的，只有快速、形象的表现出设计意图才能节省搜集意向资料所浪费的相对时间。当然，景观素材搜集、施工图设计、方案可行性研究、现场勘查、图纸绘制、数据分析、色彩搭配、施工进度、土方开填挖、结构分析、材料选用、最终方案的实现都是必不可少的部分。

第九章
西方园林景观设计的探索

第一节　西方现代景观设计的产生

自19世纪中叶始，一直到20世纪20年代初，是西方现代景观设计的探索时期，资本主义大工业革命诱发出现代景观的艺术和科学两条线索。艺术和科学始终是20世纪西方景观设计发展的主体，只是表现在不同的设计作品中，二者的比重不一。较小尺度的景观设计更侧重艺术的发展和创新，而较大尺度的景观规划设计更侧重科学的分析和实践。

一、现代景观科学的探索

1857年奥姆斯特德与弗克斯设计的纽约中央公园开始了美国城市公园运动。19世纪60年代奥姆斯特德与约翰·缪赫等人提出需要保护一些重要景观的思想，并创立了美国第一个国家公园——约斯迈特公园。20世纪初，小奥姆斯特德和谢克里夫在哈佛大学创建第一个景观设计专业。此外，在19世纪后半叶还出现了将城市公园、公园大道与城市中心连接成一个整体的公园系统的思想。面向市民的城市公园要求在功能使用、行为与心理、环境及技术等众多方面形成更为综合的理论与方法，使城市公园成为真正意义上的大众景观。

二、现代景观艺术的探索

19世纪公园与花园在欧美很多城市中大量出现，以兼收并蓄的折衷主义混杂风格为主，设计风格及创造性上流于贫乏。真正意义上的景观艺术的探索是20世纪初西方新艺术运动及其引发的现代主义浪潮。新艺术引导欧洲艺术放弃写实性走向抽象性，这一艺术倾向对建筑领域的影响要比景观设计大。当时只有很少的一些庭院可以称得上是具有新艺术精神的，而且这些设计大多数是维也纳分离派（Viennese Secession）建筑师的手笔。在1925年巴黎举办的现代艺术装饰展览会（Expositiondes Arts Decocratifsin

Paris）上，建筑师安德烈·韦拉（Andre Vern）和雕刻家保尔·韦拉（Pul Vera）的设计体现了几何艺术装饰的特点。设计师埃瑞克安（Gabriel Guevrekian）设计的“光与水的庭院”，通过完整地吸收立体主义构图思想，在全面革新景观设计的空间概念上迈出了可喜的一步。法国20年代兴起的艺术装饰庭院，尽管存在的时间很短，最终也没有形成一股强大的潮流与稳定的风格，但是这一现代景观的雏形对其后的景观设计的影响也是不容忽视的。美国现代主义景观引路人斯蒂尔（Fletcher Steele）从中受到很大的启发，在美国也进行了一系列实验性创作，这些思想与作品对其后一代现代主义设计师有着深远的影响。

三、“现代主义”景观设计的广泛应用

20世纪20年代中期至60年代中期，虽然现代景观在各国表现不尽相同，但是它们具有较统一的“现代主义”思想：对由工业社会、场所和内容所创造的整体环境的理性探求。反对模仿传统的模式。追求的是空间，而不是图案和式样。

从20世纪20年代中期开始，以法国前卫园林为代表的现代景观逐渐开始走上历史舞台，促使西方现代景观产生和风格形成。1938年英国的唐纳德（Chritopher Tunnard）完成的《现代景观中的园林》（Gardenin Modern Landscape）提出了功能的、移情的和美学的设计理念。真正推动现代主义景观理论前进的，是20世纪30年代就读于哈佛的年青设计师埃克博（Garrett Eckbo）、凯利和罗斯（James Rose）三人在《笔触》（Pencil Points）和《建筑实录》（Architecture Record）等专业期刊上，发表了一系列开创性的论文，强调人的需要、自然环境条件及两者相结合的重要性，提出了功能主义的设计理论。

二战后的西方社会经济处于萧条期。20世纪20～30年代美国的“大萧条”迫使家庭庭院的设计更加经济，对“加州花园”的形成起到了促进作用。其中丘奇的优美设计、埃克博的民主景观和凯利的实用主义设计引起了人们对现代景观的兴趣，但这种应用在美国当时还不能称作改革，而是一种进化（Peter Walker）。

20世纪50～60年代美国社会经济进入一个全盛发展的时期，欧洲社会经济也开始复苏并稳定发展，促进景观设计事业迅速发展和设计领域不断扩展。在城市更新、国家交通系统和城市、郊区居住环境建设诸多领域中的“现代主义”景观理论在大量实践中得以丰富和完善。

“现代主义”景观经历了从产生、发展到壮大的过程，但是它并没有表现为一种单一的模式。从欧洲到美洲，这些实践造就了西方现代景观第一代和第二代设计师，他们结合各国的传统和现实，形成了不同的流派和风格。

四、现代之后的景观设计

20世纪60年代末、70年代初，经济繁荣下的社会无节制发展，使人们对自身的生存环境和人类文化价值的危机感日益加重，在经历了现代主义初期对环境和历史的忽略之后，传统价值观重新回到社会，环境保护和历史保护成为普遍的意识。现代景观进入了一个现代主义之后的多元发展时期，一方面表现为对人类环境反思的“生态主义潮流”，另一方面是对现代主义进行反思和反驳。

（一）生态主义潮流

麦克哈格的生态主义思想是整个西方社会环境保护运动在景观设计中的折射。他1969年所著的《设计结合自然》一书，提出了综合性生态规划理论，诠释了景观、工程、科学和开发之间的关系。80年代早期，理查德·福尔曼（Richard Forman）和米切尔·戈登（Michel Godron）合作完成了《景观生态学》（Landscape Ecology）。整个80年代是生物学家和地理学家和规划设计师紧密合作的年代。

同时，西方景观界也注意到了科学设计的局限性。首先，由于片面强调科学性，景观设计的艺术感染力日渐下降；其次，鉴于人类认识的局限性，设计的科学性并不能得到切实保证。因此，生态设计向艺术回归的呼声日益高涨，一些后工业景观的设计应运而生。

（二）经典不再和多重取向

从60年代开始，经济的、社会的和文化的危机动荡促使景观设计进入了反思和转变的时期，一些被现代主义忽略的东西，其价值也被重新认识，现代景观在原有的基础上不断地进行调整、修正、补充和更新。功能至上的思想受到质疑，艺术、装饰、形式又得到重视。传统园林的价值重新得到尊重，古典的风格也可以被接受。设计的思想更加广阔，手法更加多样，现代景观朝向多元化方向发展。

五、现代景观的新含义

（一）景观作为视觉审美对象，在空间上物我分离，表达了人与自然的关系、人对土地、人对城市的态度，也反映了人的理想和欲望。

（二）景观作为生活其中的栖息地，是体验的空间。人在空间中的定位和对场所的认同，使景观与人物我一体。

（三）景观作为系统，物我彻底分离，使景观成为科学客观的解读对象。

（四）景观作为符号，是人类历史与理想，人与自然、人与人相互作用与关系在大地上的烙印。因而，景观是审美的、体验的、科学的、有含义的。

六、现代艺术对景观设计的启迪

（一）景观审美的新内涵

1. 审美价值多元化

形式和功能的审美价值观作为景观审美主流贯串了整个20世纪，但在不同的历史发展阶段，尤其是20世纪下半期，还充斥着很多其他的价值观，从而构成了上一世纪审美价值观的多元化。

2. 审美情趣个性化

在当代，追求个性表达具有广泛的哲学文化基础。西方哲学中非理性思潮的泛滥，使“尊重个性、肯定个人价值”的呼声日益高涨，这种思潮在景观设计领域的反映，就是表现自我，弘扬个性。

七、科学与技术对景观设计的影响

（一）理性、科学的景观设计

西方现代景观设计的理性精神，既包含了推崇演绎逻辑、讲究概念明晰和数理秩序的古典理性，也包含了从经验主义发展而来、建立在现代实用主义基础上的理性主义成分。在本体论层次上，它以现代科学精神为指导，强调景观的物质性；在认识论层次上，它关心经验支持，坚持科学性，反对不可知论；在方法论层次上，它讲究逻辑推理方法，反对主观与随意性；同时，它把社会进步作为景观设计的最高价值。这些理性精神，集中反映在它功能理性和技术理性等方面。

（二）景观设计的范式

1. 空间与功能

现代建筑的理性思想无疑对现代景观的产生和发展起到了促进作用，为现代建筑的自由平面和流动空间提供了一个再思考景观的价值模式的机会。1932年纽约现代艺术馆举办的“国际风格”建筑展览提出了现代建筑的基本原则，六年以后，被J·C罗斯借用作为现代景观设计的特点：对空间的意识以及对古典中轴的抛弃。在建筑思想的推动下，空间成为现代景观设计思想的主要因素。与传统园林相比，现代景观设计第一次将对物质空间的追求摆到首要的位置上。构成现代主义探索基础的，正是对于寻找一种新的空间形式的兴趣。现代景观设计师在设计中也不再局限于景观本身，而将室外空间作为建筑空间的延伸，促使室内外空间的流动和融合。唐纳德在1942年提出，现代庭院尝试用空间流动取代功能空间的分割，并提高其可用性。现代设计师认识到有植物环境和建筑围合的空间与形式本身同样重要。

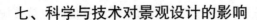

凯利的米勒花园的设计是这一思想的体现。类似的作品还有哈普林在1958年设计的麦克英瑞特花园、埃克博的“城市小花园”等等。一些理论家更对外部空间这一“虚”的概念从理性的角度进行了“实”化，如日本的芦原义信借助现代心理学等理论对外部空间进行了分析和归纳，提出D/H比、外部空间模数等量化概念和理论。现代景观的目的是满足现代社会的大众使用要求，这是它有别于传统园林的功能主义目标。虽然为各种各样的目的而设计，但景观设计最终是为了人类的使用而创造外部空间。从奥姆斯特德的纽约中央公园开始，无论是斯德哥尔摩的公园系统或是德国的城市公园，还是哈普林的参与理论，都体现了这种功能主义的思想。功能理性成为20世纪景观设计的主潮之一。

2. 生态规划与设计

生态主义基于科学的考虑，在西方现代景观设计中占有重要的地位。19世纪末资本主义的工业大发展，使城市环境受到威胁，一些设计师本着社会责任感，意识到生态保护在景观设计中必须得到重视，从而走上景观设计生态主义的探索道路，20世纪50～70年代，生态主义一度成为景观设计的主潮。

（1）自然式设计。景观生态设计的探索自然式设计提倡向自然学习，其研究方向有两方面：其一是依附城市的自然脉络，通过开放空间系统的设计将自然引入城市；其二是建立自然景观分类系统作为自然式设计的形式参照系。

（2）保护、恢复性设计。景观生态设计的系统化、科学化保护性设计的积极意义在于它率先将生态学研究与景观设计紧紧联系到一起。麦克哈格的《设计结合自然》一书，提出了综合性生态规划思想，开创了景观生态设计的科学时代。书中肯定了自然作用对景观的创造性，认为人类只有充分认识自然作用并参与其中才能对自然施加良性影响，推崇科学而非艺术的设计，强调依靠全面的生态资料解析过程获得合理的设计方案，强调科学家与设计人员的合作的重要性。

20世纪60年代以来，随着环境污染日益严重，出于对潜在的环境危机的担忧，生态设计开始转向更为现实的课题——恢复因人类过度利用而污染严重的废弃地。恢复性设计是贯彻一种生态与可持续的设计思想，促进维持自然系统必需的基本生态过程，恢复场地自然性的一种整体主义方法。

八、景观设计与神秘主义

在舒尔茨的眼里，场所所具有的超越意义包含在场所聚集的“秩序”、“事物”、“特征”和“光线”之中，它们分别对应于天堂、人世、人类和神灵（刘先觉）。这种思想包含着浓厚的神秘色彩。“神秘主义”哲学是指那些建立在某种体验之上的思想和学说。“神秘主义”根据体验者的经历而得到不同的指称和解释，这种不寻常的体验往往给体验者以极大的激发、启示、信心和灵感，由此创造出精神上的新东西。神秘主义的景观设计都不同程度地借助于古老哲学的解释，如玄学、禅宗等，或是对材料进行特别的组织、加工，从而获得某种超自然的效果。

九、景观设计与叙事

叙事作为一种文学手段，被广泛用于戏剧、电视、电影等再现艺术的创作和分析中。语言学转向的现代哲学将叙事引入广义的方法论范畴，构成历史叙事、科学叙事、自然叙事等叙事类型。西方景观设计师常将叙事体现在隐喻、象征等手法中，另外对故事构成景观的叙事也有一些探索。就广义叙事而言，一个有意味的场所通常具有叙事性。

十、景观与符号学

（一）关于符号学

符号学肇始于20世纪初索绪尔创立的日内瓦语言学派，恩斯特·卡西尔在他的基础上发展了符号学。卡西尔认为人是符号的动物。人有超越自然世界的一面，那就是文化的世界。人类的全部文化都是人自身以他自己“符号化”的活动所创作出来的“产品”，而它们内在的相互联系构成了一个人类文化的有机的整体（卡西尔，1985）。文化是通过人造符号与符号系统得以在时间与空间传递的，同时，人也不断地以“符号活动”的方式创造与发展着文化。因此，一切文化形式，当然也包括景观，既是符号活动的现实化，又是人的本质的对象化。景观符号学的分析正是基于这一哲学基础，从符号学理论延展开来的还有结构主义、解构主义理论。

（二）景观符号的类型及组成要素

1. 在图形范畴，景观符号可以分为三种类型：图像符号（Icon）、指示符号（Index）和象征符号（Symbol）（张晓菲，2002）。图像符号被视为直接意指的符号，只是复现了形象的部分视觉信息，图形则利用不同形象之间的关系建构信息与含义，观者在信息解读中再建符号的意义；指示符号所指的对象与符号之间具有时空上的关联，人们通过指示符号辨识符号的指涉，它简略的图示具有直观的特性，它是群体视界约定的结果，如门指示“通过”、墙指示“围合”等；象征符号被视作含蓄的表意符号，是被赋予内涵的。它所指涉的对象与符号之间有性质上的相似性，但无形上的相似性，是群体思维同化的结果。

2．景观符号组成要素包括两个方面，一是它的形式（能指），另一个是它的意义（所指）。“能指”与“所指”之间的关系没有因果可循。符号正是通过它的形式或形式的组合表征着某种意义。当代心理学的发展，也愈来愈具体地证实了人对景观信息的把握，必定要以以往的经验为背景，这以往的经验便是符号系统及其意义。视觉艺术是景观的一个重要组成方面，任何视觉符号都有一定的文化内涵，体现在一定的情感结构中。图形解读是发现图形意义的过程，并且发生在受众和图形的互动之际。当受众以其文化经验去理解图形中的符码和符号时，它也包含了一些对此图形的个性的理解，不同文化背景和经验背景对于同一图形可能会产生不同的意义解读。任何语意都只在一定范围内被理解，只有符合特定背景的符号才能被接受。视觉符号的象征性不仅在形式上使人产生视觉联想，更重要的是它能唤起人们的思索、联想，进而产生移情，达到情感的共鸣，景观也因而更具有意义。

十一、结构主义理论在景观设计中的应用

（一）关于结构主义

哲学上的结构主义是一种以形式主义符号学为方法，以探寻对象内在结构为目的的科学主义思潮。结构主义具有如下特征：

1．强调对对象的整体性研究，把研究重点放在符号系统的各要素的关系上，而不是要素的本质上。

2．认为深层结构重于表层结构，无意识地支配着人类一切活动的内在组织和关系。结构具有三个特征，即整体性、转换性和自调性。

3. 强调共时性，忽视历史性。认为结构是自足的、封闭的，要把握结构及其意义，只需研究共时性中系统内的要素关系，而不必诉诸“与结构无关”的历史因素。

4. 符号学研究手法。常将对象加以符号化，并通过分解、定位和重组，构成一种能够显示对象功能和结构的符号系统，从而实现形式化、模型化、公式化的研究。

结构主义设计理论，是当代影响颇为广泛的设计思潮，后现代、晚期现代和解构主义均不同程度地受到它的影响。在结构主义设计理论影响下，景观设计师注目于人类生存环境的各种复杂关系。他们认为，在任何具体环境中，离开事物的相互关系，抽象地界定单一因素的作用是毫无意义的。结构远比功能更为重要。

把一个地方转变为具有特定性格与意义的存在空间，使之变成体验人类的希望与生存意义的环境，比仅仅满足人类的物质功能要求更为重要。因此，他们企图透过事物的表层结构，去发现隐含于事物内部的深层结构，强调要素对系统的依存性，强调整体大于要素集合之和。从结构到形式的完全复古主义是伪文脉。仅仅靠形式的文脉如后现代主义，其表现是浅层次的，表面化的。而依靠符号结构则是生命力强大的，深层的。

西方现代景观的产生和发展，有深刻的社会经济原因，涉及绘画、雕塑、建筑等其他艺术领域，范围也相当广泛。深刻影响着全世界现代景观设计领域的发展。

第二节　英国的景观设计

一、英国景观的历史

英国是个具有悠久造园传统的国家，英国最初的景观设计行为可以追溯到公元前3000年的不列颠先民的活动。如果以园林景观特征来认识英国近代以前的园林景观演变，大体可归纳为三个阶段：

（一）公元5世纪中期到公元11世纪初，盎格鲁——萨克逊人统治不列颠，盎格鲁——萨克逊人的农业模式为英国乡村景观的发展提供了基本模型。至此英国园林始终保持着自然景观的状态。这一阶段，可以说是英国造园史上第一次自然主义时期。

（二）公元11世纪后，诺曼人征服了英国，出现了在城堡中建庭院的形式，庭院的布局形式是规则式的。而到了16世纪，农业与贸易进一步发展，上层阶级将发展得很成熟的意大利、法国规则式庭院设计也移植到本土。这种规则式园林景观风格在英国延续了两个世纪。

（三）17世纪末，体现君主集中制思想的规则式庭院的审美趣味遭到抛弃，转而追求一种体现自然趣味的审美倾向。18世纪初英国开始进入造园史上第二次自然主义时期。

我们可以看到在这相当长的一段时期内，英国园林景观发展主要是受到社会结构、人种混合以及外来文化的影响而产生的。正是因为这样，英国社会才形成了多元的价值观和文化，而在这样一个环境的熏陶下，英国的园林才能更体现人类在自然界和人造社会的冲突中对于环境、对于美的主导意志，能反映大多数人在这种冲突中的价值取向，所以之后它才得以引导工业革命以来世界城市和各种私家园林的发展，这应该就是研究英国园林的主要意义所在。

进入18世纪，英国造园艺术开始追求自然，有意模仿克洛德和罗莎的风景画。到了18世纪中叶，新的造园艺术成熟，叫做自然风致园。全英国的园林都改变了面貌，几何式的格局没有了，再也不搞笔直的林荫道、绿色雕刻、图案式植坛、平台和修筑得整整齐齐的池子了。花园就是一片天然牧场的样子，以草地为主，生长着自然形态的老树，有曲折的小河和池塘。18世纪下半叶，浪漫主义渐渐兴起，在中国造园艺术的影响下，英国造园家不满足于自然风致园过于平淡的特点，追求更多的曲折、更深的层次、更浓郁的诗情画意，对原来的牧场景色加工多了一些，自然风致园发展成为图画式园林，具有了更浪漫的气质。有些园林甚至保存或制造废墟、荒坟、残垒、断碣等，以造成强烈的伤感气氛和时光流逝的悲剧性。

18世纪英国园林的发展主要经历了以下3个时期。

（一）"庄园园林化"时期

英国学派园林的第一个阶段（18世纪20年代至80年代），造园艺术对自然美的追求，集中体现为一种"庄园园林化"风格。

（二）"画意式园林"时期

就在勃朗把自然风致园林洁净化、简练化，把庄园牧场化的时候，随着18世纪中叶浪漫主义在欧洲艺术领域中的风行，出现了以钱伯斯（William Chambers，1722～1796）为代表的画意式自然风致园林。

（三）"园艺派"时期

英国学派的成功是将英国式自然风致园林的影响渗透到整个西方园林界。在这一过程中，具有现代色彩的职业造园家逐渐成为一个专门和固定的职业。同时也使得造园艺术逐渐受到商业利益的控制和驱使。

这是英国自然式园林发展的重要时期，不过用不着过多赘述，因为到了19世纪40年代，英国已基本完成工业革命，人们的生活发生了翻天覆地的变化。伴随而来的城市化浪潮使园林的发展遇到新的挑战，尤其是在这个过程中产生了更能适应社会发展和人们生活的新建筑主义，人们生活的空间已经大大改变。因此在这个时期内，建筑家对园林的发展有着很重要的推动作用。

建筑家对建筑式庭园很重视，它不是从公园开始的，也不是从贵族们的私人庭园开始的，而是从城市小住宅及其庭园开始的，并逐渐流行起来。正像艺术家带来了风景式庭园的模式那样，建筑家带来了建筑式庭园。

伴随而来的是人们对风景式园林和庭院式园林的争执。1892年，建筑家布卢姆菲尔德出版了《英国规则园（The Formal Gardenin England）》为题的袖珍本。首先他大胆地对风景式庭园发表意见，说它趣味不正，是不合逻辑的，他提出疑问说，在配置庭园时，应将庭园造得与建筑物匹配呢？还是要撇开建筑物来考虑呢？另外，他对造园家模仿自然的基本原理加以攻击，他问道："任何自然是否都是真实的东西？与庭园相关的自然性究竟是什么？"根据他的学说，风景式庭园仍然是人工的东西。其实，就自然的真实性和人们驾驭自然的能力来说，修剪的树木和森林树木是一样的，也是自然性的。风景式造园家为了使自然的景观得以展开，都将它背向建筑物。而在1890年，建筑家们对布卢姆菲尔德展开了猛烈的攻击。同年，布卢姆菲尔德在其著作再版时，加进了带议论性的序言，公开了他对艺术的见解，这种见解超越了他过去的见解，着重阐明了他的主张。在布卢姆菲尔德的反对者中，最突出的是造园家罗宾逊（William-Robinson）。他起而反击，写了两篇有关庭园设计和建筑式庭园的论文，指出使用修剪树木或造型来达到与建筑物相协调的做法是粗野的。建筑家不是专业的造园师，他们更倾向于建筑与自然的结合方式，而不是园林本身。不过这也是当今园林以及城市园林建设的核心问题。现在，人们已经不刻意讨论园林的自然性与人工性的矛盾与冲突。任何一个崭新的社会生产方式都完全可能改变人们的生活规律和生存空间，不论是建筑师还是造园师都要在新的一片天空下为人们争取更美好的生活环境。随着后工业时代的来临，社会经济基础发生了巨变，作为上层建筑的一部分，园林形式也随之变化。而在20世纪的英国，城市人口急剧增加，城市范围逐步拓展，各种问题不断涌现。为减轻城市人生理和心理上受到的负面影响，英国传统的自然风景园林被作为环境清新剂引入到城市中。这个时期是现代园林发展的起步阶段，也涌现了大量的代表性人物。

唐纳德（1910～1979）在英国学习园艺和建筑结构时提出了"现代景观中的园林"，强调改变传统风景园的性质以同现代生活相适应。唐纳德倡导现代景观设计的三个方面：功能的、移情的、美学的。1942年康纳德发表了文章《现代住宅的现代园林》（《Modern Gardensfor Modern House》，文中去掉了《现代景观中的园林》中欧洲园林的部分。他提出，景观设计师必须理解现代生活和现代建筑，抛弃所有的陈规老套。在园林中要创造三维的流动空间，为了创造这种本特利树林动性，需要打破园林中场地之间的严格划分，运用隔断和能透过视线的种植来达到。书中还提到园林中使用的一些新材料，如玻璃，耐风雨侵蚀的胶合板和混凝土。

杰里科学习建筑学，并主持了很多园林设计，在园林界享有盛誉，后被册封为爵士以表彰其在园林设计领域的突出贡献。对杰里科来说，设计与其环境背景之间的关系一直是最为重要的。无论是什么地方的项目，他总能探索出该地的场所精神，并将其清晰地定义下来。在唐纳德和杰里科的园林建设中，我们看到了基于现代人的园林建设思想，这只是现代园林建设思想的一部分。后来，园林的建设已不再拘泥于一个花园，一个庭院，而上升到了城市园林这个大的层面上来，而且也在不断地发展和进步之中。

英伦三岛基本上为高低起伏的丘陵，为大西洋海洋性气候带，虽在高纬度，但受大洋暖流影响，使得四季冷凉而湿润。由于阴霾、大雾的天气居多，人们渴望阳光明媚的好天气出现，因此英格兰和苏格兰民族在园林设计中就形成了崇尚自然的理念，远处片片疏林草地，近观成片野花，曲折的小径环绕在丘陵间，木屋陋舍点缀其中，没有更多的人工雕琢之气。伦敦园为典型之作。

二、英国景观设计元素的特点

（一）植物：不采用人工整形的植物，几何图或螺旋图样式不引入草坪和花坛。建筑物前种植大片美丽草坪，常在草地上设置不规则的花坛，以各种鲜花密植在一起，花期，颜色和株形均经过仔细的搭配。周围种植成片花卉树木，也注意其高矮搭配，冠型姿态和四季的变化。增加玻璃温室，种植从世界各地采集的名木异卉和奇花异草。常用花卉有杜鹃，蔷薇，月季，郁金香，水仙类，风信子类，金盏菊、雏菊，万寿菊，熏衣草。

（二）水体：多为蜿蜒曲折的河流，模仿天然水体，人工水面创造出近似于自然水系的效果。没有驳岸，草坡很自然地以一个优美的角度伸入湖中。水岸为自然曲折的倾斜坡地，湖边多为疏林草地并种植姿态优美的植物伸入湖面。

（三）铺装与道路：铺地多采用老旧的颜色，粗糙的饰面层，无明显的线条分割。鲜有笔直的林荫大道，只有草地中的小道与掩盖在林中的高低起伏的曲折弧形小路。不通其他景物的园路，在森林、奇岩、断崖、废墟或大建筑处终止。材质主要以小块料的天然深色石材如小石子，鹅卵石，透水砖为主。

（四）建筑小品：多为哥特式的小建筑和模仿中世纪风格的废墟、残迹；喜用茅屋，村舍，山洞和瀑布等具有野性的景观，设计形式都比较简单。在道路转角处、广场前设置青铜雕塑，形式多为人物或动物。

（五）地形塑造：保留天然地貌或人造微小的丘陵地形，一般高度不大，仿自然界中的起伏变化地势，大片的草坡树丛沿着自然的地形起伏，形成景观层次。

（六）材质与色彩：采用天然材质，颜色陈旧，一般为深灰，土黄，砖红，原木色。采用文化石，鹅卵石，麻石，小块料石材，木材等，旨在接近真正的大自然。

通过对英国园林景观的粗略认识，我们可以清晰地看到园林发展的变化，而且直到现在园林景观建设依旧在研究发展之中，不断会有新思想、新材料、新技术融入到其中，当然也会有极端的完全回到古典时期的和其他各种各样的思想存在，而在这些新老交替，百家争鸣的争执和矛盾中，不变的是人们对美好的生活环境的向往，而园林景观，就是这种向往的真实载体。

第三节 德国的景观设计

德国位于欧洲中部，面积约35万平方公里，近8200万的人口中只有5%的人从事农业生产，经济发达，重工业占重要地位。德国拥有广袤的森林、河流，整体的景观给人的印象比较严谨，突出功能性，他们在保护与合理利用资源的同时，更尊重生态环境。德国的景观历程主要分为了四个阶段。

第一个阶段是18世纪到19世纪。这个时期的德国仍然处于神圣罗马帝国的范畴。神圣罗马帝国全称为德意志民族神圣罗马帝国或日耳曼民族神圣罗马帝国，是962年至1806年在西欧和中欧的一个封建帝国。早期是拥有实际权力的皇帝统治的国家，中世纪时演变成承认皇帝为最高权威的公国、侯国、宗教贵族领地和帝国自由城市的政治联合体。神圣罗马帝国后期并没有明确的首都，而是以一种联邦制的形态出现，随着地方势力的不断增强，中央集权衰弱，形成了许多的邦国。帝国的皇帝继位不仅要受教皇的干涉，而且也要得到本国七大选侯的首肯。这七大选侯，每人都有一大块封地，并且在封地享有独立的行政权、司法权、财政权等等，俨然成为一个个独立的小王国。这个制度于1356年神圣罗马帝国皇帝查理四世在位时确立，并写在加盖黄金印玺的诏书上，这就是历史上的“黄金诏书”也叫“金玺诏书”。当时只想通过这来限制教皇的权利，没想到作茧自缚，从法律上埋下了国家分裂的隐患。而历史上，神圣罗马帝国的若干城市都因为与皇权的关系而得以发展，如亚琛（皇帝加冕地）、雷根斯堡（帝国议会所在地）与纽伦堡（皇室宝物保管地）。综合以上，德国许多城市的中心都有几十公顷乃至几百公顷的园林。

同时间的欧洲其他国家已经纷纷经历革命进入资本主义社会，经济、文化、政治都有了进一步的发展。为了适应形势，维护封建专制统治，各诸侯都以开明君主自居，鼓励发展工商业。随着经济的发展，各地区的联系日益加强，神圣罗马帝国四分五裂的政治局面成为阻碍经济发展的障碍。要求统一的呼声开始出现。19世纪（1870年）普鲁士完成了德国的统一。战争从某种角度而言是促进文化发展与交融的引擎。腓特烈二世在不断的战争中将外国先进的文化与艺术带入普鲁士，同时与英国的交好在一定程度上也促进了英国自然风景园在德国地区的发展。而腓特烈二世自身也是一个热爱艺术与建筑的皇帝，他主持建造了无忧宫，在他统治下，文化出版得以传播，社会上出版了大量的园林理论书籍，建造了大量的园林。

德国的景观在世界大战前，伴随着现代主义运动，青年风格派、德意志制造联盟、包豪斯纷纷产生并发展于德国（第二阶段），而世界大战之后，德国遭受极大地破坏，许多城市70%以上被摧毁，更为严峻的是，大量设计领域的精英移民国外，严重阻碍了设计领域的进一步发展。

战后不久，联邦德国就通过“联邦园林展”的方式恢复重建德国的城市与园林（第三阶段）。伴随着公园的出现与大众的参与，联邦园林展的举办成为可能。1809年比利时举办了欧洲第一次大型园艺展，从此形成了园林展览的初步概念。1907年，曼海姆市建城300周年，举办了大型国际艺术与园林展览。1951年，在汉诺威举行了第一届联邦园林展，成为德国大中型城市新建公园的起点。园林展大多为70公顷左右，联邦园林展在审批上需要经历长时间的审核，需要提前十年申报，并保证城市文物古迹不会因为园林展的建设而遭到破坏，并形成积极的公共游憩空间。联邦园林展不仅能为城市保留或新建大片的绿地，更在经济上促进了第三产业的发展。除了由大城市承办联邦园林展，各个州也会定期举办小型园林展，使小城市也可以通过园林展来建造公园。

联邦园林展在风格与意识上也展现了一定的阶段性变化。20世纪50年代至60年代的园林展还仅仅着重于设计一个公园环境，游人成了完全被动的观赏者，草坪不能践踏，公园也没有活动娱乐空间。观赏差不多是唯一的作用。但同时，这样的公园环境也成为治疗战争创伤的动力。1955年卡塞尔市举办联邦园林展，马特恩修复了180公顷的18世纪初建造的巴洛克园林。卡尔斯河谷低地（橘园橘园宫）是1701年为卡尔（Karl）伯爵和他的妻子玛丽亚·阿玛丽亚（Maria Amalia）建造的，作为暖房使用，也带有夏季休息室，它是国家公园卡尔斯河谷低地公园最重要的组成部分。“Orangerie”这一名称来自法语，意为“橘树园”，原指为南方植物过冬的暖房。橙园城堡Orangerieschloss都是公园的建筑中心，如今在这个城堡里坐落着航天及科学史博物馆。城堡两边各有闲置未用的建筑，其中值得一提的是大理石浴室，这是德国最优秀的巴洛克风格的建筑。雕像和浮雕出自法国雕塑家皮埃尔·埃蒂安·莫奈之手。整个公园的中心是具有城堡风格的橙园，站在中心亭内向外望去，可以看到整个花园是严格按照对称原则建造的。其中轴线从橙园通往小湖，小湖中间有天鹅岛和穹顶庙。最后是泽本贝根花岛，岛上种有奇花异木，这就是卡尔河谷低地游览的精彩结尾。

20世纪60年代末，70年代初，人们更看重个人权利，观赏不再是公园的唯一作用，园林中空间变大，草坪比重加大并且能在上面进行各项活动，活动场地大大增多。1969年多特蒙德园林展展园由设计师恩格贝格设计。公园中可以望到城市中的高炉、矿山等工业景观，将这个重工业城市完全引入70公顷的公园之中。

至20世纪70年代末，人们充分认识到，要使环境不遭破坏，就不能无限制地使用它。保护环境，改善城市生态状况的思想被引入了景观设计。园林展自1977年斯图加特园林展第一次出现了向大自然的转向，园林中有大量的原始状态的原野草滩灌木丛，设计师们之后坚持规划设计大面积的原野地。1983年慕尼黑园林展在采石场的荒地上建造了西园。20世纪70年代，西园地区为一片70公顷左右未开发荒地和森林公墓区，东部为住宅区和铁路，北部为1972年慕尼黑奥运会比赛场馆区，西南部为一个采石坑，东南有两个小商业区和一个废弃赛车场。地形平坦，部分为农田，原基址几乎没有树木。1977年2月，慕尼黑本地的景观设计师Peter Kluska赢得了设计竞赛，他试图营造一个大型的可屏蔽城市噪声的下沉谷地，借以体现阿尔卑斯山山谷意象。通过连绵的丘陵，游客可以远眺城市风光和阿尔卑斯山景色，为此他专门申请了一架飞机，从上空鸟瞰整个设计场地，从而确定了基址内两处最低点作为公园的水景区。

网络状的园路交通系统是设计的重要组成部分，不同宽度和铺装的主路和辅路根据游客流量上限划定其路径。一个由Kluska设计的预应力混凝土桥作为连接东部和西部的纽带，较小的步行天桥和自行车桥连接公园以东的道路和铁路。设计师采用了当时先进的计算机技术，取得了超过12000个采样点，能够被精确地落实在场地上，从而为土方施工提供参考。

西园处于高速公路与城市环路交汇处，建园前是一块平坦的采石场荒地，由于地处交通要地，噪音颇大且影响周围居民，是一处看来毫无建园希望的地段。设计时大动土方，沿地段东西纵深下挖6m-8m，土方达150m^3，形成了长3.5km、高差25m的谷地。公园周边的山坡上是各种休息和活动的场地平台以及小花园。建园时由于距展览开幕只有4年时间，所以园中种植了7000株20至40余年树龄的大树，今天公园已有20多年的历史，林木早已郁郁葱葱。

盖尔森基兴北星公园是1997年联邦园林展场地，设计师更新了受污染的表层土壤，由此塑造了大地艺术般的地形，直线的道路强化了地形，工业设施都成为了公园的标志。在公园最低的地方，保留了500平方米的被污染的黑色土壤，表现基地原有面貌。在公园中，钢材是设计者反复运用的主题，桥梁、剧场、小建筑等设施都运用这种材料，它将景观统一起来。这些新建筑与用钢材和砖建造的老矿场建筑也有了一定的联系。在豪斯特地区靠近公园的地方建造了住宅。埃姆舍公园新建的步行道和自行车道穿过公园，将工作区和住宅联系起来，在埃姆舍河和莱茵——赫尔内运河之间建造一个室外剧场。横跨在这两条河上的三座桥是公园中醒目的新建筑，桥的结构新颖、造型独特、色彩明快，已成为公园的标志。

亲王侯爵的自然风景园与联邦园林展建造的公园构成了德国大城市的园林骨架。而两者也代表着园林从私有的、艺术品收藏式的状态变为市民共有的、零距离的必需品，更像是一种动物与自然的相互依存关系。联邦园林展之后，因展览而建造的公园在功能上进行了一定程度的改变。主要分化为三类公园，分别为：

风景园。展览后恢复为自然风景园，不设围栏，自由出入，园中是宽阔的大草坪与湖面。1979年汉斯雅克布兄弟设计的波恩莱茵公园就是自然风景园。

休息园。主要提供游人休息与消遣。有一定的活动场地，林地面积很少，主要是起伏的草地与湖泊自然景观。如卡塞尔市的富尔达河谷公园，分隔出不同的景观空间。

假日园。公园用围栏围着，并收取费用，在自然风景园的基础上有较多的活动设施。但基础仍是自然风景园。

1980年代后，德国通过工业废弃地的保护、改造和再利用，完成了一批对世界产生重大影响的工程（第四阶段）。非常典型的是德国重工业鲁尔区，早期形成了以矿山开采及钢铁制造业为主要产业的工业区。但最后走向衰落、倒闭，大量质量很好的建筑也不再使用，地区人口减少。

埃姆舍公园包括350公里长的埃姆舍河及其支流的生态再生工程，净化区域中被污染的河水，恢复河流两侧自然景观。建造300平方公里的埃姆舍公园，改善地区的生态环境，改造现有住宅，并兴建新住宅，解决居住问题。建造各类科技、商务中心，解决就业问题。整治原有工业建筑及重新使用等。目的是将这个广大区域中的城市、工厂及其他单独的部分有机地联系起来，同时为这个区域建立起新的城市建筑及景观上的秩序，并为周边居民提供“绿肺”。

德国以严谨周密的思维支撑起景观艺术理性的浪漫，那种对科学认知的推崇与对工作的严谨务实都在城市规划中得到很好的表现。在德国，设计专业种类繁多，其中包括土地养护专业、自由园林及景观设计及大自然保护规划等。他们的很多设计是乡村景观的整治、天然景观的恢复、以保留现有景观为目的的生态景观规划、主题化的公共建筑项目设计及回归天然式的规划。他们注重利用水城重建、生物净化、景观整治、太阳能利用、雨水利用和回收系统等生态技术手段，他们的设计项目中有大量的老人公寓、屋顶花园、公墓、垃圾场及私家花园。

理性主义，思辨精神，严谨而有秩序，这已经成为德意志民族精神中的一部分。从20世纪初的包豪斯学派到后来的现代主义运动，我们都能清晰而深切地体会到德国理性主义的力量。德国的景观设计充满了理性主义的色彩，从二次大战后的城市重建到上世纪末的新柏林的建设，理性的光芒一直照耀在德国的上空。

德国到处都是森林河流，墨绿色延绵无际。在保护和合理利用自然资源的同时，他们更尊重生态环境，景观设计从宏观的角度去把握规划。使景观确实体现真正“冥想的空间”或“静思之场所”，它迫使观者去进行思考，超越文学、历史、文化常规，不断地对景观进行理性分析，辨析出设计者的意图及思想，或是从中找出逻辑秩序，感受到思考的乐趣和感官的体验。

生态景观设计中生态主义的思想得到重视，形式被搁置一边，去追求大片的绿地和高科技天人合一的生态环境。它综合了其它的交叉学科，结合哲学、地理学、植物学、艺术学、建筑学、规划与生态学，以一种更理性全面的思想来对待景观，而不只是过去仅以美学为出发点和评判标准。

德国的景观是综合的，理性化的，按各种需求、功能以理性分析、逻辑秩序进行设计，景观简约，反映出清晰的观念和思考。简洁的几何线、形、体块的对比，按照既定的原则推导演绎，它不可能产生热烈自由随意的景象，而表现出严格的逻辑，清晰的观念，显得深沉、内向、静穆。自然的元素被看成几何的片断组合，但这种理性透出了质朴的天性，来自黑森林民族对自然的热爱，自然中有更多的人工痕迹表达，给人的强烈的印象，思想也同时得到提升。

第四节 美国的景观设计

迄今为止，每个现代景观建筑学都走过了一个多世纪的历程，经过科学与艺术两个方面的拓展与流变，现代景观建筑学已经发展成为与传统园林不同的，有着自身独特价值的实践专业。透过历史的发展可以看出美学、社会需求和环境主义的综合与平衡是美国现代景观建筑学一个世纪的追求，并且仍将成为下一个世纪的工作准绳。新世纪到底来了，世纪之交，百年替换乃至千年替换其实都在一瞬间，此后，美国现代景观建筑学专业也走过了一个不平凡的世纪。在逝去的百余年里，美国现代景观建筑学的产生与发展引导着现代景观建筑学的走向，并且几乎涵盖了所有的探索。因此我们希望通过对其的回顾和思考能有所启示和借鉴。

工业革命给社会带来的变革巨大而深远，到了19世纪，被称为“美国景观建筑学之父”的奥姆斯持德和英国建筑师沃克斯设计的纽约中央公园（1858年）的建造，标志着普通人生活景观的到来。以此为起点，景观设计从此走上独立的道路，并随着美国社会的现代和民主进程，逐渐从传统的极少选择范围的专业变成为几乎涉及人类生活世界所有尺度的学科。在短短的一个多世纪中，人类的景观体验在几个维度上大大拓展了。

一、专业实践领域的拓展

以一系列作为和理想象征的城市公园（1865年费城的费蒙公园、1870年旧金山的金山公园、1871年芝加哥的城南公园等）而开始的现代景观建筑实践，在奥姆斯特德等先驱的倡导下，坚持从城市和国土的整体角度出发，使现代景观建筑学的专业实践范畴一开始便定位在包括城市公园和绿地系统、城乡景观道路系统、居住区、校园、地产开发和国家公园的规划设计管理的广阔领域中。随着社会的发展和人类对自然认识的不断扩大，景观建筑学的实践领域进一步扩展到整个人居环境中。现代视野中景观建筑学逐渐明确的是实践范畴的全然改变。当然，传统的小尺度的私人花园和园林设计仍然继续，而诸如大地生态规划、区域景观保护与规划、国土景观资源的调查评价与保护管理这些专业实践使景观建筑学在更为广泛的层面和更为公共的尺度上操作。时至今日，人类社会逐渐远离自然环境，景观建筑学绝不再是建筑庭院的放大版本，而是一个实践主题几乎涵盖人与自然环境关系的方方面面的实践学科，其理论方法与社会责任也随之拓展和改变了。

二、服务对象和专业实践者的拓展

美国现代景观建筑，从中央公园起就已不再是少数人所赏玩的奢侈品，而是普通公众身心再生的空间。景观走入普通人的生活，满足普通人的渴求，应当说这是现代社会与民主的产物。现代景观建筑的社会化使得现代景观建筑学有了实实在在的生活根基，有了持续不断的生机与活力。而随着人类工业化与城市化的进程，自然生态环境日益恶化，人类自身的生存和延续也受到威胁。在当代社会给予环境问题以突出地位的视点下，现代景观建筑学不再局限于以某一群人为服务对象，而是将人类视作与其他物种相依存的、本身有着多种文化存在的自然系统中的一份子，现代景观建筑学的视野拓展到了整个人类文化圈与自然生物圈的相互作用与持续发展上。

专业实践领域的宽泛使景观建筑师所需的专业知识越来越呈现出全面与综合的特点。今天，许多景观建筑师都会因为景观建筑实践所需的广泛知识而感到有些困窘。与之相应的是，有着各种不同专业背景的人参与到景观建筑实践中来，这其中既有传统的园艺师，也有建筑师、城市规划师、植物学者、地理学者、环境艺术家乃至画家和雕塑家。他们以各自独特的学识与专业优势使现代景观建筑呈现出丰富的多元景象，多种专业的探索使现代景观建筑学在科学与艺术两个方面不断深入，拓展了景观建筑设计的经验与方法。

三、设计元素和设计手法的拓展

作为一个被应用于多种领域的实践专业，现代景观设计调色板上的素材也扩展到了传统园林设计无法想像的境地。植物不再是景观设计中占统治地位的主导元素，而只是一种可供选择的景观材料。土地、岩石、水、混凝土、砖、木头、瓦、钢、塑料和玻璃等许许多多自然和人工素材在现代景观设计中得以运用，甚至当地五金商店中的镀金青蛙也作为构成元素出现在现代景观作品中。在小尺度的先锋派城市园林设计中，几乎没有自然材料的景观空间极大地挑战了传统景观定义的局限。

与景观设计材料的丰富相对应的是现代景观设计手法的多样，从大尺度景观规划设计中的SAD（调查-分析-设计）、高速公路规划和自然保护规划项目中的“千层饼”模式和“斑块-廊道-基质”模式到现代园林庭院中的极简主义设计，众多理性的、功能主义的、生态主义的和环境艺术的设计手法超越了传统的规则式与自然式设计手法的论争，适应了多种范畴和尺度的景观设计实践，满足了不同的设计需求，创造了各异的景观形象。

四、流变

正如景观是一个生长变化的有机体一样，现代景观建筑在过去的一个多世纪里同样随着美国社会的发展而变化着，反映着特定时期的社会现实。

（一）自然主义的开端与风格的摇摆

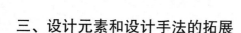

美国广阔的国土、多变的自然地貌使其景观设计有着几乎天生的自然主义追求。奥姆斯特德及其追随者在一系列城市公园系统的规划设计中就倡导自然主义，反对追求庄严和清晰结构的古典主义。公园优美的自然式景观与当时大城市恶劣的环境形成了鲜明的对比，满足了回归自然的社会需求。然而，之后的美国景观建筑经过浮华虚饰的后维多利亚折衷主义式（TheLate Victorian Eclectic Landscape）、城市美化运动和古典主义复兴的新古典主义等潮流变换，在数十年的风格摇摆中并没有走出与现代社会相适应的自己的道路。

（二）现代主义

二次大战前后，在现代艺术以及现代建筑理论和作品的影响下，美国的现代主义景观建筑在所谓的“哈佛革命”之后逐渐形成。现代主义对景观建筑学最积极的贡献并不在于新材料的运用，而是认为功能应当是设计的起点这一理念。现代景观建筑从而摆脱了某种美丽的图案或风景画式的先验主义，得以与场地和时代的现实状况相适应，赋予了景观建筑适用的理性和更大的创作自由。正如“哈佛革命”三之的罗斯（James Rose）所说的：“我们不能生活在画中，而让作为一组画来设计的景观掠夺了我们活生生的生活区域的使用机会。”他最为关心的是空间的利用而不是规划中的图案或所谓的风景秩序。而加州学派的领导人物丘奇（Thomas Church）的作品中真正鼓舞人心的也不是构成的秩序，而是自由的设计语言以及设计本身、场地和雇主要求之间的精妙平衡。另一位现代景观设计大师埃克博（Garrett Eckbo）则更为强调景观设计中的社会尺度，强调景观建筑在公共生活中的作用。在他看来“如果设计只考虑美观，就是缺乏内在的社会合理性的奢侈品”。而作品最具几何秩序感的克雷（Dan Kiley）同样认为设计是生活本身的映射，对功能追求才会产生真正的艺术。最能象征这一时期景观设计理念和环境关怀的景观建筑师是哈普林（Lawrence Halprin），他的作品体现了现代主义景观建筑学进展的各个方面，包括设计的社会作用和对适应自然系统的强调，以及功能和过程对形式产生的重要性等等。他的一系列以自然作为戏剧化景观场所规划灵感来源的城市公共景观设计，不仅是优美的城市风景，更是人们游憩的场所，从而成为城市中人性化的开放空间。20世纪60年代起，社会民主所带来的公众参与决策制度促进了美国社会方方面面的变革，景观建筑设计也同样如此，而哈普林正是这一变革的直接拥护者和倡导者，正是哈普林使他的公司的设计程序适应了新的社会现实，通过讨论会和信息反馈等方式实现的公众参与设计使社会意愿得以在景观设计中体现出来。现代主义景观建筑设计通过对社会因素和功能的进一步强调，走上了与社会现实相同步的道路。

（三）生态伦理

20世纪70年代始，生态环境问题日益受到关注，宾夕法尼亚大学景观建筑学教授麦克哈格（Lan McHarg）提出了将景观作为一个包括地质、地形、水文、土地利用、植物、野生动物和气候等决定性要素相互联系的整体来看待的观点。强调了景观规划应该遵从自然固有的价值和自然过程，完善了以因子分层分析和地图叠加技术为核心的生态主义规划方法，麦克哈格称之为“千层饼模式”。其理论与方法赋予了景观建筑学以某种程度上的科学性质，景观规划成为可以经历种种客观分析和归纳的，有着清晰界定的学科。麦克哈格的研究范畴集中于大尺度的景观与环境规划上，但对于任何尺度的景观建筑实践而言，景观除了是一个美学系统以外还是一个生态系统，与那些只是艺术化的布置植物和地形的设计方法相比，更为周详的设计思想是环境伦理的观念。虽然在多元化的景观建筑实践探索中，其自然决定论的观念只是一种假设而已，但是当环境处于脆弱的临界状态的时候，麦克哈格及宾州学派的出现最重要的意义是促进了作为景观建筑学意识形态基础的职业工作准绳的新生，其广阔的信息为景观设计者思维的潜在结构打下了不可磨灭的印记。对于现代主义景观建筑师而言，生态伦理的观念告诉他们，除了人与人的社会联系之外，所有的人都天生地与地球的生态系统紧紧相联着。

（四）后现代主义与景观艺术探索

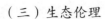

当大尺度的景观规划转向理性的生态方法的同时，小尺度的景观建筑设计受到20世纪60年代以来的环境艺术的影响以及后现代主义的激励，对艺术与景观的联系问题做了大量新的探索。新一代景观建筑师彼得·沃克（Peter Walker）综合了极简主义、古典主义和现代主义创造了独特的极简主义景观。在其充满神秘感的景观设计作品中，沃克运用简单的形体、重复、几何化的结构将自然材料以一种脱离这些材料原初的自然结构的方式集合在一起，带来了一种新结构中产生新意味的视觉综合体验。大自然谜一般的特征，人类与自然的联系被一种有着神秘氛围的艺术景象隐喻了出来，景观建筑在功能和美观的基础上被赋予了意味深长的艺术气质。而施瓦茨的景观设计作品则否定其材料的真实性，以戏谑代替了严肃、以复杂代替了简单，现代主义景观中的呆板与理性被设计者抛却了。设计者以艺术的构思与形式表达了对景观新的理解：景观是一个人造或人工修饰的空间的集合，它是公共生活的基础和背景，是与生活相关的艺术品。后现代主义者以近乎怪诞的新颖材料和交错混杂的构成体系反映了后现代美国社会复杂和矛盾的社会现实，以多样的形象体现了社会价值的多元，表达了在这个复杂的社会中给予弱势群体言说权力的后现代主义的社会理想。在表现风格上，这些活跃的实验与19世纪的新古典主义景观建筑有着相似之处，同样为视觉艺术所启发，强调几何圆形的运用而不是所谓的自然主义风格。但在这里，个人的想象力综合了现代主义完善的功能关怀，艺术的思索将现代景观中的社会要素视为创作的机会而不是制约，艺术在创造独特的景观环境上的作用重新确立和深化了，但此时的艺术是设计的激励，而不是先验的形式主宰。

美国景观设计领域对后现代主义的探索首先是从小尺度场所开始的。1980年美国著名景观建筑师玛莎·苏瓦兹在《景观建筑》杂志第一期上发表的面包圈花园，在美国景观设计领域引起了对后现代主义的广泛讨论。它被认为是美国景观建筑师在现代景观设计中进行后现代主义尝试的第一例。面包圈花园坐落在波士顿一个叫Back Bay的地区，在那里，每条狭长街道两边排列的都是可爱的低层砖房，它们集中了过去各个历史时期的建筑风格，而且每栋建筑前都带有一个临街的、开敞式的庭院。面包圈花园是个小尺度的宅前庭院，用地范围22×22英尺，面朝北方。花园空间被高度为16英寸的绿篱分割成意大利式的同心矩形构图，两个矩形之间铺着宽度为30英尺宽的紫色沙砾，上面排列着96个不受气候影响的面包圈。

小的矩形内以5×6的行列式种植着30株月季。场地中还保留了象征历史意义的两棵紫杉、一棵日本枫树、铁栏杆和石头边界。在设计中，苏瓦兹想创造的是一种既幽默又有艺术严肃性的场所感。这个设计的最大特点就是把象征傲慢和高贵的几何形式和象征家庭式温馨和民主的面包圈并置在一个空间里所产生的矛盾，以及黄色的面包圈和紫色的沙砾所产生的强烈视觉对比。这个迷你型的庭院以具有历史风格的花篱、紫色的沙砾、以及隐喻地区象征兵营式排列的邻里文脉的面包圈，构成了后现代主义思想缩影。这个花园为人们开启了一扇小尺度景观设计的新视野——就是把传统的、有限的景观想象和新概念结合起来，创造出新景观。从而使这个迷你型的花园在学术性及艺术文脉两方面成为新设计的导向。1983年美国著名的景观设计事务所SWA为约翰·曼登（Johnmadden）公司位于科罗拉多绿森林村庄的行政综合区一组玻璃幕墙的办公楼群设计万圣节（harlequin）广场，设计不仅体现出文艺复兴式的历史主义风格特征，并且以超现实主义的手法赋予场所强烈的对景观体验主体——人的消解的结构特点。这个占地1英亩的广场空间实际上是一个双层停车场的屋顶，位于两栋玻璃幕墙建筑之间，上面分布着一些高出地面约有3m左右的冷却塔和通风管。因为是个屋顶广场，所以考虑到屋面的结构承重能力，景观设计只能在50m×100m场地中部一条12m宽的狭窄空间中展开。SWA的主要设计思想是设计一个具有公共功能的广场，重点强调远处洛基山的景观，同时减轻屋面上机械管道设备对场所的视觉干扰。在设计中SWA一改流行的传统轴线手法，而选择了一系列意想不到的参考点，来解决广场与周围玻璃幕墙建筑之间的关系，以及和狭长的洛基山视轴的关系。

首先，广场两侧的镜面幕墙赋予整个空间狭长的、眼花缭乱的、不可思议的迷惑感。顺着广场狭长的轴线向远处的洛基山方向看去，用玻璃镜面包裹起来的，突出屋面的通风管道和冷却塔就像被一只巨大的手神秘置于这个超比例的、形式滑稽的广场空间中，它们与地面形成倾斜的箱型体。这种充满动态感的姿态和黑白两色的菱形的磨石子地面构成视觉上的迷幻和不确定感。此外设计者在建筑物出、入口两侧布置了略高于地面的草地，上面排列一组高矮有序的白色圆柱体，它们和反射在后面建筑物玻璃镜面里的映射，构成对修剪过的树林隐喻意义。这个设计的鲜明特征是采用了大量的镜面材质、倾斜的体型、产生错视的黑白菱形水磨石铺地，以及不对称的几何形体。

设计者利用镜子扭曲视觉以增加看到的尺度，从而产生一种古怪的类似基里科似的超现实主义品质，将人这个场所体验主体消解为迷幻场景的一分子，有时甚至完全失落在这个梦幻般的场景里。最后，设计者在广场中间的契入一个狭长的切口，将广场分为两部分，使两栋建筑都有各自的广场空间。在这个狭长的切口里，设计者将传统的喷泉水渠和花草并置，产生出一种传统的乡村风景。令人在这个意想不到的，既充满幻想、又有点迷惑的超现实的后现代主义空间里能够寻找到些许现实的支点。

1988年由哈格里夫事务所的乔治·哈格里夫（Georgehargreaves）为加利福尼亚SanJose市设计的市场公园（San Jose PlazaPark）则表现出后现代主义的解释学特征。它强调场所的历史性、可理解性、可交流性、可对话性和意义的可生成性。市场公园既是一个巨大的交通岛，又是该市最古老的公共开敞中心，因为它的四周环绕了该市数座重要的公共建筑——艺术博物馆、大型旅馆、会议中心。场地由南北两条直线连接两端半圆形曲线，构成类似运动场的形状。沿场地东西长轴哈格里夫设计了一条主路，用地中部一个新月形的斜坡堤将场地自然地分为两部分，二者间高差变化以坡道和台阶过渡。用地西部，沿主路两边布置的是维多利亚风格的路灯和木制的座椅。草地上果树栽种方式是和中部新月形线型相一致的。东部在主路的尽端是两条成锐角的斜路，将人流向南北两个方向分流，由此形成的三角形用地是硬质铺地，以栽种的树木强调边界。中部新月形的斜坡堤上种植着四季变换的花草，斜坡的上层安置的是休息座椅，下层一边是网格式的喷泉区，另一边是开敞的草地。

喷泉通过喷射形式的变换表现一天中时间的转换，其形式由清晨的雾霭、小涌泉，到下午强力的水柱喷射，而晚间水柱在灯光作用下变得更加晶莹剔透和眩目。此外喷泉自我排水的设计系统，不仅使人可以观赏它的变化，而且还允许人们进入其中，嬉戏玩要。场地中部一条由南向西和由南向北的两条斜线乍看上去显得有点生硬，实际上最符合人们走捷径的心理。这样一个构图简单的景观设计，蕴含了大量的历史隐喻和生活片断。网格式中的喷泉形式的灵感来自1800年场地附近挖掘的自流井，它们一天中的变化形式隐喻了水使Santa Clara山谷兴旺的这段历史。西边用地的果园也正是为了唤起人们对两次战争期间周围果木农场丰收景象的记忆。维多利亚风格的路灯反映的则是城市300年来的历史，而夜间灯光照射下的喷泉景象是对当代Silicon山谷高科技的暗示。这里的后现代文本不仅仅只是为一些设计人士所解读，而是通过哈格里夫把这些历史元素和片断组织到公园的主要公共景观片断里，并且传递给大众。

1991年由hanna Olin和Ricardo Legorreta合作完成的潘兴（Pershing）广场受到抽象派雕塑、大地艺术、现象学和绘画的影响，表现出后现代主义多义性和视觉革命的特点。潘兴广场位于洛杉矶市中心15大街和16大街处，它的历史可追溯至1866年，经历过多次设计。20世纪50年代一个1800hm^{2}的地下停车场建在它的下面，到20世纪80年代这里已成为了无家可归者和贩毒者的集聚地了。因此它也是城市雄心勃勃重建公共空间计划的开端，是社会进步的见证。

设计者在总平面设计中采用直角分块的手法，将大空间分解为彼此功能独立的小型叙事空间，多次重复的直角网格式平面划分手法是对原有城市网格状的历史机理的隐射。此外，设计者在粉红色混凝土地面矗立起10层楼高的紫色“钟楼”，与之相连的水渠的墙面也是紫色的。墙上有方形的窗户，它把广场的视觉框限成小的花园区。广场的另一侧是淡黄色的咖啡屋和一个三角形的停车站，背后是另一片紫色的墙。

广场前的街道是原来通向地下车库的坡道，和一个连续人行道、斜坡相交一起。在这组空间景观设计中，设计者从抽象雕塑和后现代视觉革命中获得灵感，将三维体量引入水平向的广场空间，营造出类似现代艺术品展览的氛围。广场中央是一片桔树林，是对典型的洛杉矶特点的直接暗示。圆形水池和一个下沉式的圆形剧场为公园提供了两个规则的几何元素。水池以灰色的鹅卵石构成一个大的碗状的圆，水从水渠的墙面流入水池里，再通过一条锯齿形的类似地震后形成的裂纹向广场之外的空间延伸。可以容纳2000人的圆形剧场铺着草地和粉红色混凝土的台阶，四棵对称布置的淡黄色的棕榈树形成对舞台空间的暗示。此外，钟楼和水渠的形式体现出对地中海传统符号的拷贝，场地中大量采用了高大的棕榈树，表现出浓浓的拉丁风情。所有这些都表现出设计者在创造这个多意性公共空间的热情，以及对这个汇集着多种族社区的城市的尊重。

上述各历史时期美国景观建筑师在景观设计中的后现代主义探索，只是20世纪美国新景观设计潮流的几朵浪花，不过透过它们仍然能使我们看到后现代主义在美国景观设计中表现的总体轮廓。作为关注人们精神层面的景观设计，一直以来都以场所的意义和情感体验为核心，它的存在满足了人们放松心情、陶冶心智的精神需求。

经过在艺术和科学两个方面一个世纪的延伸与发展，美国现代景观建筑学以其具有自身特征的社会性和生态性的尺度与传统园林划出了分水岭，在不断的拓展与变化中成为各多元多价值观的实践专业。然而，作为人类感知自然的媒介，景观建筑学的三个潜在关怀——美学、环境和社会，在美国现代景观建筑学的发展中并没有随着时间的流逝而淡化，相反，强调景观中人与自然的和谐，强调景观中社会公平的体现，强调景观中对人的精神愉悦的诉求越来越清晰地成为构成其价值体系的基石。从小尺度的庭院和街区花园到巨大尺度的国家公园，其实践中所关怀的价值也许侧重不同，但每一个优秀的设计都是以上三个价值方面的平衡与综合，而不仅仅是图案化的形式或者功能的简单满足。

今天，随着我国经济的发展，我们的城市建设和景观设计与实践进入了一个高速发展时期，然而主管部门对综合的景观建筑学教育的漠视与杂乱而使我们在万花筒般的现实面前，无法确定我们应该如何称呼我们自己园林师、景观建筑师还是环境设计师？不断出现的浅薄形式化的、缺乏对人与环境真实关怀的武断的景观设计，深深反映出我国景观建筑学价值关怀的贫乏与苍白。在我们的景观建筑学依然充满困惑与混沌的时候，美国现代景观建筑学创始人之一的奥姆斯特德及许多美国现代景观建筑先驱所坚持的主旨——创造可持续的、为人生活的和公正的景观，他给予这一清晰的理念以想像的形式，也许能给予我们许多激励与启示。这一主旨是美国现代景观建筑学一个世纪的追求，也许会伴随着我们走入现代景观建筑学的下一个世纪。

第五节　意大利的景观设计

意大利是罗马帝国的本土，当中世纪结束时，意大利人对帝国往昔的辉煌仍然记忆犹新，而各种古罗马建筑在意大利也随处可见。古典主义成为文艺复兴园林艺术的源泉。

一、历史，气候及人的习惯

意大利属地中海气候，亚平宁山脉从贯全境起屏障作用，冬季气候温和，盛行夏季暖气团，可生长香蕉，椰枣。在西西里，气温可升高到49度，降水集中在10—12月。因此，别墅园林多建在山坡上和林中。意大利在地中海的海上运输兴旺发达，由于经济繁荣，古代文化得以重建雄风，开始了再生意义的文艺复兴时代，产生但丁，彼特拉克，薄伽丘三大文豪。他们都在书中描写别墅的优美，向人们畅诉别墅生活的欢乐。同时他们也影响了意大利人，他们开始变得热情，充满理想主义。这也影响了意大利的园林风格，意大利庭园继承了古罗马的传统，以开朗明快为胜，但缺乏曲折多变，更没有中国园林那样抒情，清雅和耐人寻味。因此进了庭园便一览无遗。

二、园林特点

意大利是一个半岛国家，地形起伏，气候温和，从而形成一种独特的造园风格。由于夏季低地较潮湿闷热，因此庄园多半建立在海边的山坡上，顺着地势成台阶形，称台地圆。庄园建筑往往设在上层和中层，下层则布置绿树坛，台地平面多半采用方圆结合的集合图案，以中心线划分左右，布置对称，建筑物集中，并且与排列整齐的树丛形成从近到远的透视终点，引入天然景色，在建筑物前设置如织花地毯般的花圃，草地。为了达到俯视的效果，庭园中植物排成某种几何图形，并加以人工剪形，将黄杨剪成矮篱，构成各种花饰，对比强烈，节奏明显。

意大利园林的另一个特点是利用自然水源作为园内主要景观之一。处理水的方法颇多，一般由高处水池汇集水源，然后顺地形而下，形成瀑布、急湍、喷泉、水池等，增加庭园内的活泼气氛，再加上各种雕像作为点缀。

意大利台地圆的造园是鲜明而富有特色的：

（一）突出功能的使用，哪怕再小的空间，都有其存在的目的，或休息或散步。花园作为府邸的室外延伸部分，是作为户外的起居室来建造的，而且庄园的设计者多是一些建筑师，善于以建筑设计的方法来布置园林，他们将庄园作为一个整体来进行规划，建筑师用全局的眼光，使庄园的各部分组成一个协调的建筑式的整体。

（二）充分利用地形来建造园林，园林覆盖在地面上与地形完全吻合，就像地形的衣服一样，台地园的设计方法从一开始就是将平面于立面结合起来考虑的。

（三）平面布局一般都是严整对称的，在规划中往往以建筑为中心，以其中轴线为园林的主轴，府邸或设在庄园的最高处，作为控制全园的主体，显得十分雄伟壮观，给人以崇高敬畏之感，或设在中间的台层上，建筑常位于中轴线上，有时也位于庭园的横轴上，向外逐渐减弱其严整性。植物则是表现这种过度的主要材料，另外水体也是这样由归正的雕塑喷泉逐渐向山林间的溪水或峭壁上的瀑布过渡的。

（四）意大利对各种形式的挡土墙，台阶，栏杆运用得十分娴熟，又非常具有艺术性，水景的设计变化丰富而精彩，水剧场、水风琴等都具有特殊的音响效果，而植物则更多的被当作一种建筑素材来运用。

意大利园林一般附属于郊外别墅，与别墅一起由建筑师设计，布局统一，但别墅不起统率作用。它继承了古罗马花园的特点，采用规则式布局而不突出轴线。园林分两部分：紧挨着主要建筑物的部分是花园，花园之外是林园。意大利境内多丘陵，花园别墅造在斜坡上，花园顺地形分成几层台地，在台地上按中轴线对称布置几何形的水池和用黄杨或柏树组成花纹图案的剪树植坛，很少用花。它重视水的处理借地形修渠道将山泉水引下，层层下跌，叮咚作响。或用管道引水到平台上，因水压形成喷泉。跌水和喷泉是花园里很活跃的景观。外围的林园是天然景色，树木茂密。别墅的主建筑物通常在较高或最高层的台地上，可以俯瞰全园景色和观赏四周的自然风光。意大利园林常被称为“台地园”。

文艺复兴时期人们向往罗马人的生活方式，所以富豪权贵纷纷在风景秀丽的地区建立自己的别墅庄园。由于这些庄园一般都建在丘陵或山坡上，为便于活动，就采用了连续的台面布局，这就是台地园的雏形。

在日后的发展中，意大利造园家们在起伏的地形上创造出非常动人的景观效果。这些园林的构图由于受地形的限制不能随心所欲，地形决定了园林中一些重要轴线的分布，规定了台地的设置，花坛的位置和大小以及坡道的形状等。建筑物的位置安排也要考虑其与台地之间的关系。因此台地园的设计从一开始就是将平面与立面结合起来考虑的。台地园的平面一般都是严整对称的，建筑常位于中轴线上，有时也位于庭院的横轴上，或分设在中轴的两侧。由于一般庄园的面积都不很大，又多设在风景优美的郊外，因此为开阔视野、扩大空间而借景园外是其常用的手法。这一点是东西方所共同重视的。在中国的造园中，这种例子举不胜举，如颐和园借玉泉山塔和佛香阁形成对景，在江南私家小园中由于面积狭小，这类手法就更多。不过中国在借景时往往会利用窗框、门框而做成框景的形式以增添画意。在总体布局上，意大利台地园往往是由下而上，逐步引人入胜，展开一个个景点，最后登高远眺，不仅全园景色尽收眼底，而且周围的田野、山林、城市面貌均可展现眼前，而给人以贴近大自然的亲切感。渐入佳境是东方园林的传统手法，但与意大利不同的是东方式的展开乃是基于散点透视的卷轴画式的步移景换，而意大利虽然也是展开，却是颗粒性的分个呈现，所追求的仍是定点式的特定位置的欣赏，而其欣赏的顶点在于位处峰顶的鸟瞰，这在东方园林中是极少的，这可能与东方文化的内敛性格有关。

在园林和建筑之间关系的处理上，意大利把欧洲体系把园林视为宅邸室外延伸部分理论的先河，这一理论也成为欧洲园林几何构成形式的生长基点。另外中轴线的设置也是意大利园林对欧洲体系的一大贡献。虽然早在希腊罗马时代，中轴线已经开始出现，其最早还可以上溯到西亚的中心水道，但意大利台地园中的中轴却以山体为依托，贯穿数个台面，经历几个高差而形成跌水，完全摆脱了西亚式平淡的涓涓细流，而开始显现出欧洲体系椰油的宏伟壮阔气势。而且庄园的轴线有些已不止一两条，而是几条轴线或垂直相交，或平行并列，甚至还有呈放射状排列的，这些都是从前所没有的新手法。东方的园林一般是不用轴线的，但也有一些例外，如避暑山庄的宫殿区部分和靠近宫殿区的园林前区，圆明园的大宫门口还模仿九州的形式形成一条大致的轴线。而颐和园万寿山上的建筑布置由于里面意象很强，其轴线意味也就更加明显。至于紫禁城中御花园的构图则几乎是沿着整个皇城的大中轴布置的。这些园林无一例外都是北方的皇家园林，江南园林的小尺度中决不会有这种情况，这不仅有规模的因素，主要还是中国传统的礼教和封建皇权的威严要求所决定的。

欧洲体系中典型的水法也是从台地园开始的。水因其可以使空气湿润，从而在意大利园林中占有重要的位置。由于位处台地，意大利园林的水景在不断的跌落中往往能形成辽远的空间感和丰富的层次感。在台地园的顶层常设贮水池，有时以洞府的形式作为水的源泉，洞中有雕像或布置成岩石溪泉具有真实感，并增添些许的山野情趣。沿斜坡可形成水阶梯，在地势陡峭，落差大的地方则形成汹涌的瀑布。在不同的台层交界处可以有溢流、壁泉等多种形式。在下层台地上，利用水位差可形成喷泉，或与雕塑结合，或形成各种优美的喷水图案和花纹，后来建筑师在喷水技巧上大做文章，创造了水剧场、水风琴等具有印象效果的水景，此外还有种种取悦游人的魔术喷泉。低层台地也可汇集众水形成平静的水池，或成为宽广的运河。设计者十分注意水池与周围环境的关系，使之有良好的比例和适宜的尺度。至于喷泉与背景的色彩、明暗的对比也都是经过精心考虑的。

关于主体景物和周围环境的关系，东方体系也是很重视的，但东方的做法是以融合得了无痕迹为上乘，而非以背景衬托主体的静物写生式构图。综合看来，意大利台地园作为欧洲体系的一个分支和其滥觞之所在，无疑也是以规整布置为主，与东方体系的模仿自然迥异其趣，但应该注意的是意大利台地园并不完全排斥自然。首先，其结合地形的设计思路就有明显贴合自然的意味。当然，东方园林自然式的地形处理方法决不会像意大利那样将山坡切成几个台面，但利用地形来创造合适的景观还是两者所共有的思考方式，何况东方园林所处理的大都是些小山，甚至完全违反自然原理地纯用湖石堆山，比之于意大利的台地切山，谁更自然也还未有定论。其次，意大利台地园虽有中轴线的存在，但它在轴线两侧使用了退晕的手法，而使园景由人工逐渐过渡到自然，颐和园也有同样的做法。另外，在植物的使用上，意大利台地园也少用几何式的修剪，整个庄园的背景往往呈现自然的植被，有回归自然的意味。这与东方体系的自然相比则带有了更多的象征性。至于日本的枯山水则直接放弃了真实的自然而完全去追求宗教哲学上的一个抽象概念了。

三、意大利园林背景

（一）文艺复兴时期

文艺复兴是14—16世纪欧洲新兴的资产阶级掀起的思想文化运动。新兴资产阶级以复兴古希腊、古罗马文化为名，提出了人文主义思想体系。反对中世纪的禁欲主义和宗教神学，从而使科学、文学和艺术整体水平远迈前代。文艺复兴开始于意大利，后发展到整个欧洲。佛罗伦萨是意大利乃至整个欧洲文艺复兴的策源地和最大中心。

文艺复兴使欧洲从此摆脱了中世纪教会神权和封建等级制度的束缚，使生产力和精神文化得到彻底解放。文学艺术的世俗化和对古典文化的传承弘扬都标志着欧洲文明出现了古希腊之后的第二次高峰，在各个领域产生了巨大影响，也为欧洲园林开辟了新天地。

（二）文艺复兴初期意大利园林概况

意大利位于欧洲南部亚平宁半岛上，境内多山地和丘陵，占国土面积的80%。阿尔卑斯山脉呈弧形绵延于北部边境，亚平宁山脉纵贯整个半岛。北部山区属温带大陆性气候，半岛及其岛屿属亚热带地中海气候。夏季谷地和平原闷热逼人，而山区丘陵凉风送爽。这些独特的地形和气候条件，是意大利台地园林形成的重要自然因素。

随着人文主义的发展，自然美重新受到重视。城市里的豪富和贵族恢复了古罗马的传统，到乡间建造园林别墅居住。佛罗伦萨附近费索勒（Fiesole）的美第奇别墅（1458～1461）是比较早的一座。它依山坡辟两层东西狭长的台地，上层植树丛，主建筑物造在西端，下层正中是圆形水池，左右有图案式剪树植坛。两层台地之间高差很大，因而造了一条联系过渡用的很窄的台地，以绿廊覆盖。这座园林风格很简朴，虽有中轴线而不强调，主建筑物不起统率作用。16世纪上半叶在罗马品巧山造的另一所美第奇别墅，园林的风格也很简朴，以方块树丛和植坛为主。在两层台地间的挡土墙上筑很深的壁龛，安置雕像。上层台地的一端有土丘，可远眺城外的野景。主建筑物造在台地的一侧。

16世纪中期是意大利园林的全盛时期。这时期普遍以整个园林作统一的构图，突出轴线和整齐的格局，别墅渐起统率作用。基本的造园要素是石作、树木和水。石作包括台阶、栏杆、挡土墙、道路以及和水结合的池、泉、渠等，还有大量的雕像。树木以常绿树为主，经过修剪形成绿墙、绿廊等。台地上布满一方方由黄杨或柏树构成图案的植坛。花园里常有自然形态的小树丛，与外围的树林相呼应。水以流动的为主，都与石作结合，成为建筑化的水景，如喷泉、壁泉、溢流、瀑布、叠落等。注意光影的对比，运用水的闪烁和水中倒影。也有意利用流水的声音作为造园题材。这个时期比较著名的有埃斯特别墅（建于1550年）和朗特别墅（建于1564年）。

埃斯特别墅在罗马东郊的蒂沃利。主建筑物在高地边缘，后面的园林建在陡坡上，分成八层台地，上下相差50米，由一条装饰着台阶、雕像和喷泉的主轴线贯穿起来。中轴线的左右还有次轴。在各层台地上种满高大茂密的常绿乔木。一条“百泉路”横贯全园，林间布满小溪流和各种喷泉。后来，在巴洛克时期又增建了大型的水风琴和有各种机关变化的水法。这座园林因此得名为“水花园”，园的两侧还有一些小独立景区，从“小罗马”景区可以远眺三十公里外的罗马城。花园最低处布置水池和植坛。位于罗马东郊的埃斯特别墅是意大利著名的世界文化遗产。园林中大大小小数百座设计巧妙的喷泉与自然景观水乳交融，不仅使埃斯特别墅成为意大利园林设计的典范，也为它赢得了“百泉宫”的美誉。埃斯特别墅所在的小城蒂沃利，气候怡人，青山绿水，自古就吸引着罗马的达官显贵在这里修建别墅，躲避酷暑。埃斯特别墅建于16世纪，这里原是一个修道院。据说，当时来自费拉拉的望族埃斯特家族的伊波利托德斯特红衣主教在教皇选举中名落孙山后，这里被当作礼物赠送给他。1550年，他成为蒂沃利行政长官后，便开始令人着手修建别墅。在此后将近1个世纪的时间里，不断的补充完善使得埃斯特别墅成为意大利式园林的典范，特别是喷泉、机械等人工设施与自然景观的巧妙结合令人称奇。

埃斯特别墅建造之时恰逢意大利式园林的全盛时期，包括喷泉、水池和道路等在内的石作、经过修剪的植物和与石作结合的水组成了当时园林建造的基本要素。设计师不仅注重光影对比、水影结合等技巧，还有意加入人工机械装置，出奇制胜。埃斯特别墅是典型的意大利台地园。别墅主建筑物在高地边缘，后面的园林建在陡峭的山坡上，并被分作八层，每两层间落差达50米。在贯穿全园的主轴以及分布左右的次轴上，遍布高大的植物、错落有致的花坛和各式喷泉。

进入埃斯特别墅，迎面而来的是一个规规矩矩的四方形院落。通过一旁的长廊走到阳台上，会有美轮美奂的喷泉花园扑面而来。一出一进，让人不由感叹设计师的苦心设计。阳台所在的主建筑物是全园的最高点，可以俯瞰整个园林。顺着石阶而下，便进入了喷泉流水的世界。在埃斯特别墅有大大小小500多处喷泉，其中包括十多处大型喷泉。这里最有名的喷泉包括据传是艺术大师贝尔尼尼设计的“圣杯喷泉”、别墅主设计师利戈里奥的作品“椭圆形喷泉”、“龙泉”、“管风琴喷泉”以及“猫头鹰与小鸟喷泉”。特别是后两者，由于加入了设计精巧的人工装置，人们可以一边欣赏“管风琴喷泉”层叠水流，一边聆听文艺复兴时期的四段音乐。而在“猫头鹰和小鸟喷泉”前，正在欢唱的小鸟被突然而至的猫头鹰吓得噤若寒蝉的场面别有趣味。

另一处给人留下深刻印象的景观则是长达130米的百泉路。在路的一侧修建有一条同等长度的水渠。水渠上分三层排列着各种动物石雕和喷泉，相隔不远就有一座。在最上面一层，泉水或呈抛物线或呈扇形喷出，汇聚的水则从下一层猛兽石雕喷泉的口中流出，第三层亦然。泉水最后集中在最下方的沟渠中流走。栩栩如生的石雕、清澈的水流加上碧绿的青苔古树，让人流连忘返。

在埃斯特别墅，水就是这里的灵魂。除去大大小小的喷泉外，各式水道遍布全园，无论走到哪里都可以听到潺潺的流水声，给意大利炎热的夏天带来难得的清凉。

（三）文艺复兴中期意大利园林概况

16世纪，罗马继佛罗伦萨之后成为文艺复兴运动中心。接受新思想的教皇尤里乌斯二世（PAPEJULIUSⅡ，1443年—1513年）支持并保护人文主义者，采取措施促进文化艺术发展。一时之间，精英云集，巨匠雨聚，使罗马文化艺术迅速登上巅峰。尤里乌斯首先让艺术大师们的才华充分体现在教堂建筑的宏伟壮丽上，以彰显主教花园的豪华、博大的气派。米开朗琪罗、拉斐尔（RAFFAELLOSANZIO，1483年—1520年）等人就是这个时期离开佛罗伦萨来到罗马的，他们在此留下了许多不朽的作品。尤里乌斯二世还是一位古代艺术品收藏家，他将自己收藏的艺术珍品集中到梵蒂冈，展示在附近小山岗的望景楼中，他还委托当时最有才华的建筑师将望景楼与梵蒂冈宫以两座柱廊连接起来，并在柱廊周围规划了望景楼园。柱廊不仅解决了交通问题，也成为很好的观景点，可以欣赏山坡上那片郁郁葱葱的森林和梵蒂冈全貌，也可以远眺罗马郊外瑰丽的景象。

文艺复兴中期最具特色的是依山就势开辟的台地园林，它对以后欧洲其他国家的园林发展影响深远。

（四）文艺复兴后期意大利园林概况

文艺复兴后期，欧洲的建筑艺术追求奇异古怪、离经叛道的风格，被古典主义者称为巴洛克风格。巴洛克风格在文化艺术上的主要特征是反对墨守陈规的陋习，反对保守教条，追求自由、活泼、奔放的情调。由于文艺复兴首先是从文化、艺术和建筑等方面开始的，以后才逐渐波及造园艺术，所以，16世纪末当建筑艺术已进入巴洛克时期，巴洛克式园林艺术尚处于萌芽时期，半个世纪之后，巴洛克式园林才广泛地流行起来。

16世纪末至17世纪，建筑艺术发展到巴洛克式，园林的内容和形式也有新的变化。这时期的园林追求新奇、夸张和大量的装饰。园林中的建筑物体量一般相当大，显著居于统率地位。林荫道纵横交错，甚至应用了城市广场的三叉式林荫道。修剪植物的技巧有了发展，“绿色雕刻”的形象更复杂。绿墙如波浪起伏，剪树植坛的各式花纹曲线更多，绿色剧场（由经过修剪的高大绿篱作天幕、侧幕等的露天剧场）也很普遍。流行用绿墙、绿廊、丛林等造成空间和阴影的突然变化。水的处理更加丰富多彩，利用水的动、静、声、光，结合雕塑，建造水风琴、水剧场（通常为半环形装饰性建筑物，利用水流经一些装置发出各种声音）和各种机关水法是这时期的一大特点。比较著名的实例有阿尔多布兰迪尼别墅（1598～1603）和迦兆尼别墅。

阿尔多布兰迪尼别墅在罗马东南郊的弗拉斯卡蒂。主建筑物在中层台地，面宽达100米，前面是伸展更宽的大台阶和三叉式林荫道，后面水从高坡处经链式叠落水渠和水台阶奔泻而下，中途压到一对石柱顶上，水从柱顶沿石柱表面的螺旋形凹槽流下，流入一座装有大量机关水法的水剧场。

迦兆尼别墅在卢卡北郊，花园平面轮廓由直线和曲线组合而成，像一面盾。高处是大片丛林，中央被水台阶劈开。丛林下缘一侧有绿色剧场。低处是两层台地，种植成复杂曲线图案的黄杨植坛围绕着一对圆形水池。这两层台地的外缘由两道绿墙形成夹道，里面的一道绿墙顶部修剪成波浪形。虽然主要建筑物在园外，但中轴线上有一连串大双跑台阶，轴线仍然十分突出。

巴洛克建筑与追求简洁明快与整体美的古典主义风格不同，而流行烦琐的细部装饰，喜欢运用曲线加强立面效果，往往以雕塑或浮雕作品作为建筑物华丽的装饰。巴洛克建筑风格对文艺复兴后期意大利园林产生了巨大的影响，罗马郊外风景如画的山岗一时出现很多巴洛克式园林。

四、意大利园林类型

我们根据文艺复兴各个时期流行的主要园林风格的差异，把文艺复兴时期意大利园林划分为美第奇式园林、台地园林和巴洛克式园林三大类型。

（一）美第奇式园林代表

美第奇式园林代表作品有卡雷吉奥庄园、卡法吉奥罗庄园和菲埃索罗庄园。前两座庄园尚残留着中世纪城堡庄园的某些风格，同时体现出文艺复兴初期园林艺术的新气象。菲埃索罗庄园似乎完全摆脱了中世纪城堡庭园风格的困扰，使美第奇式园林更加成熟、完美，它是迄今保留比较完整的文艺复兴初期庄园之一。

菲埃索罗庄园（乔万尼庄园）位于菲埃索丘陵间一面山坡上，背风朝阳，缘山势将园地辟为高低不同的三层台地。建筑设在最高台层的西部，这里视野开阔，可以远眺周围风景。由于地势所限，各台层均呈狭长带状，上下两层稍宽，当中一层较为狭窄。这种地形对园林规划设计极为不利，然而设计者却慧眼独具，进行了非凡的创作。

庄园入口设在上台层的东部，入园后，在小广场的两侧设置了半面八角形的水池，广场后的道路分设在两侧，当中为绿阴浓郁的树畦，既作为水池的背景，又使广场在空间上具有完整性。树畦后为相对开阔的草坪，角隅点缀着栽种在大型陶盆中的柑橘类植物，这是文艺复兴时期意大利园林中流行的手法。草坪形成建筑的前庭，当人们走在树畦旁的园路上时，前面的建筑隐约可见，走过树畦后，优美的建筑忽然展现在眼前。建筑设在西部，其后有一块后花园，使建筑处在前后庭园包围之中。后花园形成一个独立而隐蔽的小天地，当中为椭圆形水池，周围为四块绿色植坛，角落里也点缀着盆栽植物。这种建筑布置手法，减弱了上部台层的狭长感。

由入口至建筑约80米长，而宽度却不到20米，设计者的重要任务就是打破园地的狭长感。主要轴线和通道采用顺向布置，依次设有水池广场、树畦、草坪三个部分，空间处理上由明亮（水池广场）到郁闭（树畦），再由豁然开朗（草坪）到封闭（建筑），形成一种虚实变化。这样即使在狭长的园地上，人们仍然可以感受到丰富的空间和明暗、色彩的变化。每一空间既具有独立的完整性，相互之间又有联系，并加强了衬托和对比的效果。由建筑的台阶向入口回望，园墙的两侧均有华丽的装饰，映入眼帘的仍是悦目的画面，处处显示出设计者的匠心。

下层台地中心为圆形喷泉水池，内有精美的雕塑及水盘，周围有四块圆形绿丛植坛，东西两侧为大小相同而图案各异的绿丛植坛。这种植坛往往设置在下层台地，便于由上面台地居高临下欣赏，图案比较清晰。

中间台层只有一条4米宽的长带，也是联系上、下台层的通道，其上设有覆盖着攀缘植物的棚架，形成一条绿廊。

设计者在这块很不理想的园地上匠心独运，巧妙地划分空间，组织景观，使每一空间显得既简洁，整体又很丰富，也避免了一般规则式园林容易产生的平板单调、一览无余的弊病。

（二）台地园林

意大利台地园林的奠基人是造园家多拉托·布拉曼特，他设计的第一座台地园林就是梵蒂冈附近的望景楼园。以后，罗马造园家都以布拉曼特为榜样，掀起兴造台地园的高潮。代表作品有玛达玛庄园（VILLA MADAMA）、红衣教主蒙特普西阿诺的美第奇庄园（VILLA MEDICIATROME）、法尔奈斯庄园（VILLA PALAXXINA FAMESE）、埃斯特庄园（VILLAD’ESTE）、兰特庄园（VILLA LANTE）和卡斯特园庄园（VILLA CASTELLO）。下面以兰特庄园为例，窥意大利台地园林之一斑。

兰特庄园位于罗马以北96千米处的维特尔博城（VITERBO）附近的巴涅亚小镇，是16世纪中叶所建庄园中保存最完整的一个。1566年，当维尼奥拉正在建造法尔奈斯庄园之际，又被红衣主教甘巴拉（GARDINALE GAMBARA）请去建造他的夏季别墅，维尼奥拉也因此园的设计而一举成名。甘巴拉主教花费了20年时间才大体建成了这座庄园。庄园后来又出租给兰特家族，由此得名兰特庄园。

庄园坐落在朝北的缓坡上，园地约为76米×76米的矩形。全园设有四个台层，高差近5米。入口所在底层台地近似方形，四周有12块精致的绿丛植坛，正中是金褐色石块建造的方形水池，十字形园路连接着水池中央的圆形小岛，将方形水池分成四块，其中各有一条小石船。池中的岛上又有圆形泉池，其上有单手托着主教徽章的四青年铜像，徽章顶端是水花四射的巨星。整个台层上无一株大树，完全处于阳光照耀之下。

第二台层上有两座相同的建筑，对称布置在中轴线两侧，依坡而建，当中斜坡上的园路呈菱形。建筑后种有庭阴树，中轴线上设有畸形喷泉，与底层台地中的圆形小岛相呼应。两侧的方形庭园中是栗树丛林，挡土墙上有柱廊与建筑相对，柱间建鸟舍。

第三台层的中轴线上有一长条形水渠，据说主人曾在水渠上设餐桌，借流水冷却菜肴，并漂送杯盘给客人，故此又称餐园（DINING GARDEN）。这与古罗马哈德良山庄内的做法颇为类似。台层尽头是三级溢流式半圆形水池，池后壁上有巨大的河神像。在顶层与第三台层之间是一斜坡，中央部分是沿坡设置的水阶梯，其外轮廓呈一串蟹形，两侧围有高篱。水流由上而下，从“蟹”的身躯及爪中流下，直至顶层与第三台层的交界处，落入第三台层的半圆形水池中。顶层台地中心为造型优美的八角形水池及喷泉，四周有庭阴树、绿篱和座椅。全园的终点是居中的洞府，内有丁香女神雕像，两侧为凉廊。这里也是贮存山水和供给全园水景用水的源泉。廊外还有覆盖着铁丝网的鸟舍。

兰特庄园突出的特色在于以不同形式的水景形成全园的中轴线。由顶层尽端的水源洞府开始，将汇集的山泉送至八角形泉池；再沿斜坡上的水阶梯将水引至第三台层，以溢流式水盘的形式送到半圆形水池中；接着又进入长条形水渠中，在第二、第三台层交界处形成帘式瀑布，流入第二台层的圆形水池中；最后，在第一台层上以水池环绕的喷泉作为高潮而结束。这条中轴线依地势形成的各种水景，结合多变的阶梯及坡道，既丰富多彩，又有统一和谐的效果。

（三）巴洛克式园林

16~17世纪之交，阿尔多布兰迪尼庄园（VIⅡA ALDOBRANDINI）的兴建，成为巴洛克式园林萌芽的标志。这一时期的园林不仅在空间上伸展得越来越远，而且园林景物也日益丰富细腻。另外，在园林空间处理上，力求将庄园与其环境融为一体，甚至将外部环境也作为内部空间的补充，以形成完整而美观的构图。巴洛克式园林流行盛期，出现了许多著名的作品，其中最具代表性的有伊索拉·贝拉庄园（VILLA ISOLA BELLA）、加尔佐尼庄园（VILLA GARZONI）和冈贝里亚庄园（VILLA GAMBERAIA）等。下面以加尔佐尼庄园为例，期冀达到了解巴洛克式园林之目的。

17世纪初，罗马诺·加尔佐尼（ROMANO GARZONI）邀请人文主义建筑师奥塔维奥·狄奥达蒂（OTTAVIO，DIODATI）为自己在小镇柯罗第附近兴造庄园，一个世纪之后，他的孙子才将花园最终完成，迄今保存完好。

在园门外，设有花神弗洛尔（FLORE）和吹芦笛的潘神迎接游人。进入园门，首先映入眼帘的是色彩瑰丽的大花坛。其中两座圆形水池中有睡莲和天鹅，中央喷水柱高达10米。水池边还有花丛，以花卉和黄杨组成植物装饰，注重色彩、形状对比和芳香气息，这明显受到法国式花园影响。园林到处都有卵石镶嵌的图案和黄杨造型的各种动物图案装饰，渲染出活泼愉快的情调。

花园由两侧为蹬道的三层台阶串连而成，与水平的花坛形成强烈对比。台阶的体量很大，有纪念碑式效果。挡土墙的墙面上，饰以五光十色的马赛克组成的花丛图案，还有雕塑人物的壁龛，台阶边围以图形复杂的栏杆。第一层台阶是通向棕榈小径的过渡层；第二层台阶两侧的小径设有大量雕像，一端是花园的保护女神波莫娜（POMONA）雕像，另一端是林木隐映的小剧场；第三层台阶非常壮观，在花园的整体构图中起主导作用，又成为花园纵横轴线的交会处。台阶并不是将人们引向别墅建筑，而是沿纵轴布置一长条瀑布跌水，上方有罗马著名的“法玛”（FAMA）雕像，水柱从他的号角中喷出，落在半圆形的池中，然后逐渐向下跌落，形成一系列涌动的瀑布和小水帘。雕像有惊愕喷泉，细小的水柱射向游客，令游客青睐。

花园上部是一片树林，林中开辟出的水阶梯犹如林间瀑布，水阶梯两侧等距离地布置着与中轴垂直的通道。两条穿越树林的园路将人们引向府邸建筑，一条经过竹林，另一条沿着迷园布置。穿越竹林的园路末端是跨越山谷的小桥，小桥两侧的高墙上有马赛克图案和景窗，由此可以俯视迷园，鸟瞰整个庄园。

五、文艺复兴时期意大利园林风格特征

（一）文艺复兴初期多流行美第奇式园林，选址比较注重丘陵地和周

围环境，要求远眺、俯瞰等借景条件。园地依山势成多个台层，各台层相对独立，没有贯穿各台层的中轴线。建筑往往位于最高层以借景园内外，建筑风格尚保留一些中世纪痕迹。建筑和庄园比较简朴、大方。喷泉、水池可作为局部中心，并与雕塑结合。水池造型比较简洁，理水技巧大方。绿丛植坛图案简单，多设在下层台地。此外，这一时期还产生了用于科研的植物园，如威尼斯共和国与帕多瓦（PADLLA）大学共同创办的帕多瓦植物园和比萨植物园。

（二）文艺复兴中期多流行台地园林。选址也重视丘陵山坡，依山势辟成多个台层。园林规划布局严谨，有明确的中轴线贯穿全园，联系各个台层，使之成为统一的整体。庭园轴线有时分主、次轴，甚至不同轴线呈垂直、平行或放射状。中轴线上多以水池、喷泉、雕像以及造型各异的台阶、坡道等加强透视效果，景物对称布置在中轴线两侧。各台层上往往以多种水体造型与雕像结合作为局部中心。建筑有时也作为全园主景而置于园地的最高处。庭园作为建筑的室外延续部分，力求在空间形式上与室内协调和呼应。

台地园林的理水技术发达，不仅强调水景与背景在明暗与色彩上加以对比，而且注重水的光影和音响效果，并以水为主题形成多姿多彩的水景。如水风琴、水剧场，利用流水穿过管道，或跌水与机械装置的撞击产生悦耳的音响，又如秘密喷泉、惊愕喷泉等也能够产生出其不意的游观效果。

台地园林的植物造景亦日趋复杂，将密植的常绿植物修剪成高低错落的绿篱、绿墙、绿阴剧场的舞台背景，绿色壁龛、洞府等。园林常用树种有意大利柏、石松、月杜、夹竹桃、冬青、紫杉、青栲、棕榈、悬铃木、榆树、七叶树等。绿篱及绿色雕塑植物有月桂、紫杉、黄杨、冬青等。

另外，迷园形状也变得日趋复杂，外形轮廓各种各样。园路也变化多端，花坛、水渠、喷泉等细部造型也多由直线变成各种曲线。

（三）文艺复兴后期主要流行巴洛克式园林。受巴洛克建筑风格影响，园林艺术也具有追求新奇，表现手法夸张的倾向，并在园林中充满装饰小品。园内建筑体量一般很大，明显占有控制全园的地位。园中的林阴道纵横交错，甚至采用三叉式林阴道布置方式。植物修剪技术空前发达，绿色雕塑图案和绿丛植坛的花纹也日益复杂精细。

从文艺复兴早期到巴洛克时期，意大利台式园林经历了政治、经济、艺术、思想的重大变化，园林的艺术也随之由只是单纯几何对称线，到突出的中轴，渐渐到对图案变化的夸张强调。意大利台式园林在自身发展的同时，其构成要素、空间布局、造园手法在不同的地域，根据不同的历史地理条件，向不同的方向发展，展现出不同风格，如法国勒·诺特尔式园林、英国自然式园林都起源于此，从而奠定了其欧洲园林鼻祖地位。

第六节　20世纪70年代以来景观设计的新思潮

一、景观设计思潮的产生

19世纪没有创立一种新的造园风格，园林设计风格在继承风景园传统的同时，几何式园林又逐步被设计师采用，园林或以自然式为主，或以几何式为主，停滞在两者相互交融的设计风格上，甚至逐渐沦为对历史样式的模仿或拼凑。可以说，整个19世纪，尽管园林在内容上已经发生了翻天覆地的变化，但在形式上并没有创造出一种新的风格，正如这个时期的绘画、雕塑、建筑等其他艺术形式在同期这个时期也正经历着徘徊，鲜少有创新的艺术出现。这时，一大批不满于现状、富有进取心的艺术家们，为了打破艺术领域僵化的学院派教条，创造出具有时代精神的艺术形式，率先探索，掀起了一个又一个的运动。这一变化预示着一个新的艺术世界，包括新的园林风格即将到来，而工艺美术运动和新艺术运动是促使景观设计走向现代化的推动力。

（一）工艺美术运动中的园林设计

所谓“工艺美术运动”，是19世纪下半叶，主要在拉斯金的设计思想影响下，在工业化发展的特殊背景下，由一小批英国和美国的建筑家和艺术家为了抵制工业化对传统建筑、传统手工艺的威胁，复兴哥特风格为中心的中世纪手工艺风气，通过建筑和产品设计体现出民主思想而发展的一个具有很大试验性质的设计运动，这对于世界建筑和其他设计具有一定的影响。这场运动的理论指导是作家约翰·拉斯金，而运动的主要人物则是艺术家、诗人威廉·莫里斯（WilliamMorris）。

工艺美术运动提倡简单，朴实无华且具有良好功能的设计，在装饰上推崇自然主义和东方意识，反对设计上哗众取宠，华而不实的维多利亚风格；提倡艺术化工业产品，反对工业化对传统工艺的威胁，反对机械化生产。这些主张也是工艺美术运动的特征，它们同样反映在园林设计之中。

19世纪末，更多的设计师用规则式园林来协调建筑与环境的关系。艺术和建筑也在向简洁的方向发展。园林受新思潮的影响，走向了净化的道路，逐步转向注重功能，以人为本。1892年，建筑师布鲁姆菲尔德出版了《英格兰的规则式庭院》，提倡规则式设计。他认为规则式庭院与建筑的结合更为协调。规则式园林与自然式园林的争议，使人们在热衷于规则式庭院设计的同时，也没有放弃对植物学的兴趣，不仅如此，还将上述两个方面合二为一。规则式布置与自然植物为内容的风格成为当时园林设计的时尚，并且影响到后来欧洲大陆的花园设计。这一原则直到今天仍有一定的影响。

（二）新艺术运动

工艺美术运动是由于厌恶矫饰的风格，恐惧工业化大生产而产生的，这种心态也是当时欧洲大陆知识分子的典型心态。然而，工业化的进程是社会发展的必然趋势，艺术必须顺应这一趋势的发展，在工艺美术运动的影响下，欧洲大陆又掀起了一次规模更大，影响更加广泛的艺术运动——新艺术运动，新艺术运动虽然也强调装饰，但并不排斥工业化大生产，它以更积极的态度试图解决工业化进程中的艺术问题。

新艺术运动是19世纪末、20世纪在欧洲和美国产生和发展的一次影响面相当大的装饰艺术运动，一次内容很广泛的设计上的形式主义运动，涉及数十个国家，延续时间长达十余年。新艺术运动本身没有一个统一的风格，在欧洲各国有不同的表现和称呼，但是这些探索的目的都是希望通过装饰的手段来创造出一种新的设计风格，主要表现在追求自然曲线形和追求直线几何形。

新艺术运动追求曲线风格的特点是：从自然结中归纳出基本的线条，并用它来进行设计，强调曲线装饰，特别是花卉图案、阿拉伯式图案或富有韵律、互相缠绕的曲线。曲线风格的园林最极端地表现在西班牙天才建筑师高迪。

高迪去世已经八十多年了，但是他的影响却依然存在。特别是在后现代主义风起云涌的时期，他的风格一度被新一代的设计师作为一种可以与国际主义，现代主义抗衡的符号来借鉴。因此研究和探讨他的设计，对于今天的设计发展仍具有现实的意义。

另外，新艺术运动中还有一些非常有代表性的人物：格拉斯学派的代表人物——麦金托什（Charles Rennie Mackintosh）、英国维也纳分离派先驱——瓦格纳（Otto Wagner）德国的穆特修斯（Hermann Muthesius）和贝伦斯（Peter Behrens）

新艺术运动虽然反叛了古典主义的传统，但其作品并不是严格意义上的“现代”的，它是现代主义之前有益的探索和准备。新艺术运动中的主要园林作品，大多出自建筑师之手，是用建筑的语言来设计的，有明确的建筑式的空间划分，明快的色彩组合，优美的装饰细部。但是新艺术运动似乎在园林设计师中并没有形成主流。事实上，当时大多数园林设计师均反对规则式园林。新艺术运动中的园林以家庭花园为主，面积较大的园林，特别是公园不多，积极推动新艺术思想的展览会园林在展览结束后又多被拆除，所以完整地保留至今的新艺术园林已经很少了，这给研究带来一定困难。

可以说，新艺术运动是一次承上启下的设计运动，它预示着旧时代的结束和一个新时代——现代主义时代的到来。

（三）现代艺术

19世纪末期和20世纪初期，是欧洲帝国主义强权政治鼎盛的时代，其中最具有代表性的以德国脾斯麦为核心的德意志权利体制的确立和扩张，促进了德国的工业发展和海外领土的扩张，德意志成为了欧洲最强大的国家。而美国则在这个时期通过南北战争之后的统一，在经济政治上都取得相当惊人的发展，逐步成为一个新兴的西方强权国家。这个时代在西方历史上被称为“大国时代”。

这一时期工业技术发展，新的设备、机械、工具不断被发明出来，但这些东西的现代设计却没有得到相应的发展。另外，现代都市如雨后春笋般涌现，而都市的设计和都市内的建筑设计却还没有一个可以依据的模式，高层建筑的设计更是问题丛生。新的商业海报、广告、书籍大量涌现，公共标志、公共传播媒介也与日俱增，如何处理这些大量的问题，设计界也基本一筹莫展。无论是英国、美国的“工艺美术运动，还是欧美的“新艺术”运动，都显然不是解决问题的方法，它们的中心是逃避，乃至有新的设计方式出现，来解决新的问题，来为现代社会服务，现代设计的出现是在这种情况下产生的。

抽象艺术成为许多景观设计的形式语言。风格派两个重要的设计思想影响到包括景观设计在内的设计领域，一是抽象的概念，二是用色彩和几何形组织构图与空间。

抽象艺术家中的一些杰出代表，如康定斯基、克利等人20世纪20年代到包豪斯学校中任教，对包豪斯的教学体制的形成起到了重要作用。这一体制成为现代工艺美术、工业设计、建筑设计、景观设计教学的基础，对这些工业结合艺术的学科向现代主义方向的发展起到了重要作用。

超现实主义带来了新的设计语汇，一些有机形体，如卵形、肾形、飞镖形、阿米巴曲线等生物形态运用到设计中，包括景观设计中。肾形的泳池一时成美国“加洲花园”的一个特征。一些设计师的景观设计平面图中，乔木、灌木都演变成扭动的阿米巴曲线。

（四）现代建筑运动先驱与景观设计

第一次世界大战后，欧洲的经济、政治条件和思想状况为设计领域的变革提供了有利的土壤，社会意识形态中出现大量的新观点、新思潮，主张变革的人越来越多，各种各样的设想、观点、方案、试验如雨后春笋般涌现出来。20世纪20年代，欧洲各国，特别是德国、法国、荷兰三国的建筑师呈现出空前活跃的状况，他们进行了多方位的探索，产生了不同的设计流派，涌现出一批重要的设计师。

或许因为社会的发展还未到一定的阶段，花园设计难以给当时的建筑师带来很高的声誉，景观设计并不是现代运动的主题。现代设计的先驱者们也很少关注花园设计，他们只将花园作为建筑设计时辅助的因素。然而他们在零星的花园设计中还是表现了一些重要的思想，并且留下了一些设计作品和设计图纸，这些对当时的景观设计师起到激励和借鉴的作用，今天，再寻找这些花园已经比较困难了，但是寻找蕴涵在其中的现代设计思想有助于我们理解历史的发展。在现代建筑运动先行者中，有一些流派和设计师对景观设计领域产生了较大的影响。

（五）表现派

20世纪初德国、奥地利首先产生了表现主义的绘画、音乐和戏剧。表现主义者认为艺术任务在于表现个人的主观感受和体验。例如，画家心目中认为天空是蓝色的，他就会不顾时间地点，把天空都画作蓝色的。绘画中的马，有时画成红色的，有时又画成蓝色的，一切都取决于画家主观的“表现”的需要，他们的目的是引起观者情绪上的激动。

在这种艺术观点的影响下，第一次大战后出现了一些表现主义的建筑。这一派建筑师常常采用奇特、夸张的建筑体形来表现某些思想情绪，象征某种时代精神。德国建筑师孟德尔松（Eric Mendelsohn，1889–1953）在20世纪20年代设计过一些表现主义的建筑。其中最有代表性的是1919–1920年建成的德国波茨坦市爱因斯坦天文台（Einstein Tower，Potsdam）。

有个表现派的电影院建筑在内部天花上做出许多下垂的卷券形花饰，使观众感到如同坐在挂满石钟乳的洞窟之中，有个轮船协会的大楼上做出许多象征轮船的几何图案。荷兰表现派的住宅建筑甚至把外观处理得使人能联想起荷兰人的传统服装和森砂鞋子。表现派建筑师主张革新，反对复古，但他们是用一种新的表现面的处理手法替代旧的建筑样式，同建筑技术与功能的发展没有直接的关系。它在战后初期时兴过一阵，不久就消退了。

（六）风格派

1917年，荷兰一些青年艺术家组成了一个名为“风格”派的造型艺术团体。主要成员有画家蒙德利安（Piet Mondrian，1872–1944），万·陶斯柏（Theo Van Doesberg），雕刻家万顿吉罗（G. Vantongerloo），建筑师奥德（J. J. P. Oud）、里特维德（G. T. Rietveld）等。他们认为最好的艺术就是基本几何形象的组合和构图。蒙德利安认为绘画是由线条和颜色构成的，所以线条和色彩是绘画的本质，应该允许独立存在。他说用最简单的几何形和最纯粹的色彩组成的构图才是有普遍意义的永恒的绘画。他的不少画就只有垂直和水平线条，间或涂上一些红、黄、蓝的色块，题名则为“有黄色的构图”，“直线的韵律”，“构图第×号，正号负号”等等。网络派雕刻家的作品，则往往是一些大小不等的立方体和板片的组合。风格派有时又被称为“新造型派”（Ner-plasticism）或“要素派”（Elementarism）。总的看来，风格派是20世纪初期在法国产生的立体派（Cubism）艺术的分支和变种。风格派和构成派既表现在绘画和雕刻方面，也表现在建筑装饰、家具、印刷装帧等许多方面。一些原来是画家的人，后来也从事建筑和家具设计。例如万·陶斯柏和马来维奇都是既搞绘画雕刻，又搞建筑设计的。

风格派和构成派热衷于几何形体、空间和色彩的构图效果。例如绘图和雕刻艺术，他们的作品不反映客观事物，而是反现实主义的。最能代表风格派建筑特征的是荷兰乌德勒支（Utrecht）地方的一所住宅。

1. 包豪斯（Bauhaus）

德国魏玛市的“公立包豪斯学校”（Staatliches Bauhaus）的简称，后改称“设计学院”（Hochschulefur Gestaltung），习惯上仍沿称“包豪斯”。包豪斯是德语Bauhaus的译音，由德语Hausbau（房屋建筑）一词倒置而成。

以包豪斯为基地，20世纪20年代形成了现代建筑中的一个重要派别——现代主义建筑，主张适应现代大工业生产和生活需要，以讲求建筑功能、技术和经济效益为特征的学派。包豪斯一词又指这个学派。

包豪斯提倡客观地对待现实世界，在创作中强调以认识活动为主，并且猛烈批判复古主义。它主张新的教育方针以培养学生全面认识生活，意识到自己所处的时代并具有表现这个时代的能力。它认为现代建筑犹如现代生活，包罗万象，应该把各种不同的技艺吸收进来，成为一门综合性艺术。它强调建筑师、艺术家、画家必须面向工艺。为此，学院教育必须把车间操作同设计理论教学结合起来。学生只有通过手眼并用，劳作训练和智力训练并进，才能获得高超的设计才干。

学院的教学计划分三个阶段：

（1）预科教学（六个月）。在实习工厂中了解和掌握不同材料的物理性能和形式特征。同时还上一些设计原理和表现方法的基础课。

（2）技术教学（三年）。学生以学徒身份学习设计，试制新的工业日用品，改进旧产品使之符合机器大生产的要求。期满及格者可获得“匠师”证书。

（3）结构教学。有培养前途的学生，可留校接受房屋结构和设计理论的训练，结业后授予“建筑师”称号。

在教学方法上，包豪斯认为指导如何着手比传授知识更为重要。教师必须避免把自己的手法强加给学生，而要让学生自己去寻求解决办法，同时强调设计中的集体协作。

1. 瓦尔特·格罗皮乌斯（Walter Gropius，1883–1969）

现代建筑师和建筑教育家，现代主义建筑学派的倡导人之一，包豪斯的创办人，也是现代建筑、现代设计教育和现代主义设计最重要的奠基人之一。他的设计思想和他的试验、教育影响了20世纪几代建筑家，不但使现代主义建筑得到确立，同时成为第二次世界大战之后影响全世界的国际主义风格。他提出的一系列设计思想、设计原则，迄今为止依然对我们具有启迪作用。

20世纪70年代以来，西方建筑界新的建筑流派和理论不断涌现，出现了批判现代主义建筑千篇一律、枯燥无味的倾向，认为这是偏重功能、技术和经济效益，忽视人的精神要求造成的。这种批判波及格罗皮乌斯。对于格罗皮乌斯在建筑理论和实践上的作用评价不一，但对于他创立包豪斯学校等在现代建筑教育上的贡献则是一致肯定的。格罗皮乌斯组织现代建筑协会，传播现代主义建筑理论，对现代建筑理论的发展起到一定作用。

2. 勒·柯布西耶（Le Corbusier，1887–1965）

现代建筑大师，本世纪最重要的建筑师之一，现代建筑运动的积进分子和主将。1887年10月6日出生于瑞士一个钟表制造者家庭。他早年学习雕刻艺术，第一次世界大战前曾在巴黎A·佩雷和柏林P·贝伦斯处工作，1917年移居法国，1930年加入法国国籍。1928年他与W·格罗皮乌斯、密斯·范·德·罗组织了国际现代建筑协会。1965年8月27日在美国里维埃拉逝世。

勒·柯布西耶是现代主义建筑的主要倡导者，1923年出版了他的名作

《走向新建筑》，书中提出了住宅是“居住的机器”。1926年提出了新建筑的5个特点：

（1）房屋底层采用独立支柱。

（2）屋顶花园。

（3）自由平面。

（4）横向长窗。

（5）自由的立面。

他的革新思想和独特见解是对学院派建筑思想的有力冲击。这个时期的代表作是萨伏伊别墅（1928—1930）、巴黎瑞士学生公寓、平台别墅。

第二次世界大战后，他的建筑风格有了明显变化，其特征表现在对自由的有机形式的探索和对材料的表现，尤其喜欢表现脱模后不加装修的清水钢筋混凝土，这种风格后被命名为粗野主义（或新粗野主义）。

勒·柯布西耶的代表作品有马塞公寓、朗香教堂、昌迪加尔法院、拉吐亥修道院等，其中朗香教堂的外部形式和内部神秘性已超出了基督教的范围，回复到巨石时代的史前墓穴形式，被认为是现代建筑中的精品。

（七）巴黎“国际现代工艺美术展”和法国现代园林

从19世纪下半叶一直到二次世界大战，巴黎一直是世界视觉艺术的首府。从印象派，后期印象派到野兽派，立体派，超现实派都是以这里为中心的。这些艺术思想和艺术财富无疑是推动现代园林发展的巨大动力。

1925年巴黎举办了“国际现代工艺美术展”（Expositiondes ArtsD é coratifset Industriels Modernes）。此次展览的园林作品分别在塞纳河的两岸。虽然组织者的意图是要用园林去填充展馆之间的开放空间，但事实上，园林展品很少与它们相邻的建筑有任何形式上的联系，园林的风格也有很大不同。一个引起普遍反响的作品是由建筑师G.Guevrekian设计的“光与水的园林”（the Gardenof WaterandLight）。这个作品打破了以往的规则式传统，以一种现代的几何构图手法完成，并在对新物质、新技术如混凝土、玻璃、光电技术等的使用上，显示了大胆的想象力。园林位于一块三角形基地上，由草地、花卉、水池、围篱组成，这些要素均按三角形母题划分为更小的形状，在水池的中央有一个多面体的玻璃球，随着时间的变化而旋转，吸收或反射照在它上面的光线。

在这次博览会中还展出了一个庭院的平面照片，它建于20年代初期，设计者是当时著名的家具设计师和书籍封面设计师P. E. Legrain。这个作品实际上是他为Tachard住宅做的室内设计的向外延伸。从平面上看，这个庭院与Legrain设计的一幅书籍封面有很多相似之处，他似乎把植物从传统的运用中解脱出来，而将它们作为构成放大的书籍封面的材料。当然庭院设计并非完全陷于图形的组合上，而是与功能、空间紧密结合的。

Tachard花园的意义在于，它不受传统的规则式或自然式的束缚，采用了一种当时新的动态均衡构图，是几何的，但又是不规则的。它赢得了本次博览会园林展区的银奖。Tachard花园的矩尺形边缘的草地成为它的象征，随着各种出版物的介绍而广为传播，成为一段时期园林设计中最常见的手法，如后来美国的风景园林师丘奇和艾克博等人都在设计中运用过这一形式。

1925年的展览揭开了法国现代园林设计新的一页。展览结束后，建筑师G. Guevrekian为Noailles设计了位于法国南部Hyeres的别墅庭院。他的设计打破狭小基地的限制，以铺地砖和郁金香花坛的方块划分三角形的基地，沿浅浅的台阶逐渐上升，至三角形的顶点以一著名的立体派雕塑作为结束。这个设计于1927年完成，它强调了对无生命的物质（墙、铺地等）的表达，与植物占主导的传统有很大不同。1925年巴黎“国际现代工艺美术展”是现代园林发展的里程碑。那次展览的作品被收录在《1925年的园林》（1925Jardins）一书中。随后，一大批介绍这次展览前后的法国现代园林的出版物的出现，对园林设计领域思想的转变和事业的发展起了重要的推动作用。

1931年，杰里科成立了一个风景园林的咨询公司。从那时起，直到20世纪90年代，他设计了上百个园林。1982年他为Sutton Place做的设计，被认为是其作品的顶峰。这个16世纪留下来的园林，最初由威斯顿（R. Weston）设计，后来又经布朗改建，近代又有杰基尔女士做过设计。杰里科设计了围绕在房子周围的一系列小空间，包括苔园、秘园、伊甸园、厨房花园和围墙角的一个瞭望塔。由于杰里科对意大利文艺复兴园林的深入研究，他的作品带有浓厚的古典色彩。杰里科也许是现代主义者中最值得研究的一位。他并没有以一种革命者的形象出现，也没有创造或借用一种全新的形式语言，他似乎继承了欧洲文艺复兴以来的园林要素，如绿篱、花坛、草地、水池、远景等等，但又给人以耳目一新的感觉。他也没有试图以工业革命带来的新物质、新技术来体现现代主义的特点。他的园林富有人情味，宁静隽永，又带有古典的神秘。

1975年，杰里科出版了《人类的景观》（The Landscapeof Man），显示了他作为一个学者对世界园林历史和文化的渊博的知识和深刻的理解，此书也成为现代风景园林的重要著作。杰里科是英国风景园林协会的创始人之一，1948年，他任国际风景园林师联合会（IFLA）的首任主席。

二、景观设计思潮——欧美的现代园林

（一）美国的现代园林"哈佛革命"

1899年，美国风景园林师协会成立，小奥姆斯特德在哈佛设立美国第一个风景园林专业。当时"巴黎美术学院派"的正统课程和奥姆斯特德的自然主义理想占据了行业的主体。前者用于规则式的设计，后者应用于公园和其他公共复杂地段的设计，但两种模式很少截然分开。

1925年巴黎的"国际现代工艺美术展"成为现代园林发展的一个分水岭。美国的风景园林师斯蒂里（F. Steele）于20世纪20年代到法国，当时法国的新园林给了他深刻的印象。回国后，他发表了一系列文章，介绍这些园林。由于当时美国在风景园林设计领域缺乏新的理论和评论，他的介绍在美国新一代正在成长的风景园林师中产生了很大的反响。一时间，法国成了"现代园林"的代名词。年轻的设计师争相学习、研究法国人的设计手法，形成了一股强大的反传统的力量。

20世纪30年代至40年代，由于二次世界大战，欧洲不少有影响的艺术家和建筑师纷纷来到美国，世界的艺术和建筑的中心从巴黎转移到了纽约。1937年，格罗皮乌斯担任了哈佛设计研究生院的院长。他的到来，将包豪斯的办学精神带到哈佛，彻底改变了哈佛建筑专业的"学院派"教学。但同时，风景园林学科仍被传统的教条所束缚。渴望新变化的学生们

转向现代艺术和现代建筑的作品和理论，探讨它们在风景园林上的可能的应用。这些学生中最突出的是罗斯（J. Rose）、克雷（D. Kiley）和艾克博（G.Eckbo）。

1938～1941年间，罗斯、克雷、艾克博在《PencilPoint》和《建筑实录》上发表了一系列文章，提出郊区和市区园林的新思想。这些文章和研究深入人心，动摇并最终导致了哈佛风景园林系的“巴黎美术学院派”教条的解体和现代设计思想的建立，并推动了美国的风景园林行业朝向适合时代精神的方向发展。这就是著名的“哈佛革命”（Harvard Revolution）。

1939年，英国的唐纳德来到哈佛，加入了格罗皮乌斯的研究室。作为建筑系的教师，他坚决站在埃克博、罗斯、克雷等人的一边，与风景园林学科的旧的守护者之间展开了论战。战后的1945年，他去耶鲁大学城市规划系任教，从此，他由风景园林学科转向城市规划。当哈佛的三位学子于理论上对现代园林设计进行探讨时，美国的另一位伟大的风景园林师已开始在实践中进行新风格的实验，他就是托马斯·丘奇（Thomas Church）。

丘奇出生于波士顿，在旧金山湾区长大。他在加州大学伯克利分校和哈佛大学攻读风景园林专业。1926年他获得一份奖学金，得以去欧洲考察。1929年，他在加州开设了第一个事务所，在这里，他设计了一系列用于周末休闲的小花园。这一时期，他的作品还是相当保守的，虽然没有模仿历史的样本，但显然是建立在传统原则的基础上。1937年，丘奇第二次去欧洲旅行，有机会见到了芬兰建筑师阿尔托。阿尔托作品中的曲线给了他很大的启发。在研究了柯布西埃、阿尔托和一些现代画家、雕塑家的作品之后，他开始了一个试验新形式的时期。他将“立体主义”（Cubism）、“超现实主义”（Surrealism）的形式语言，如锯齿线、钢琴线、肾形、阿米巴曲线结合形成简洁流动的平面，通过花园中质感的对比，运用木板铺装的平台和新物质，如波状石棉瓦等，创造了一种新的风格。

丘奇最著名的作品是1948年的唐纳花园（Donnel Garden）。庭院轮廓以锯齿线和曲线相连，肾形泳池流畅的线条以及池中雕塑的曲线，与远处海湾“S”形的线条相呼应。当时在丘奇事务所工作的劳伦斯·哈普林（L.Halprin）作为主要设计人员，参加了这一工程。丘奇在40年的实践中留下了近2000个作品。他在现代风景园林的发展中的影响是极为巨大而广泛的，他的书和文章广受大众阅读。1955年，他的著作《园林是为人的》（Gardensarefor People）出版，总结了他的思想和设计。他的事务所培养了一系列年轻的风景园林师，他们反过来又对促进“加利福尼亚学派”的发展作出了贡献。

（二）“加利福尼亚学派”和“加州花园”

园林历史学家们普遍认为加利福尼亚是二战后美国风景园林设计一个学派的中心。与东海岸受欧洲影响的现代主义不同，西海岸的“加利福尼亚学派”（California School）的出现，更多地是由战后美国社会发生的深刻变化而产生的。在经过了超过十年的大萧条和战争之后，美国经济得到复苏，中产阶层日益扩大，在气候温和的西海岸地区有了新的城市定居点，社会生活的新形式自然而然地发展了，风景园林的试验首先在私人花园中成为现实。

加州的气候和景色对新园林的产生是基本的。典型的地中海气候使非常适宜室外生活，风景优美的坡地和茂密的植物为加州现代风景园林师们提供了条件。二战以后，室外进餐和招待会为加州人们所喜爱，花园开始被认为是室外的生活空间。“加州花园”（California Garden）出现于20世纪40年代和50年代，作为从丘奇、埃克博和其他人的主要作品中概括出来的样本，在大众杂志如《家居美化》，《住宅与花园》和《日落》上发表，并刊登照片。尺度一般较小，其典型特征包括简洁的形式，室内外直接的联系，可以布置花园家具的紧邻住宅的硬质表面，草地被限定于一个小的不规则的区域，还有游泳池、烤肉架、木质的长凳、及其他消遣设施。围篱、墙、和屏障创造了私密性，现有的树木和新建的凉棚为室外空间提供了荫凉。

丘奇被普遍认为是“加利福尼亚学派”的非正式的领导人，这一优秀的群体还包括：埃克博（G．Eckbo）、罗斯坦（R．Royston）、贝里斯（D．Baylis）、奥斯芒德森（T．Osmundson）和哈普林（L．Halprin）。

加州现代园林被认为是美国自19世纪后半叶奥姆斯特德的环境规划的传统以来，对景园设计最杰出的贡献之一。

“加利福尼亚学派”的另一位重要人物是埃克博。他出生于纽约州，在加利福尼亚长大，他从加州大学伯克利分校毕业后，于1936年又到哈佛设计研究生院学习。

埃克博共设计了大约1000个作品，其中私人花园占了大多数，这也是他对“加州学派”的贡献。位于洛杉矶的“联合银行广场”（UnionBankSquare），是他的一个成功的公共项目。广场位于40层的办公楼的脚下，在停车场的屋顶。三英亩的铺装广场上，珊瑚树、橡胶树和蓝花楹环绕在用草地和水面塑造出来的中心岛上，混凝土台围合的草坪像一只巨大的变形虫，趴在水池的上面，伸长的触角挡住了水池的一部分，一座小桥从水面和草地上越过。

埃克博还穿越了设计与规划之间的分隔，涉足了区域政策规划研究，他与同伴创立的EDAW公司（Eckbo、Dean、Austin&Williams）是美国今日最著名的景观事务所之一。

“哈佛革命”的另一位发起者丹·克雷（Dan Kiley）也是美国现代园林设计的奠基人之一。克雷生于波士顿，1936年，他到哈佛设计研究生院学习。1940年，他开设了自己的事务所。1947年，他与小沙里宁（Eero Saarinen）合作，参加了杰弗逊纪念广场国际设计竞赛并获奖。1955年，克雷又一次与小沙里宁合作，设计了米勒花园（Miller Garden）。这个作品被认为是克雷的设计生涯的一个转折点。1936～1955年完成的作品，主要基于一个纯艺术的形式。1955年至今的作品，是从现代建筑的思想中得来的，表达了空间的概念。克雷将花园分为三部分：庭院、草地、和树林。在紧邻住宅的周围，以建筑的秩序为出发点，将建筑的空间扩展到周围的庭院空间中去。许多人都认为，米勒花园与密斯·凡德罗的巴塞罗那德国馆有很多相似之处。在米勒花园中，克雷用10×10英尺的方格规则地布置绿篱，通过结构（树干）和围合（绿篱）的对比，接近了建筑的自由平面思想，塑造了一系列室外的功能空间。

到了20世纪80年代，克雷的作品越来越显示出他对建立在几何秩序之上的设计语言的纯熟的运用。1987年设计的达拉斯的喷泉广场，位于市中心联合银行玻璃塔楼的脚下，是一个供人们散步和休息的地方。克雷在基地上建立了两个重叠的5m×5m的网格，分别以圆形的池杉树池和加气喷泉为节点。基地的70%被水覆盖，在有高差的地方，形成一系列跌落的水池。在广场中行走，如同穿行于森林沼泽地。尤其是夜晚，当广场所有加气喷泉和跌水被水下的灯光照亮时，具有一种梦幻般的效果。克雷的作品表现出强烈的组织性，常常用网格来确定园林中要素的位置。他创造了建立在几何秩序之上的与众不同的空间和完整的环境。他的设计紧密地与周围建筑相联系，并不刻意突出自己。许多建筑师欣赏这种风格，选择克雷作为自己的合作伙伴，于是，克雷获得了众多参与重要的公共项目的机会，如肯尼迪图书馆、华盛顿国家美术馆东馆、林肯中心等。这些作品的成功，使他在行业中享有很高的声望。

哈普林（L. Halprin）生于纽约，曾获植物学学士和园艺学硕士。他于1943年转向风景园林专业，并进入哈佛大学学习。此时，“哈佛革命”的三位带头的学生埃克博、克雷、罗斯均已离开学校，格罗皮乌斯，布鲁尔（M. Breuer）和唐纳德仍然在哈佛教学向学生们灌输现代设计思想。哈普林在建筑课的同学有约翰逊，鲁道夫，贝聿铭。二战以后，他到旧金山丘奇的事务所工作，并参与了丘奇最著名的作品——唐纳花园的设计。1949年，哈普林成立了自己的事务所，开始了创造自己独特风格的历程。哈普林早期设计了一些典型的“加州花园”，为“加利福尼亚学派”的发展作出了贡献。但是很快，曲线在他的作品中消失，他转向运用直线、折线、矩形等形式语言。华盛顿罗斯福纪念公园体现了当代主题公园设计的另一主题：纪念。

罗斯福纪念公园位于美国首都华盛顿中央绿地西端，公园位于林肯纪念堂和杰弗逊纪念堂之间并与波托马克河相邻。公园的整体景观氛围深沉凝重，陡然增添一种历史感。公园的景观设计是以一种“平凡叙事”的方式展开的，即将罗斯福的事业通过那些“他者”——那些普通民众的状态加以呈现。公园中有一个由瀑布、水池和纪念墙组合成的纪念广场，广场中设置了一组纪念柱。这面纪念墙和那组纪念柱上是用铸铁制成的锈迹斑斑的纪念浮雕组画，这是一幅20世纪30年代的美国民众众生相。1933年罗斯福执政时，美国正经历着前所未有的经济危机，失业人数达1300万人，民生极为困难。罗斯福执政后，对工人提供救济和就业机会，恢复经济的繁荣，因此受到人们的拥护。公园中还有一个相关的“记忆片段”——在一幢房子旁边一队衣衫褴褛的贫民正在门前排着队，似乎是在等待发放救济或安排就业。通过这种对历史场景的再现，可以迅速恢复人们对恐惧年代的记忆，并再次激发人们对被纪念者的怀念。罗斯福的纪念雕塑设在附近的西墙下，罗斯福坐在轮椅上，侧身凝望前方。他的那条心爱的小狗警觉地坐在他的面前。

爱之喜广场是波特兰市于1961年设计的一系列广场和绿地，是哈普林最重要的作品之一。三个广场由一系列已建成的人行林荫道来连接。爱之喜广场（Lovejoy Plaza）的生气勃勃，柏蒂格罗夫公园（Pettigrove Park）的松弛宁静，演讲堂前庭广场（Auditorium Forecourt Plaza）雄伟有力，三者之间形成了对比，并互为衬托。对哈普林来说，波特兰系列所展现的，是他对自然的独特的理解。爱之喜广场的不规则台地，是自然等高线的简化，广场上休息廊的不规则屋顶，来自于对洛基山山脊线的印象，喷泉的水流轨迹，是他花了两个星期研究席尔拉瀑布的结果。而演讲堂前庭广场的大瀑布，更是对美国西部悬崖与台地的大胆联想。哈普林认为，在都市尺度及都市人造环境中，应该存在都市本身的造型形式。他依据对自然的体验来进行设计，将人工化了的自然要素插入环境。他设计的岩石和喷水不仅是供观赏的景观，更重要的是游憩设施，大人小孩都可以进入玩耍。

1966年，哈普林出版了《高速公路》（Freeways）一书，讨论了高速公路所带来的问题，并对这些问题的未来提出一些解决办法。不久，受西雅图公园管理委员会的邀请，哈普林在西雅图市中心设计了一个跨越高速公路的绿地，使市中心的两个部分重新联系了起来。他充分利用地形，再次使用巨大的块状混凝土构造物和喷水，创造了一个水流峡谷的印象，将车辆交通带来的噪音隐没于水声中。

哈普林的作品显示了他对混凝土和水这两种要素的天才的使用。他的带有水平或垂直条纹的混凝土块，模拟自然界水的运动的喷泉、跌水和瀑布，似乎已成为他的象征。但实际上，他更关心的是风景园林的本质问题，如生态环境中的土地利用模式，城市中开放空间的人性化，以及旧城改造问题。他也是20世纪重要的设计理论家之一，出版了《参与》，《RSVP循环体系》，《哈普林的笔记》等著作。

在第二代园林设计师中，佐佐木（HideoSasaki）也是出色的代表。这位日裔美国人出生于加利福尼亚，曾在加州大学伯克利分校、伊利诺斯大学和哈佛大学设计研究生院学习。佐佐木在实践和教学领域保持了令人羡慕的平衡。他在母校伊利诺斯和哈佛都曾任教过，曾任10年哈佛设计研究生院主任。1957年，他与彼得沃克（Peter Walker）成立了SWA公司。40年后的今天，SWA已成为包括多个公司的多学科的综合事务所，是美国当今最有影响的景观设计公司之一。SWA留下了大量优秀的作品，最著名的有位于德克萨斯州的LasColinas市中心的威廉广场（Williams Square，1985）。他还与雕塑家R. Glen合作，创作了一群飞驰而过的骏马，在水池中溅起片片水花。池中的喷泉经过精心设计，将水花模仿得惟妙惟肖。

20世纪50、60年代，西方发达国家，尤其是美国，建造了大量的高层建筑，对城市环境造成了巨大的破坏。城市中的绿地犹如沙漠中的绿洲，珍贵而稀有。于是，一些见缝插针的小型城市绿地——袖珍公园（vestpocketpark）的出现，很快受到公众的欢迎。此后，这类公园便在大城市迅速发展起来。

位于纽约53号街的佩雷公园（PaleyPark），是这类袖珍公园中的第一个，由Zion&Breen事务所设计。设计者泽恩（R. Zion）在42×100英尺大小的基地的尽端布置了一个水墙，潺潺的水声掩盖了街道上的噪音，花岗岩小石块铺装的广场上种植着密刺槐树，树冠限定了空间的高度。对于市中心的购物者和公司职员来说，这是一个安静愉悦的休息空间。

（三）斯堪的那维亚半岛的现代园林

1. “斯德哥尔摩学派”

20世纪30、40年代，由于避免了战争，瑞典获得了相当好的发展环境，福利国家的模式逐渐建立。在建筑、园林、工业产品的发展中，功能主义占据了主导地位，现代运动得到了广泛的社会需求的鼓励。

1910年代，一位大学的植物学教授色南德（R. Sernander）提出根据现有景观的形式来设计公园的新风格。他认为要关注基地的自然资源，在保持当地景观的前提下，结合草地树丛进行设计。一些受色南德的思想影响的公园在Uppsala城市的外围被建造，如1916年的Stadsskogen。

1936年，阿姆奎斯特（O. Almqvist）担任了斯德哥尔摩公园局的负责人。这位雄心勃勃的建筑师试图将新公园的思想在城市中变为现实。他展开了一系列工作，从城市绿带系统的规划到单个公园的设计，开创了斯德哥尔摩市公园发展的新时期。

1938年接替奥姆奎斯特的是布劳姆（Holger Blom），他作为公园局的负责人长达34年之久，他改进了他前任的公园计划，用它去增加城市公园对斯德哥尔摩市民生活的影响如公园能打破大量冰冷的城市构筑物，作为一个系统，形成在城市结构中的网络，为市民提供必要的空气和阳光，为每一个社区提供独特的识别特征；公园为各个年龄的市民提供散步、休息、运动、游戏的消遣空间；公园是一个聚会的场所，可以举行会议、游行、跳舞、甚至宗教活动；公园是在现有自然的基础上重新创造的自然与文化的综合体。

布劳姆的公园计划反映了那个时期的时代精神：城市要成为一个完全民主的机构，公园属于任何人。在这一计划实施的过程中，斯德哥尔摩公园局成为一群优秀的年轻设计师们成长的地方，一些人成为瑞典风景园林界的主要人物，其中最出色的一员是格莱姆（E. Glemme）。格莱姆1936年进入公园局，作为主要设计师一直工作到1956年，在“斯德哥尔摩学派”的大多数作品中，都留有他的手笔。

沿着Norr Malarstrand的湖岸步行区，可能是所有“斯德哥尔摩学派”的作品中最突出的。这是由一系列公园形成的一条长的绿带，从郁郁葱葱的乡村一直到斯德哥尔摩市中心市政厅花园结束。它的景观看起来仿佛是人们在乡间远足时经常遇到的自然环境，如弯曲的橡树底下宁静的池塘。这个公园能够用来进行斯德哥尔摩人所喜爱的休闲活动。

在许多情况下，选择作公园的基地常常是不可接近的沼泽或崎岖的山地地貌，看上去几乎没有再创造的价值。“斯德哥尔摩学派”的设计师们以加强的形式在城市的公园中再造了地区性景观的特点，如群岛的多岩石地貌、芳香的松林、开花的草地、落叶树的树林、森林中的池塘、山间的溪流等等。“斯德哥尔摩学派”在瑞典风景园林历史上的黄金时期出现，它是风景园林师、城市规划市、植物学家、文化地理学家和自然保护者共有的基本信念。在这个意义上，它不仅仅代表着一种风格，更是代表着一个思想的综合体。

“斯德哥尔摩学派”的顶峰时期是从1936～1958年。1960年代初，大量廉价的，由预制材料构筑的千篇一律的市郊住宅被兴建，许多土地被推平，地区的风景特征被破坏。尽管斯德哥尔摩公园的质量后来下降了，但一些格莱姆和“斯德哥尔摩学派”其他人的作品今天仍然可以看到。如今，这些公园的植物已经长大成熟，斯德哥尔摩的市民从前一代人的伟大创举中获益无穷。

2. “斯德哥尔摩学派”的影响

“斯德哥尔摩学派”的影响是广泛而深远的。同为斯堪的那维亚国家的丹麦和芬兰，有着与瑞典相似的社会、经济、文化状况。由于二战中遭到了一定的破坏，发展落后于瑞典。战后，这些国家受“瑞典模式”的影响，成为高税收高福利国家，“斯德哥尔摩学派”很快在城市公园的发展中占据了主导地位。同时，丹麦的风景园林师在城市广场和建筑庭院等小型园林中又创造了自己的风格，他们的设计概念简单而清晰。最著名的设计师是索伦森（C. Th. Sorensen），他善于在平面中使用一些简单几何体的连续图案。

“斯德哥尔摩学派”通过丹麦，又影响到德国等其他一些高福利国家。二战后，大批年轻的德国风景园林师到斯堪的那维亚半岛学习，尤其是到丹麦，带回了斯堪的那维亚国家公园设计的思想和手法，通过每两年举办一次“联邦园林展”的方式，到1995年，在联邦德国的大城市建造了20余个城市公园，著名的有慕尼黑的西园（Westpark）和波恩的莱茵公园（Rheinpark）。

三、景观设计思潮——欧美现代园林的发展

（一）现代雕塑对现代园林发展的影响

1. 野口勇的环境艺术

自现代运动发动以来，追求创新的风景园林师们已从现代绘画中获得了无穷的灵感。然而现代雕塑在很长一段时期内一直没有对园林的发展起过实质的作用。较早尝试将雕塑与环境设计相结合的人，是艺术家野口勇（Isamu Noguchi）。野口勇的父亲是日本人，母亲是美国人，生于洛杉矶，曾跟随博格勒姆（G. Borglum）和布朗库西（C. Brancusi）学习雕塑。20世纪30年代，野口勇回到了日本，对日本园林产生了浓厚的兴趣，这次访问对他的一生产生了持续而深刻的影响。

1958年，野口勇设计了巴黎联合国教科文组织总部庭院。这个园林中有明显的日本园林的要素，如耙过的沙地上布置的石块，水中的汀步等，一些石头是特意从日本运来的，树冠底下起伏的地平面的抽象形式，揭示了艺术家将庭院作为雕塑的的想法。

20世纪60至70年代，野口勇陆续完成了一系列环境设计作品，如查斯·曼哈顿银行的下沉庭院，底特律的哈特广场等等。1983年野口勇在加州设计了一个名为“加利福尼亚情节”（California Scenario）的庭院。在高大的玻璃办公塔楼的底下，野口勇把一系列规则和不规则的形状以一种看似任意的方式置于平面上，以一定的象征性和叙述性唤起人们的反应。作为艺术家，野口勇的环境作品更多地强调形式，而不是适用和宜人。但是，他探索了景观与雕塑结合的可能性，发展了环境设计的形式语汇，在塑造战后风景园林中作出了自己的努力。同时，野口勇处在东西方文化的交汇点上，他的作品是流露着浓厚的日本精神的现代设计，不仅为西方借鉴日本传统提供了范例，而且也为日本园林适应时代的发展作出了贡献。受他的风格影响的环境设计作品，今天在日本随处可见。

2. 大地艺术

20世纪60到70年代，许多雕塑作品的纪念性的尺度，不可避免地引出一个给特定空间或特定场所搞雕塑设计的概念。一些艺术家开始走出画廊

和社会，来到遥远的牧场和荒漠，创造一种巨大的超人尺度的雕塑——大地艺术（Earthworks）。

1970年，美国的史密森（R. Smithson）的《螺旋形防波堤》含有对古代艺术图腾的遥远向往。1977年，一位艺术家玛利亚（W. D. Maria）在新墨西哥州一个荒无人烟而多雷电的原野上，在地面插了400根不锈钢杆，当暴风雨来临时，这些光箭产生奇异的光、电、声效果。这件名为《闪电的原野》的作品赞颂了自然现象的令人敬畏的力量和雄奇瑰丽的效果。著名的“包扎大师”克里斯多（Christo）1972～1976年制作的《流动的围篱》，是一条长达48公里的白布长墙，越过山峦和谷地，逶迤起伏，最后消失在旧金山的海湾中，其壮美令人惊叹。

大地艺术既可以借助自然的变化，也能改变自然。它利用现有的场所，通过给它们加入各种各样的人造物和临时构筑物，完全改变了它们的特征，并为人们提供了体验和理解他们原本熟悉的平凡无趣的空间的不同方式。虽然大多数大地艺术地处偏僻的田野和荒原，只有很少一部分人能够亲临现场体会它的魅力，而且有些作品因其超大的尺度只有在航测飞机上能看到全貌。因此，大部分人是通过照片、录像来了解这些艺术品。但是，在一个高度世俗化的现代社会，当大地艺术将一种原始的自然和宗教式的神秘展现在人们面前时，大多数的人多多少少感到一种心灵的震颤和净化，它迫使人们重新思考人与自然的关系这样一个永恒的问题。

大地艺术是雕塑与景观设计的交叉艺术。它的叙述性、象征性、人造与自然的关系、以及对自然的神秘崇拜，都在当代风景园林的发展中起到了不可忽略的作用，促进了现代风景园林一个方向的延伸。

（二）生态主义思潮的冲击

欧美园林的生态主义思想可以追溯到18世纪的英国风景园，其主要原则是：“自然是最好的园林设计师”。19世纪奥姆斯特德的生态思想，使城市中心的大片绿地、林荫大道、充满人情味的大学校园和郊区、以及国家公园体系应运而生。20世纪30、40年代“斯德哥尔摩学派”的公园思想，也是美学原则、生态原则和社会理想的统一。不过，这些设计思想，多是基于一种经验主义的生态学观点之上。20世纪60年代末至70年代，美国“宾西法尼亚学派”（Penn School）的兴起，为20世纪景观规划提供了科学的量化的生态学工作方法。

这种思想的发展壮大不是偶然的。20世纪60年代，经济发展和城市繁荣带来了急剧增加的污染，严重的石油危机对于资本主义世界是一个沉重的打击，人类的危机、增长的极限敲响了人类未来的警钟。一系列保护环境的运动兴起，人们开始考虑将自己的生活建立在对环境的尊重之上。

1969年，宾西法尼亚大学风景园林和区域规划的教授麦克哈格（I. L. McHarg）出版了《设计结合自然》（Design With Nature）一书，在西方学术界引起很大轰动。这本书运用生态学原理，研究大自然的特征，提出创造人类生存环境的新的思想基础和工作方法，成为20世纪70年代以来西方推崇的风景园林学科的重要著作。麦克哈格的视线跨越整个原野，他的注意力集中在大尺度景观和环境规划上。他将整个景观作为一个生态系统。在这个系统中，地理学、地形学、地下水层、土地利用、植物、野生动物都是重要的因素。他发明了地图叠加的技术，把对各个要素的单独的分析综合成整个景观规划的依据。麦克哈格的理论是将风景园林提高到一个科学的高度，其客观分析和综合类化的方法代表着严格的学术原则的特点。事实上，麦克哈格的理论和方法对于大尺度的景观规划和区域规划有重大的意义，而对于小尺度的园林设计并没有太多实际的指导作用，也没有一个按照这种方式设计的园林作品产生。但是，当环境仍处在一个严重易受破坏的状态，麦克哈格的广阔的信息仍然在园林设计者的思想基础上烙上了一个生态主义的印记。它促使人们关注这样一种思想：园林相当重要的不仅仅是艺术性布置的植物和地形。园林设计者需要提醒，他们的所有技巧都是紧密联系于整个地球生态系统的。

受环境保护主义和生态主义思想的影响，20世纪70年代以后，风景园林设计出现了新的倾向。如在一些人造的非常现代的环境中，种植一些美丽而未经驯化的野生植物，与人工构筑物形成对比。还有，在公园中设立了自然保护地，为当地的野生动植物提供一个自然的、不受人干扰的栖息地。如德国卡塞尔市的奥尔公园（Auepark），在这个1981年建造的120公顷的自然式休闲公园中，设置了6公顷的自然保护地，为伏尔达河畔的野生鸟类提供栖息场所。

第十章

东西方园林景观设计对比

第一节 东西方园林景观的风格比较

园林的概念是随着社会历史和人类知识的发展而变化的，不同历史发展阶段有着不同的内容和适用范围，不同国家和地区的界定也不完全一样。园林是人们根据所处的自然环境、文化特点以及所掌握的技术，通过利用、改造自然山水、地貌，或者运用植物、山、石、水、建筑、雕塑等园林要素进行人工构筑，从而形成一个更加优美、环境清幽，可以畅达心胸、抒发情怀，便于游憩、居住或者工作，时而也兼作一些生产和宗教活动的宜人环境。历史上，园林在中国古籍里根据不同的性质也称作园、囿、亭、庭园、园池、山池、池馆、别业、山庄等。英美各国园林的性质、规模虽不完全一样，但都具有一个共同的特定：即在一定的地段范围内，利用并改造天然山水地貌或者人为地开辟山水地貌，结合植物配景和建筑布置，构成一个供人们观赏、游憩、居住的环境。

中国园林艺术和西方园林艺术作为世界园林艺术的两大流派。风格迥异，表现形式也迥然不同。中国园林追求自然天成，西方园林则追求秩序与控制，这种差异的原因在于两者在造园思想和自然条件两方面的不同。下面就介绍一下各地的世界园林的发展与特点。

从造园思想上来说，中国园林适应了古代士大夫族由于仕途不顺，为了寻求心中的平衡，寄情于山水，追求文人所特有的一种恬静淡雅。不能藏身于山林，便在市井之中另辟园林，顺内心之意，作山林之想。所以，中国古典园林追求自然之美，熔铸诗画艺术于园林艺术之中，借助于山水、花木、建筑所构筑成的环境来表述出造园家的感情理念，意境蕴含深旷。例如苏州的拙政园，就是明嘉靖年间御史王献臣仕途失意归隐苏州后将其买下，聘著名画家文征明参与设计蓝图，历时16年建成，借用西晋文人潘岳《闲居赋》中“筑室种树，逍遥自得……灌园鬻蔬，以供朝夕之膳……此亦拙者之为政也”之句取园名。暗喻自己把浇园种菜作为自己

（拙者）的“政”事。

而在西方，古希腊的毕达哥拉斯就认为艺术美来源于数的协调，不管在什么种类的艺术中，只要调整好了数量比例，就能产生出美的效果。笛卡儿认为，艺术标准应该是理性的，完全不依赖于经验、感觉、习惯和口味。艺术中重要的是结构要像数学一样清晰和明确，要合乎逻辑。当时的封建君权也在各艺术领域内建立了严格的规范，以便于控制艺术，颂扬强大的专制政体。他们所制定的绝对的艺术规则和标准就是纯粹的几何结构和数学关系，以代替直接的感性的审美经验，用数字来计算美，力图从中找出最美的线型和比例。所以，西方园林追求几何美，崇尚理性主义，表现出以人为中心，以人力胜自然的思想理念。从法国维贡特府邸花园的俯瞰图中就可以看出西方园林的规则化、几何化。

在中国的园林发展过程中，由于政治、经济、文化、背景、生活习俗和地理气候条件的不同，形成了皇家园林、私家园林两大派系，它们各具特色。皇家园林主要分布于北方，规模宏伟，富丽堂皇，不脱严谨庄重的皇家风范；私家园林分为江南园林和岭南园林两个分支，江南园林自由小巧，古朴淡雅，具有尘虑顿消的精神境界；岭南园林布局紧凑，装修壮美，追求赏心悦目的世俗情趣。中国园林作为世界园林体系中的一大分支，都是“虽由人作，宛自天开”的自然风景园，都富于东方情调。这个造园系统中风貌各异的两大派系，都表现了中国园林参差天趣，丰富多彩的美。

一、中国园林

（一）皇家园林

皇家园林追求宏大的气派，形成了“园中园”的格局。所有皇家园林内部几十甚至上百个景点中，势必有对某些江南袖珍小园的仿制和对佛道寺观的包容。同时，出于对整体宏伟大气势的考虑，必须安排一些体量巨大的单体建筑及组合丰富的建筑群落，这样以来也往往将比较明确的轴线关系或主次分明的多轴线关系带入到本来就强调因山就势，巧若天成的造园理法中。

（二）私家园林

1. 江南园林：江南园林大多数是宅园一体的园林，将自然山水浓缩于住宅之中，在城市里创造了人与自然和谐相处的居住环境，它是可居、可赏、可游的城市园林，是人类的理想家园。江南园林的叠山、石料以太湖石和黄石为主，能够仿真山之脉络气势做出峰峦、丘壑、洞府峭壁、曲岸石矶，或以散置，或倚墙彻壁山等等，更有以假山作为园林主景的叠山技艺，苏州环绣山庄的假山堪称个中佳作。

2. 岭南园林：岭南园林亦以宅园为主，一般都做成庭园的形式。叠山多因姿态嶙峋、皴折繁密的英石包镶，很有水云流畅的形象。沿海也有用珊瑚石堆叠假山的，建筑物通透开敞，以装饰的细木雕工和套色玻璃画风长。由于气候温暖，观赏植物的品种繁多，园林中几乎一年四季都是花团锦簇，绿阴葱郁。

3. 拙政园：拙政园是中国古典私家园林的典型代表之一，在经历了多个朝代的变换，至清末基本形成东、中、西三个相对独立的小园。拙政园的布局疏密自然，其特点是以水为主，水面广阔，景色平淡天真、疏朗自然。它以池水为中心，楼阁轩榭建在池的周围，其间漏窗、回廊相连，与园内的山石、古木、绿竹、花卉，构成了一幅幽远宁静的画面。根据文征明在《王氏拙政园记》中的描述，一开始建造此园时，他就发觉这块地并不太适合盖相当多建筑，地质松软，积水弥漫，而且湿气很重。因此文征明以水为主体，在不改变自然条件的情况下，因地制宜设计出了各个景点，并将诗画中的隐喻套进视觉层次中。这也体现了中国古典园林本于自然，高于自然的特点，将建筑美与自然美相融和，体现诗画的情趣。园中至今仍留有许多对联与诗，其中以“梧竹幽居亭”中的“爽借清风明借月，动观流水静观山”最能带出此园的意境。拙政园形成的湖、池、涧等不同的景区，把风景诗、山水画的意境和自然环境的实境再现于园中，富有诗情画意。

二、西方园林

西方园林起源可以上溯到古埃及和古希腊，18、19世纪的西方园林可以说是勒诺特风格和英国风格这两大主流并行发展，互为消长，当然也产生出许多混合型的实体，下面我们就几个典型的园林国家来看一下其园林的特色。

（一）意大利文艺复兴园林

别墅园为意大利文艺复兴园林中最具有代表性的一种类型。别墅园多半建置在山坡地段上，就坡势而做成若干层的台地，即所谓“台地园”。主要建筑物通常位于山坡地段的最高处，在它前面沿山坡而引出的一条中轴线上开辟一层层台地，分别配置平台、花坛、水池、喷泉和雕塑。各层台地之间以蹬道相联系。中轴线两旁栽植黄杨、石松等树丛作为园林本身与周围自然环境的过渡。站在台地上顺着中轴线的纵深方向眺望，可以收摄到无限深远的园外借景，这是规整式与风景式相结合而以前者为主的一种园林形式。意大利文艺复兴园林中还出现一种新的造园手法——绣毯式的植坛，即在一块大面积的土地上，利用灌木花草的栽植镶嵌组合成各种纹样图案，好像铺在地上的地毯。

（二）法国古典主义园林

法国多平原，有大片天然植被和大量的河流湖泊，法国人并没有完全接受“台地园”的形式，而是把中轴线对称均匀齐的规整式园林布局手法运用于平地造园。以凡尔赛为代表的造园风格被称作“勒诺特式”或“路易十四式”。在18世纪时风靡全欧洲及至世界各地。德国、奥地利、荷兰、俄国、英国的皇家和私家园林大部分都是“勒诺特式”的，我国圆明园内西洋楼的欧式庭园亦属于此种风格。

凡尔赛宫占地极广，大约600h㎡。是由当时著名的造园家勒诺特设计规划的，它有一条自宫殿中央往西延伸长达25m的中轴线，两侧大片的树林把中轴线衬托成为一条极宽阔的林阴大道，自东向西一直消逝在无限的天际，林阴大道的设计分为东西两段：西段以双水景为主，包括十字形的大水渠和阿波罗水池，饰以大理石雕塑和喷泉。十字水渠横臂的北端为别墅园“大特里阿农”，南端为动物饲养园。东段的开阔平地上则是左右对称布置的几组大型的绣毯式植坛。林阴大道两侧的树林里隐蔽地布列着一些洞府、水景剧场、迷宫、小型别墅等，是比较安静的且能够就近观赏的场所。树林里还开辟出许多笔直交叉的林阴小路，它们的尽端都有对景，因此形成了一系列的视景线，故此种园林又叫做视景园。

（三）英国自然式风景园林

如茵的草地、森林、树丛与丘陵地貌相结合，构成了英国天然风致的特殊景观。这种优美的自然景观促进了风景画和田园诗的兴盛，而风景画和浪漫派诗人对大自然的纵情讴歌又使得英国人对天然风致之美产生了深厚的感情。

英国的风景式园林兴起于18世纪初期，与“勒诺特”风格完全相反，否定纹样植坛、笔直的林阴道、方壁的水池、整形的树木，扬弃了一切几何形状和对称均齐的布局，代之以弯曲的道路，自然式的树丛和草地和蜿蜒的河流，讲究借景和与园外的自然环境的相融合。英国皇家建筑师张伯斯两度游历中国，归国后著文盛谈中国园林并在他所设计的丘园中首次运用所谓“中国式”的手法。今天，中国园林的范围和内容更为广泛了。它不仅包括古代流传下来的皇家园林、私家园林、寺观园林，风景名胜园林等重要组成部分，还扩大到人们游憩活动的大部分领域，如居住区的绿地公园、街心游园、城市各种形式的公园以及城市周边大块绿地、自然风景区、国家公园浏览区和疗养胜地等等。园林的形式呈现百花争艳之景。

维贡特府邸花园是勒·诺特尔式园林最重要的作品之一，它采取的是严格的几何构造，体现了简洁明朗、庄严华丽的园林风格。由于基址位于一条小河的河谷地带，于是他将河谷的最低处设计成运河，而花园的主轴线与运河垂直布置，利用自然地势将中轴线设计成高差富有变化而又统一，充满秩序感的空间排列。中轴线的两侧仍是严格的几何对称，地形也经过改造，适应这种对称性。通过府邸的平面图可以看出其结构的几何性的鲜明排布，由此也可以体现西方园林要求园林建筑的精确性和逻辑性，人工美高于自然美的鲜明思想，园林建筑主从分明，重点突出，各部分关系明确、肯定，边界和空间范围一目了然，空间序列段落分明，给人以秩序井然和清晰明确的印象。

在西方，主体建筑具有统率风格。建筑物不但在整体里占着主导地位，而且它迫使园林服从建筑的构图原则，使整个园林变得“建筑化”。

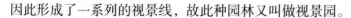

黑格尔在阐述西方古典园林时说："最彻底地运用建筑原则于园林艺术的是法国的园子。它们照例接近高大的宫殿，树木是栽成有规律的行列，形成林荫大道，修剪得很整齐，围墙也是用修剪整齐的篱笆来造成的。这样就把大自然改造为一座露天的广厦"。从维贡特府邸的正面图中可以很清晰地看出这个特点。由此我们也可以看出，西方古典园林不论是在情趣上还是构图上和其他建筑所遵循的都是同一个原则，即使是在花园里，也不是欣赏植物本身的美，它们的美是体现在几何体的结构修剪中。

在中国，建筑并不一定统率园林，尽管建筑物占有较大的比重，但是在园林艺术里面，这些建筑物只是起点缀风景，或者是供人驻足赏景、小憩娱乐的用处；有时甚至将湖石、流水等渗透到建筑物中去，促使建筑"园林化"，随高就低，向自然敞开。拙政园的"远香堂"是中部的主体建筑，位于水池南岸，堂的北面是宽阔的平台连接着荷花池，夏日池中荷花盛开，荷风扑面，是赏荷的佳处。"梧竹幽居"是中部池东的观赏主景，此亭面对广池，旁有梧桐遮荫、翠竹生情。亭的四周开了四个圆形洞门，洞环洞，洞套洞，在不同的角度可看到重叠交错的分圈、套圈、连圈的奇特景观。四个圆洞门形成了四幅花窗掩映、小桥流水、湖光山色的美丽框景画面。而从梧竹幽居向西远望，还能看到耸立云霄之中的北寺塔。植物保持其特有的形态，使人们欣赏到的是其本身的自然美，而不是经人工加工后的结构美。

西方的园林中轴线成为艺术中心，广阔富于装饰性，有明确的几何关系，有逻辑性。在维贡特府邸花园，雕塑、水池、喷泉、花坛依中轴线层层展开，其余部分主要起烘托作用，树木也为几何形。中轴线分为三段，第一段的中心是一对刺绣花坛，红色碎石衬托着黄杨花纹，角隅部分点缀着修剪成几何形的紫杉及各种瓶饰；第二段则有着矩形的草坪围绕着椭圆形的水池；第三段的花园有着树林围着形成的绿墙。这些都体现了西方园林在植物配置上也遵守着规则，强调人工美，布局严谨，花草都修剪得方方正正，呈现出图案美。

而在中国的园林中，注重的是"景"和"情"，乃至于情景交融的境界。这显然不同于西方造园追求的形式美。在植物配置上，拙政园保持了以植物景观取胜的传统，仅中部二十三处景观，百分之八十是以植物为主景的。如倚玉轩、玲珑馆的竹；听雨轩的竹、荷、芭蕉；玉兰堂的玉兰；雪香云蔚亭的梅；芙蓉榭的芙蓉等等。拙政园的“海棠春坞”，造型别致的书卷式砖额，嵌于院之南墙。院内海棠两株。庭院铺地用青红白三色鹅卵石镶嵌而成海棠花纹，体现中国园林艺术追求树木花卉的表现自然，寻求自然界与人的审美心情相契合的方面。

但是在园林造景丰富多样的造景中，每个元素中西方的差异还是不相同的。其主要包括美学思想、宗教因素、哲学基础、物质条件、植物配置、理水艺术、雕塑与山石的运用、明晰与含混的概念等等。中国园林的美学思想属于山水风景式园林范畴，是以非规则式园林为基本特征，园林建筑与山水环境有机融合，涵蕴讲情画意的写意山水园林。西方园林所体现的是人工美，布局多采用规则形式以恢宏的气势，开阔的视线，严谨均衡的构图，丰富的花坛、雕像、喷泉等装饰。中国园林建筑艺术中庭廊亭和廊既有一定的实用价值，又作为点缀，对庭院空间的格局、体量的美化起重要作用，并能造成庄重、活泼、开敞、深沉、闭塞、连通等不同效果。而西方的廊则更注重于比例尺寸、数理关系等。

三、东西方差异的原因

（一）宗教因素

在中国，佛教对园林的影响最大，特别通过文学、音乐、绘画、建筑等广泛渗入到园林的各个方面，从而出现了大量的寺庙园林。中世纪的欧洲由于只有教会和僧侣掌握着经济命脉和知识宝库，孕育着文化，寺院十分发达，园林便在寺院里得到发展，形成了总体布置好似一个规整小城镇的寺院式园林。另外，伊斯兰教对园林也有明显的影响。

哲学基础：中国的自然式花园大都认为最早可溯源至老庄哲学。在那个年代里，那些自信心崩溃、理想幻灭的士大夫阶层一意在心中求得平衡，逃避现实，远离社会，追求一种文人所特有的恬静淡雅、朴质无华的情趣，寄情于山水，甚至藏身于山林，在大自然中寻求共鸣。但笛卡儿认为园林艺术中最重要的是：结构要像数学一样清晰、明确、合乎逻辑，反对艺术创作中的想象力，不承认自然是艺术创作的对象和源泉。这些哲学和美学观点在法国古典主义园林中打上了鲜明的时代印记——对称，推动了山水诗画的兴起。

（二）物质条件

中国辽阔的土地上众多的名胜山川是造园家取之不尽的灵感源泉。中国是盛产石材的国家，造园家利用不同形式、色彩、文理、质感的天然石，在园林中塑造成具有峰、岩、壑、洞和风格各异的假山，使人们仿佛置身于大自然的崇山峻岭之中。假山成为中国古代园林中最富表现力和最有特点的形象。西方的自然地理条件则为规则式园林的起源提供了造园的物质基础。之前的园林以狩猎通神求仙及生产为主，而后则变为统治者一种游憩观赏娱乐活动。人们对灵台和灵池的崇拜以及后来各朝帝王的封禅活动均体现出古人对山岳和水的崇拜与敬畏。秦始皇统一中国后在首都创建的寺庙园林以及五岳和文人骚客游历而促成的风景名胜都沿袭传统，以体现天人关系为主形成了中国以宛若天开为特点的园林风格。西方园林的起源则可上溯到古埃及和古希腊，古埃及人把几何的概念应用于园林设计，因此出现了世界上最早的规整式园林。古希腊园林大体分为三类：第一种是公共活动游览的园林，第二种是城市的宅院，四周以廊柱围绕成庭院，庭院种散置水池和花木。第三种是寺庙园林，即以神庙为主体的园林风景区。罗马继承古希腊的传统而着重发展了别墅园和宅院，一般为四合庭院的形式，一面是正厅，其余三面环以游廊”。文艺复兴时期则是西方园林更高水平上的发展的时期。

（三）植物配置

中国园林意在“写意”，中国园林往往“师法自然”，但都经过艺术的加工与升华，将自然艺术的手法加以再现与组合，最终达到“意在自然，高于自然”的境界。而且中国园林植物配植具有时间感。西方的园林规模很大，他们逼真地模仿再现自然，甚至设计得像真正的乡野一样，这使得经过设计的园林景观与一般自然界的真实景观没有差异。

（四）理水艺术

中国的水景是“山得水而活，水得山而媚”。西方园林中每处庭园都有水法的充分表现。设计者十分注意水池与周围环境的关系，使之有好的比例和适当尺度，他们也很重视喷泉与背景在色彩、明暗关系方面的对比，在平坦的地面上沿着等高线则可做成水渠、小运河，在三特庄园和埃斯特庄园都有这种类形水景。

（五）雕塑与山石的运用

在我国传统造园艺术中，堆山叠石是十分重要的，园林中的山石是对自然幽石的艺术摹写，因又常称之为“假山”。人们对山石的欣赏主要还是它限于形式的美。西方园林追求的形式美，遵循形式美的法则显示出一种规律性和必然性，而但凡规律性的东西都会给人以清晰的秩序感。在西方园林中，很少见到中国园林中的堆山叠石，但雕塑却十分常见。雕塑造型丰富，姿态各异，多以神祇为主题，或独立或作群像，大多与喷泉、栏杆、立柱、壁完相结合，瓶饰多以大理石制作，表面饰有图案各异的浮雕，一般放置在栏杆、台阶或挡土墙上，起着点缀的作用。

（六）明晰与含混

中国造园讲究的是含蓄、虚幻、含而不露、言外之意、弦外之音，使人们置身其内有扑朔迷离和不可穷尽的幻觉，这自然是中国人的审美习惯和观念使然。中国人认识事物多借助于直接的体认，认为直觉并非是感官的直接反应，而是一种心智活动，一种内在经验的升华，不可能用推理的方法求得。中国园林的造景借鉴诗词、绘画，力求含蓄、深沉、虚幻，并借以求得大中见小，小中见大，虚中有实，实中有虚，或藏或露，或浅或深，从而把许多全然对立的因素交织融会，浑然一体，而无明晰可言，处处使人感到朦胧、含混。相反，西方园林主从分明，重点突出，各部分关系明确、肯定，边界和空间范围一目了然，空间序列段落分明，给人以秩序井然和清晰明确的印象。主要原因是西方园林追求的形式美，遵循形式美的法则显示出一种规律性和必然性，而但凡规律性的东西都会给人以清晰的秩序感。另外西方人擅长逻辑思维，对事物习惯于用分析的方法以揭示其本质，这种社会意识形态大大影响了人们的审美习惯和观念。

中西方园林艺术尤其是其差异性，是中西方文化的组成部分之一。透过园林特点这一表面现象，使我们能更加深入了解中国和西方园林的造园史、园林艺术的本质特征，并充分感受到不同历史、不同民族的审美意趣。在各种文化互相冲击交融的今天，这有利于我们在造园时除弘扬自己的传统文化外，还能更好地吸收和借鉴其他民族的优秀文化成果来充实和提高自己的作品，使整个人类的园林文化更加绚丽多彩。中国园林西方园林历史渊源在发源之初就是将一定的天然地域加以范围，放养动物，以供帝王贵族狩猎游乐之用。西方园林之所以作规则式布置，追根农事耕作的需要。西方人已经开始越来越欣赏和喜爱东方的园林设计，并开始进行研究和学习。

东方的园林设计更加注重每个部分的安排和摆放，比如植物、岩石、沙砾层、水和各种木制结构，而不是以规模大小取胜。东方建筑中室内外之间的联系较西方要接近得多。举例来说，传统的日式房屋装有大面积的推拉门，门外即是花园，因此当门一被拉开，便陡然缩短了室内外之间的距离感。居住区域仿佛一下延伸到了自然景观当中，同紧邻住宅的花园融为一体。有趣的是，正是当时这些花园为领导当今建筑潮流的私家花园别墅提供了很好的范例。但是，在西方园林中，传统仍是设计的根基，在造型上仍采用理的方式去锤炼形式与探索空间，以和谐完美作为设计所追求的终极目标。当然这种和谐完美，不局限于形式本身，而是形式与现代园林服务与社会和大多数人的诸多功能与需求的统一。而且这也是当代西方园林设计的主流。

中、西园林从形式上看其差异非常明显。西方园林所体现的是人工美，不仅布局对称、规则、严谨，就连花草都修整的方方正正，从而呈现出一种几何图案美。从现象上看西方造园主要立足于用人工方法改变其自然状态。中国园林则完全不同，既不求轴线对称，也没有任何规则可循，相反却是山环水抱，曲折蜿蜒，不仅花草树木任自然之原貌，即使人工建筑也尽量顺应自然而参差错落，力求与自然融合，“虽由人作，宛自天开”。

（七）人化自然与自然拟人化

既然是造园，便离不开自然，但中西方对自然的态度却很不相同。西方美学著作中虽也提到自然美，但这只是美的一种素材或源泉。自然美本身是有缺陷的，非经过人工的改造，便达不到完美的境地，也就是说自然美本身并不具备独立的审美意义。而园林是人工创造的，理应加以改造，才能达到完美的境地。

中国人对自然美的发现和探求所循的是另一种途径。中国人主要是寻求自然界中能与人的审美心情相契合并能引起共鸣的某些方面。中国园林虽从形式和风格上看属于自然山水园，但决非简单的再现或模仿自然，而是在深切领悟自然美的基础上加以萃取、抽象、概括、典型化。这种创造却不违背蔼然的天性，恰恰相反，是顺应自然并更加深刻地表现自然。在中国人看来审美不是按人的理念去改变自然，而是强调主客体之间的情感契合点。因此西方造园的美学思想人化自然，而中国则是自然拟人化。

（八）形式美与意境美

由于对自然美的态度不同，人们在造园艺术上追求便各有侧重。西方造园虽不乏诗意，但刻意追求的却是形式美；中国造园虽也重视形式，但倾心追求的却是意境美。西方人认为自然美有缺陷，为了克服这种缺陷而达到完美的境地，必须凭借某种理念去提升自然美，从而达到艺术美的高度，也就是一种形式美。早在古希腊，哲学家毕达哥拉斯就从数的角度来探求和谐，并提出了黄金率。罗马时期的维特鲁威在他的《建筑十书》中也提到了比例、均衡等问题，提出“比例是美的外貌，是组合细部时适度的关系”。

中国造园则注重“景”和“情”，景自然也属于物质形态的范畴。但其衡量的标准则要看能否借它来触发人的情思，从而具有诗情画意般的环境氛围即“意境”。这显然不同于西方造园追求的形式美，这种差异主要是因为中国造园的文化背景。古代中国没有专门的造园家，自魏晋南北朝以来，由于文人、画家的介入使中国造园深受绘画、诗词和文学的影响。而诗和画都十分注重于意境的追求，致使中国造园从一开始就带有浓厚的感情色彩。清人王国维说：“境非独景物也，喜怒哀乐亦人心中之一境界，故能写真景物、真感情者谓之有境界，否则谓之无境界”。意境是要靠“悟”才能获取，而“悟”是一种心智活动，“景无情不发，情无景不生”。因此造园的经营要旨就是追求意境。

一个好的园林，无论是中国或西方的，都必然会令人赏心悦目，但由于侧重不同，西方园林给我们的感觉是悦目，而中国园林则意在赏心。

（九）唯理与重情

中西园林间形成如此大的差异是什么原因呢？这只能从文化背景，特别是哲学、美学思想上来分析。造园艺术和其他艺术一样要受到美学思想的影响，而美学又是在一定的哲学思想体系下成长的。从历史上看，不论是唯物论还是唯心论都十分强调理性对实践的认识作用。公元前6世纪的毕达哥拉斯学派就试图从数量的关系上来寻找美的因素，著名的“黄金分割”最早就是由他们提出的。这种美学思想一直顽强地统治了欧洲几千年之久。它强调整一、秩序、均衡、对称，推崇圆、正方形、直线……欧洲几何图案形式的园林风格正是这种“唯理“美学思想的影响下形成的。

与西方不同，中国古典园林滋生在中国文化的肥田沃土之中，并深受绘画、诗词和文学的影响。由于诗人、画家的直接参与和经营，中国园林从一开始便带有诗情画意的浓厚感情色彩。中国画，尤其是山水画对中国园林的影响最为直接、深刻。可以说中国园林一直是循着绘画的脉络发展起来的。中国古代没有什么造园理论专著，但绘画理论著作则十分浩瀚。这些绘画理论对于造园起了很多指导作用。画论所遵循的原则莫过于“外师造化，内发心源“。外师造化是指以自然山水为创作的楷模，而内发心源则是强调并非刻板的抄袭自然山水，而要经过艺术家的主观感受以粹取其精华。

除绘画外，诗词也对中国造园艺术影响至深。自古就有诗画同源之说，诗是无形的画，画是有形的诗。诗对于造园的影响也体现在“缘情”的一面。中国古代园林多由文人画家所营造，不免要反映这些人的气质和情操。这些人作为士大夫阶层无疑反映着当时社会的哲学和伦理道德观念。中国古代哲学“儒、道、佛”的重情义，尊崇自然、逃避现实和追求清净无为的思想汇合一起形成一种文人特有的恬静淡雅的趣味，浪漫飘逸的风度和朴实无华的气质和情操，这就决定了中国造园的“重情”的美学思想。

综合以上的叙述，已可以大概理出东西方古典园林风格的异同。东方园林基本上是写意的、直观的，重自然、重情感、重想象、重联想，重“言有尽而意无穷”、“言在此而意在彼”的韵味；东方园林景观以自省、含蓄、蕴藉、内秀、恬静、淡泊、循矩、守拙为美，重在情感上的感受和精神上的领悟。哲学上追求的是一种混沌无象、清净无为、天人合一和阴阳调和，与自然之间保持着和谐的，相互依存的融洽关系。对自然物的各种客观的形式属性如线条、形状、比例、组合，在审美意识中不占主要地位，却以对自然的主观把握为主。空间上循环往复，峰回路转，无穷无尽，以含蓄的藏的境界为上。它是一种摹拟自然，追寻自然的封闭式园林，一种“独乐园”。其中某些流派如日本园林景观还将禅宗的修悟渗入到一草一木，一花一石之中，使其达到佛教所追求的悟境，在一个微小的庭院里营造出内心的天地，即所谓的“一花一世界，一树一菩提”，其抽象意味的浓重已达到了一种超出五感的直接与自然相融的默契，把人引向内省幽玄的神秘境界。东方的古典园林富有诗情画意，叠山要造成嵯峨如泰山雄峰的气势，造水要达到浩汤似河湖的韵致。这是为了表现接近自然，反扑归真的隐士生活环境，同时也是为了寄托传统的“仁者乐山，智者乐水”的理念。仿造自然，但又不能过分矫揉造作。在这样的园林中，可以达到“身心尘外远，岁月坐中忘”的境界，追求的是“抱琴看鹤去，枕面待之归”的生活以及“野坐苔生席，高眠挂竹衣”的趣味。东方园林景观的石有情，水有情，花木也有情味意趣。窗外露出树木一角，便是折枝尺幅；山涧古树几株，修竹一丛，乃是模拟枯木竹石图。东方园林妙在含蓄和掩藏，所以有“庭院深深深几许”；东方园林精在曲折幽深，小中见大，因而有“遥知杨柳是门外，似隔芙蓉无路通”的韵味。

西方园林基本上则是写实的、理性的、客观的，重图形、重人工、重秩序、重规律，表现得开朗、活泼、规则、整齐、豪华、热烈、激情，有时甚至不顾奢侈地讲究排场。从古希腊哲学家就开始推崇“秩序是美的”，他们认为野生大自然是未经驯化的，充分体现人工造型的植物形式才是美的，所以植物形态都修剪成规整几何形式，园林中的道路都是整齐笔直的。

18世纪以前的西方古典园林景观都是沿中轴线对称展现。从希腊古罗马的庄园别墅，到文艺复兴时期意大利的台地园，再到法国的凡尔赛宫苑，在规划设计中都有一个完整的中轴系统。海神、农神、酒神、花神、阿波罗、丘比特、维纳斯以及山林水泽等到华丽的雕塑喷泉，放置在轴线交点的广场上，园林景观艺术主题是有神论的“人体美”。宽阔的中央大道，含有雕塑的喷泉水池，修剪成几何形体的绿篱，大片开阔平坦的草坪，树木成行列栽植。地形、水池、瀑布、喷泉的造型都是人工几何形体，全园景观是一幅“人工图案装饰画”。西方古典园林的创作主导思想是以人为自然界的中心，大自然必须按照人的头脑中的秩序、规则、条理、模式来进行改造，以中轴对称规则形式体现出超越自然的人类征服力量，人造的几何规则景观超越于一切自然。造园中的建筑、草坪、树木无不讲究完整性和逻辑性，以几何形的组合达到数的和谐和完美，就如古希腊数学家毕达哥拉斯所说：“整个天体与宇宙就是一种和谐，一种数。”

西方园林景观讲求的是一览无余，追求图案的美，人工的美，改造的美和征服的美，是一种开放式的园林，一种供多数人享乐的“众乐园”。以一种天生的对理性思考的崇尚而把园林纳入到严谨、认真、仔细的科学范畴。

然而比较并不是研究的终极目的，在当今景观园林领域，单独、孤立的谈论任何一个流派或一种风格已没有多大意义，多元化、综合化的发展是景观创新设计的关键之一，所以我们应该从比较的角度出发，着眼于实践和创造，从而使古老的园林艺术呈现出新的生机。

第二节　东西方园林景观设计行业状况

在世界园林发展史上，中国一直是世界三大主要园林体系中东方体系的创始国和继承国，对世界园林的发展曾作出过杰出的贡献。中国辉煌的历史成就，不仅造就了博大精深、源远流长的中华园林文化传统，而且还深刻地影响了东方邻国特别是日本的园林风格的形成与发展。时至今日，中国传统园林仍然具有强大的生命力和广泛的影响力，和来自西方的现代园林一起，成为共同影响当代中国景观行业发展的两支生力军。

传统园林是指中国原产的，完全按照中国人对自然的一贯态度，即保护而不破坏的原则，在相对自然的地理位置上，以情感的和主观想象或者叫做写意的艺术方式，以风景名胜、官员官邸、有文物保护价值和纪念意义的寺庙、历史遗迹等为服务对象的景观理论与实践。它在形式上有别于西方的LANDSCAPE，而更接近于SCENERY。它的建造指导思想是“虽由人造，宛自天开”。

中国传统园林主要组成部分有山（假山、土山、石山、林山）、水（溪水、池塘、瀑布、河流）、石（置石、叠石、嵌石）、木（乔木、灌木、丛木、花草）、亭（凉亭、瞭望亭、廊亭）、台（用土垒成或者用砖石砌成的上面没有建筑的高台）、楼（包括楼与阁两种，通常不超过两层高）、榭（沿着水边建造的木结构建筑），还有曲径、栈道、小桥、圆门、屏风、围墙（通常是粉墙黛瓦或粉墙蓝瓦）以及丹顶鹤、龟、鱼、历史人物、神话故事、佛像等雕塑装饰。

建筑材料和建筑式样一般只选用中国原产和中国特有的建筑材料，较少从外国进口。建筑式样更是一成不变地沿用古建中的斗拱、飞檐翘角和粉墙黛瓦。

中国传统园林一般分为北方的皇家园林和南方的官僚文人和富商大贾们的私家园林两类。不包括后来由西方传入的市民花园和公园。其中，只有气候因素和地理条件造成了一些选材和用料的不同，又因园主身份和等级的不同产生了规模大小的区别。两种风格类型在本质上的差别不大。

在目前的中国，无论从思想观念上，还是从市场份额上，以及从人才和资源的占有量上来讲，传统园林都占据着主导地位。中国园林局一直负责传统园林的建设与指导工作。各级园林艺术研究院（所）和设计院（所）则主要承担传统园林的研究和设计任务。各种类别和规模的园林公司、集团公司或者市政公司等，具体负责园林的承建业务。

当然，传统园林也有弱点，它过于强调对自身传统的继承与弘扬，忽略和排斥对其他优秀园林成果的学习与吸收，过分沉湎于自身的历史成就之中而不能自拔，致使很多造园技巧和规则无法按照国际规范的标准总结和系统，因而影响了中国传统园林本身理论和技法在世界范围的传播。

保守的造园技法和单调的选材，既不符合现代建筑的规范要求，也不能很好地跟现代建筑为主体的居民小区和办公区的整体环境相协调，更不用说走出国门与世界园林潮流相融了。科研机构存在严重的体制问题，不仅研究成果少，而且与市场衔接不良，栽培品种非常少，而且不能满足市场需求。设计、施工和监理机构也一样，员工积极性不高，栽树的成活率非常低，工程质量也得不到保证。这无形中给民营企业和私营企业创造了机会。

从业人员大多数恪守教条，迷信经验，属于传统艺匠型人才。他们不仅缺少与外国同行交流技术的能力，而且即便是在国内同行之间，他们也不愿意交流，原因是怕别人抢了他们的饭碗。他们中大多数人不具备英语能力，或者英语水平比较低，计算机绘图的运用也不是特别娴熟。

现代园林是指后来由西方传入的，有别于中国原有的传统造园形式，主要采用与现代建筑相匹配的对称和几何形状等方式，以注重理性和科学分析为特征，以现代城市广场、道路、公园和居民住宅小区等现代建筑为服务对象的，讲究人工改造的造园理论和实践。

到目前为止，以北京大学景观设计研究院俞孔坚教授（美国哈佛大学博士）为首的，以其他大学和科研机构的留美或留欧的学者及知名人士为骨干的现代知识分子，他们通过演讲、示范和著书立说以及中国高层政府官员的推动，已经将西方的现代城市景观建设理论系统地、自上而下地传授给了中国政府负责城市建设的各级官员、大学生、新一代景观设计师和民营企业家。在城市建设中应注重生态保护，讲究景观环境，以及经济应与环境协调发展的观念，已经被越来越多的人们所接受。

由于从西方学成归国而又在本行业起中坚作用的精英们大多数是从事理论研究工作的。相对来说，他们的理论水平远远高过他们的实践水平。他们可以在理论上掀起向西方学习的潮流，但在实践上并不能具体指导现代景观建设。换句话说，他们在具体的设计和施工方面所能起到的指导引领作用相当有限。再者，中国到2006年1月22日才正式公布景观设计师为新的职业种类。在此之前中国还没有被官方认可的景观设计师这一职业。中国的大专院校目前还不能培养出真正意义上的、符合市场需要的景观专业人才。目前实际从事景观设计行业的人员，多数是从原有的规划设计、园林设计和建筑设计行业中拼凑起来的。他们要么懂建筑不懂植物；要么懂植物不懂建筑，很少有向北美的职业LANDSCAPER一样的多面型人才。

从目前的情况来看，欧洲和日本对中国现代园林的影响，远远大于北美的影响。这一点可以从地理位置、交流历史和居住环境等方面得到解释。首先，欧洲和日本，由于距离较近，来往方便，而且交往的历史也比较长，所以自然而然地受其影响。其次，在最近半个世纪的历史中，欧洲对中国的经济援助多，政治要求少，相对于美日来说，欧洲人更容易博得中国人的信赖，中国人也更愿意接受欧洲人的影响。再者，中国人口多，人均活动和居住的空间都很少，城市建设中存在的问题与欧洲和日本比较相似，而欧日又比中国先进，所以双方的交往自然就多而且融洽。相比之下，美国和加拿大地广人稀，居住环境的阔绰和优美世界少有，没有亲自去过北美的中国人是无论如何也想象不出来的。正是这一客观条件的限制和社会制度以及文化心理上的差别，使得北美的景观风格和式样很难在中国被广泛接受。但随着近些年北美华人业者的大力推荐，以及中国民营企业家和政府官员来北美考察的频繁，中国开始喜欢并接受北美风格的景观式样的人越来越多。

第三节　东西方园林规划设计元素的比较

园林景观要素有假山、水体、绿化、构造。古典园林中的宫殿苑囿随着社会历史的发展而变化和理论知识、专业经验的积累而成为世界园林之母的。在历史的不同发展阶段，园林都有不同的内容和适用范围。园林在中国古籍里称作池馆、别业，英美各国则称之为landscape architecture，即风景园林。它们的性质、规模虽不完全一样，但都具有一个共同的特定：在一定的地段范围内，利用并改造天然山水地貌或者人为地开辟山水地貌，结合植物配景和建筑布置，构成一个供人们观赏、游憩、居住的环境。

中西方园林景观风格上的差异

类别	西方园林艺术风格	中国园林艺术风格
园林布局	建筑化	园林化
园林道路	轴线道路	曲径通幽
园林取景	黄金分割	移步易景
园林花卉	图案花坛	盆栽花卉
园林水景	喷泉瀑布	溪池滴泉
发展趋势	比例在实践中的和谐	东方美学元素在实际中的应用

园林景观设计的内容

一、园林景观设计的各项具体内容

二、园林景观设计的各种应用材料

三、园林景观设计的各种施工工艺

（一）防水工程：重点在屋面防水工程，具体的应用材料及施工工艺。

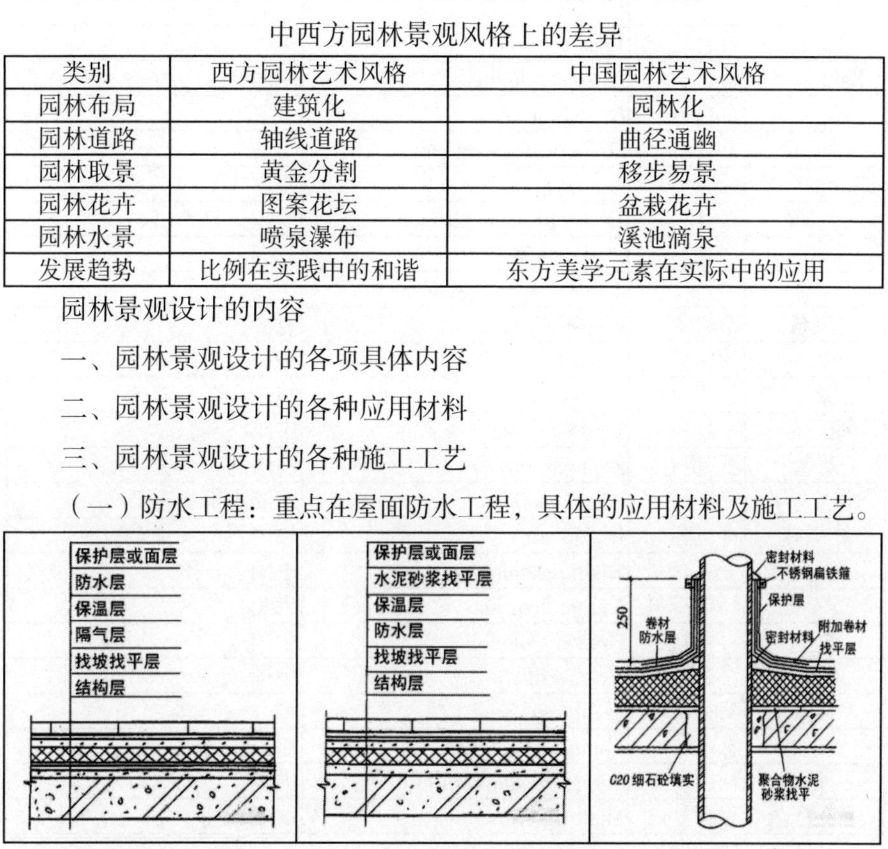

（二）苗木工程：重点在南北方植物种植的差异以及应注意的问题。

南方屋面景观植物乔木	油松、白皮松、银杏、西府海棠、榆叶梅、樱花、桂花、碧桃、紫叶李、紫薇
南方屋面景观植物灌木	金边黄杨、金森女贞、金叶女贞、紫叶小檗、红叶石楠、小叶女贞、龟甲冬青、大叶黄杨、龙柏、南天竹、法青
南方屋面景观植物藤本植物	藤本月季、蔷薇、紫藤、葡萄、牵牛、省藤、凌霄、地锦、荞麦、金银花
南方屋面景观植物地被植物	白三叶、地锦、麦冬、沿阶草、吉祥草、常春藤、络石、鸢尾、石蒜、红花酢浆草
适合在屋顶上种植的草本花卉植物	天竺葵、鸡冠花、大丽花、美人蕉、千日红、芍药、金鱼草、一串红、金盏菊、郁金香、石竹、风信子、紫茉莉、虞美人、雏菊、风仙花、含羞草、鸢尾、球根秋海棠、葱兰、三色堇、矮牵牛

植物名称	科	学名	原产地
白三叶	豆科	Trifoliumrepens L	欧洲和北非
地锦	葡萄科	Parthenocissustricuspidata	亚洲东部、喜马拉稚山区及北美洲
麦冬	百合科	Liriopespicata	中国
阔叶麦冬	百合科	L. plotyphylla	中国
细叶麦冬	百合科	L. minor	
沿阶草	百合科	Ophiopogonjaponicus	
阔叶沿阶草	百合科	O. jaburan	中国
吉祥草	百合科	ReineckeacameaKunth.	中国、日本
常春藤	五加科	Hederahelix	欧洲
络石	夹竹桃科	Trachelospermumjasminoides	中国
薜荔	桑科	Ficuspumila	亚洲
鸢尾	鸢尾科	Iristectorum	中国
红花酢浆草	酢浆草科	Oxaliscorymbosa	热带南非、南美
石蒜	石蒜科	Lylorisradiata	中国
葱兰	石蒜科	Zephyranthescandida	阿根廷、南美及秘鲁
德国鸢尾	鸢尾科	Irisgermanice	欧洲中部和南部
蝴蝶花	鸢尾科	Irisjaponica	中国西南及华东地区
虎耳草	虎耳草科	Saxifragastolonfera	中国、日本
美女樱	马鞭草科	Verberahybrida	南美
萱草	百合科	Hemerocallisfulva	中国
紫萼	百合科	Hostaventricasa	中国
大吴风草	菊科	Ligulariajaponica	
金银花	忍冬科	Lonicerajaponica	亚洲东部
白穗花	百合科	SpeiranthagardeniBaill.	中国
紫花苜蓿	豆科	Medicagosativa	欧亚大陆

南方景观常用园林植物	品名
常绿乔木及小乔木	南洋杉、湿地松、杉木、加勒比松、柏木、桃花心木、大叶桃花心木、假萍婆、中国无忧花、番荔枝、龙眼、人面子、火力楠、腊肠树、侧柏、桧柏、龙柏、福建柏、罗汉松、柳杉、竹柏、长叶竹柏、白兰、广玉兰、厚朴、阴香、香樟、肉桂、苦梓、海南红豆、我国台湾的相思、铁刀木、红花羊蹄甲、羊蹄甲、洋紫荆、扁桃、芒果、花榈木、水翁、水石榕、油梨、喷架子、假槟榔、蒲葵、鱼尾葵、皇后葵、蒲桃、人心果、柠檬桉、窿缘桉、大叶桉、蓝桉、白千层、蝴蝶果、香榧、三尖杉、印度橡胶榕、高山榕、小叶榕、大果榕、垂叶榕、黄葛榕、菩提树、木麻黄、木波罗、樟叶槭、苦槠、青冈栎、石栗、银桦、杜英、黄槿、铁冬青、女贞、桂花、枇杷、南洋楹、大王椰子、董棕、老人葵、桄榔、长叶刺葵 、油松、白皮松
落叶乔木及小乔木	榄仁、水松、水冬瓜、乌桕、枳椇、沙梨、无患子、全缘栾树、鸡蛋花、落羽杉、池杉、鹅掌楸、白玉兰、青桐、麻栎、栓皮栎、朴树、榔榆、白栎、喜树、大花紫薇、木棉、凤凰木、洋金凤、南花楹、黄槐、苦楝、麻楝、刺桐、板栗、合欢、金合欢、刺楸、枫香、垂柳、二乔玉兰、紫叶李、碧桃、梅、木瓜、银杏、西府海棠、榆叶梅
常绿灌木	苏铁、粗榧、米仔兰、大叶黄杨、密花胡颓子、茶梅、华南珊瑚树、洒金珊瑚、金丝桃、三药槟榔、散尾葵、琼棕、四季米仔兰、软枝黄蝉、小叶驳骨丹、红千层、福建茶、假连翘、栀子花、虎刺梅、一品红、云南黄馨、桃叶珊瑚、构骨、洋杜鹃、朱蕉、变叶木、红桑、金边桑、金叶榕、光叶决明、马银花、紫金牛、九里香、红背桂、鹰爪花、山茶花、油茶、大叶茶、夹竹桃、黄花夹竹桃、小花黄蝉、六月雪、含笑、海桐、十大功劳、南天竹、八角金盘、夜合、扶桑、吊灯花、映山红、凤尾兰、丝兰、华南黄杨、轴榈、软叶刺葵、短穗鱼尾葵、矮棕竹、筋头竹、黄杨
落叶灌木	木芙蓉、麻叶绣线菊、菱叶绣线菊、现代月季、糯米条、石榴、紫珠、紫玉兰、胡枝子、金银木、木本绣球、木槿、紫荆、郁李、笑靥花、珍珠花、蝴蝶树、接骨木、无花果、花椒、枸桔、醉鱼草、小蜡
藤本植物	龟背竹、叶子花、鸡血藤、炮仗花、使君子、三叶木通、金银花、扶芳藤、薜荔、猕猴桃、爬行卫矛、中国香港的崖角藤、禾雀花、球兰、麒麟尾、绿萝、络石、中华常春藤、洋常春藤、南五味子、地锦、凌霄、西番莲、多花紫薇、长春油麻藤、大花老鸦嘴
竹类	青皮竹、粉单竹、毛竹、凤尾竹、淡竹、黄金间碧玉、慈竹、孝顺竹、苦竹、箬竹、佛肚竹、麻竹
草坪及地被植物	狗牙根、中华结缕草、细叶结缕草、地毯草、假俭草、双穗雀稗、马尼拉、结缕草、广东万年青、紫露草、蚌花、沿阶草、大叶仙茅、山麦冬、吉祥草、一叶兰黑眼花、石菖蒲、葱兰、韭兰、忽地笑、白蝴蝶、蝴蝶花、红花酢浆草、吊竹梅

（三）土建工程：重点在地面铺装的各种材料及辅材。

水泥标号	代号	强度等级	价格
硅酸盐水泥	P·Ⅰ、P·Ⅱ	42. 5、42. 5R、52. 5、52. 5R、62. 5、62. 5R	42. 5的360-450元
普通硅酸盐水泥	P·O		
复合硅酸盐水泥	P·C		

注：强度等级中，R表示早强性。

地面铺装石材	常用规格尺寸	价格
广场砖铺地石	100*100mm的正方形、边100mm或80mm的六边形和菱形	较为高档和华贵
平面板铺地石	间隙灰缝施工，具有较好的防滑性，并易保持清洁	提升环境档次和品味
磨砂亚光铺地石	广泛用于室内、室外环境地面铺装和墙面装饰	水上运动项目场馆、卫浴环境、商业娱乐场所
毛面铺地石	产品表面打制出自然断面、剁斧条纹面、点状如荔枝表皮面或菠萝表皮面效果	铺地石、墙角石、台阶石为常用产品
机刨条纹石	剁斧石、机刨石、火烧石	纹路清晰分明且圆滑
青石铺地石	著名的苏州园林就是全部采用钙质为主的青灰色石料造园。青石建筑秦砖（长城砖）、帝王砖、汉砖、明砖、宋砖等仿古青石（人工加速风化）、人工剁斧、拉丝处理。滚磨处理等	结合现代造园需求，推出了工艺产品

路种	宽度
快速路（又称汽车专用道）	一般红线宽度为35—50m
主干路（全市性干道）	一般红线宽度为30—45m
次干路（区级干道）	一般红线宽度为25—40m
支路（街坊道路）	一般红线宽度为12—15m左右

城市道路的分级依据：每类道路按照所在城市的规模、设计交通量、地形等分为Ⅰ、Ⅱ、Ⅲ级

标准	适用范围
Ⅰ级标准	大城市
Ⅱ级标准	中等城市
Ⅲ级标准	小城市

居住区道路分级依据：根据功能要求和居住区规模的大小，居住区级道路一般可分为三级或四级。

居住区道路分级	功能	车行道宽度
居住区道路	解决居住区的内外联系	不应小于9米，红线宽度一般为20–30米
居住小区级道路	居住区的次要道路，用以解决居住区内部的联系	一般为7米，红线宽度12–14米
居住组团级道路	居住区内的支路，用以解决住宅组群的内外联系	一般为4–6米
通向各户或各单元门前的小路		一般为3米
林荫步道	专供步行	

目前车道宽度

国家及地区	设计依据	宽度
中国北京	按照当时大挂车的宽度设计的	3. 75米
中国北京	按照当时大挂车的宽度设计的	现在一般小汽车的宽度都在2米以内
中国深圳		3. 5米
国外		2. 5米

机动车车道宽度

车型及行驶状态	计算行车速度（km/h）	车道宽度（m）
大型汽车或大、小型汽车混行	≥40	3. 75
	＜40	3. 50
小型汽车专用线		3. 50
公共汽车停靠站		3. 00

注：1、大型汽车包括普通汽车及铰接车。

2. 小型汽车包括2t以下的载货汽车、小型旅行车、吉普车、小客车及摩托车等。

行车道宽度标准

公路标准	宽度
三级以上多车道公路	每条机动车道宽度为3米
中央隔离带	因地制宜，无统一标准

单纯的水泥制中央隔离带（中央隔离带两侧白实线之间的距离）	宽度为一米
中央绿化隔离带	可以做到几十米宽
城市干道人行道	一般最少3米宽，宽的可以达到15-20米。
高速公路和一级公路	一般为4个车道，必要时车道数可按双数增加。
二级公路	平原、微丘区慢行车很少或将慢行车分开的路段，行车道宽度为7米，并设路缘线； 有一定混合交通的路段，行车道宽度一般为9米； 混合交通量大，并且将慢行道分开又有困难时，其行车道宽度可加宽到12米，并划线分快、慢行道。
四级公路	平原、微丘区的行车道宽度，当交通量较大时，可采用6．0米。

一条红线26米的一级公路	双向六车道	18米
	中央隔离带	1米
	两侧路肩	各1．5米共3米
	排水沟等配套设置	剩下的两侧各2米
一条红线为80米的城市一级干道	双向八车道	28米 （城市干道每条机动车道3.5米）
	中央绿化带	5米
	两侧机动车道与非机动车道之间的绿化带	各3米共6米
	两侧非机动车道	各5．5米共11米
	人行道	剩下30米两侧各15米

第四节　现代园林景观的发展趋势

园林景观设计是指在一定的地域范围内，运用园林艺术和工程技术手段，通过改造地形、种植植物、营造建筑和布置园路等途径创造美的自然环境和生活、游憩的过程。通过景观设计，环境具有美学欣赏价值、日常使用的功能，并能保证生态可持续性发展。在一定程度上，体现了当代人类文明的发展程度和价值取向及设计者个人的审美观念。随着城市化进程的加快，人们一味点追求速度，而忽视了对环境的保护，现已造成严重的破坏，特别是在大中城市。面对这种情况，人们已经开始意识到对环境保护的重要性，在治理的同时也要防护。城市绿化，景观设计是有效且便捷的途径。园林景观设计师可以通过工程技术和艺术手法，将制定范围内的地形进行改造，并且用种植植物、布置道路与营造建筑的方式设计出大自然与生活环境相互协调的一个过程。由于环境得到了艺术的设计，不仅使得环境具备一定的美学欣赏价值，而且还可以促进环境的可持续发展。因此社会迫切需要园林景观设计方面的人才。

园林景观是人类生存的艺术，因此随着社会的发展进步，现代园林也随着人文精神的发展变化逐渐发展更新，并且与社会发展相互影响，相互促进。社会的经济、政治、文化的发展方向决定着园林发展的形式与内涵，而现代园林的发展也反过来促进了经济、文化的发展，促进了物质文明与精神文明的提高。现今社会，我国许多地区都将园林绿化的发展作为改变城市面貌，改善投资环境的先期性工作，并取得了良好的效果。本书通过对现代园林实例——金鸡湖的景观进行简单的分析，初步了解现代园林的发展现状，并对未来园林的发展方向进行定位和展望。

作为园林学习者，关注园林发展就必然成了学习的需要，而最佳的学习园林造园艺术的方法就是置身其中，亲身体会。以苏州金鸡湖为例，对现代园林景观进行简单的分析。

一、金鸡湖现状分析

金鸡湖湖面面积10768亩，水深平均2．5至3米，为一浅小湖泊，原先只是万顷太湖的一个支脉，但苏州工业园区的建成使得金鸡湖快速升级成为目前中国最大的城市湖泊公园。这恰恰体现了社会的发展与进步无形地推动了园林的发展与进步。湖岸上的“圆融”雕塑是一大亮点，圆融的意思就是和谐。圆融雕塑既是苏州工业园区的标志，也是国际合作的象征。体现了现代园林设计中融入全球化战略元素的特点。

金鸡湖摩天轮在设计时被定位为儿童欢乐世界，大胆采用鲜艳的色彩及新奇的造型来吸引孩子们的兴趣，并充分利用有限的空间，合理安置景点以及服务设施，人性化的设计体现得淋漓尽致。并且该园在考虑到儿童的同时也兼顾了家长的因素，为家长提供了便捷休息及照看儿童的场所，除了这些，设计者在公园北侧设计了安静休息区——茂密的树林，林中设有多个亭台和座椅，优雅安宁的氛围也同时造就了私密空间的景观功能作用。而作为其经济载体的游轮、国际博览中心以及工业园大酒店，正是依靠园林景观作为背景，作为依托，作用于当地经济和文化建设。而园林的这种反作用力，也正体现了现代园林与社会政治、经济、文化相互依托，相互影响的关系。

水是金鸡湖的主要组成部分，也是金鸡湖园林景观活的灵魂，而金鸡湖的水景更使得其园林景观美轮美奂。激光投影、水幕电影、艺术喷火与音乐喷泉是目前水景的最高表现形式，而金鸡湖大型综合水景系统将四者有机结合，并且根据金鸡湖水面浩大的特点，在总体风格上一改姑苏温山软水的轻柔，体现出大气、热情和壮观的特点，与传统苏州园林景观形成了鲜明的对比。

如果说传统苏州的元素是小桥、流水、人家，那么现代苏州工业园区的元素就是湖水、雕塑、广场。金鸡湖明确地向我们诠释了现代园林与古典园林的异同，并阐明了当今现代园林的发展现状，而今后现代园林的发展方向到底是什么，是值得我们深思的问题。

二、浅谈发展

通过对金鸡湖园林景观现状的简单分析我们可以知道，现代园林是当代社会的产物，是现代科学技术与思想、现代艺术、园林发展水平及人们的生活方式在环境中的充分表现，因此现代园林要与当今社会形态以及社会发展水平相一致。

在实践中，作为古典园林造景的后生，现代园林的发展自然要回归本源，发现、继承并发扬古典园林造园手法的精华，因为在古典园林中，有许多极富现代意义的设计理念和手法是值得现代园林去继承和发扬的。

（一）因地制宜的设计思想

园林设计的要旨之一就是要充分利用当地的自然景观和人文景观资源，再现地域的自然景观类型和地域文化特色。中国古典园林是再现本土自然景观的典范，对地域性景观进行深入的研究，因地制宜地营造适宜大环境的景观类型，同样也是现代园林设计的前提，也是体现其景观特色的所在。

（二）巧于因借的设计手法

借景在古典园林以自然山水为依托，通过借景、隐喻等手法将园林景物与周边景观相联系，起到扩大空间效果的作用，并使得各个空间之间相互渗透、彼此呼应，形成完整的整体。而在现代园林的设计当中，也要求在有限的设计空间内，强调园林设计与地域性景观的融合，这与古典园林在有限空间内追求无限外延空间整体的设计手法是相辅相成的。

（三）小中见大的造景技巧

古典园林在相对局促的空间中，借助对比，突出立体化的空间，深化了景观效果，采用环形游览路线使游人视线得到扩散，避免一览无余的机械的景点布置，以及借助高低错落起伏的景观曲线将游人视线引向不同的层次，从而达到扩大空间感的效果。这对于现代园林设计中寻求的在有限的空间中表现广袤的地域性景观特征的设计手法是非常有利用价值的。

（四）塑造舒适宜人的园林环境

园林是人类的生存艺术，是追求最理想的人居环境的产物，创造更加舒适宜人的人居环境，是享受园林生活乐趣的前提。无论园林的叠山理水、植物配置、亭廊的构建，还是城市的总体布局，都要优先考虑如何有效的利用自然条件，在园林中营造出舒适宜人的人居环境。在现代园林设计中，光影、色彩、温度、湿度等影响人体舒适度的诸多因子，都是园林设计者必须十分重视的问题。而如果抛开舒适宜人这一基本的设计原则，这样的景观将不配称之为园林。

（五）坚持循序渐进的空间格局

在园林景观中，要恰当处理人造环境和自然环境的过渡关系，通过不同的园林形式和空间构筑，循序渐进地展开园林空间布局，在变化之中求统一，在统一中求进步，从而完成景观的独立性与完整性、间隔性与联系性、停滞性与发展性，使园林景观得到完美的延伸。这不仅仅是古典园林的优秀设计手法，更是现代园林设计中必须牢记并付诸实践的原则。

（六）完成天人合一的完美升华

古典园林所追求的天人合一思想，旨在寻求人与自然的和谐共存，而和谐正是园林设计的最高境界。正所谓“虽由人作、宛自天开”，就是强调要以客观的自然规律来营造园林景观，以自然景物为主体，更要强调人与自然形式与精神的融合和升华。这与现今国际化现代园林设计的发展趋势相吻合，表现出了人类对天人合一思想的认知实现国际一体化的倾向，这也正是现代园林真正的发展趋势。

然而在对以往园林造园设计手法扬弃的过程中，除了要继承和发扬古典园林的精华，还要有自己的特色，要用正确的、健康的价值观来指导现代园林的发展，应着力于现代社会的人文要求，满足当今人与社会的需要，实现现代园林景观设计的可持续发展，这也是现代园林发展所必须正视的。

现代园林形式是多种多样的，但不变的是园林设计一定要符合人们对自然融合的迫切要求宗旨，要通过造园来改善人们的生存环境，使现代园林在具备自己独特的地域特色和人文特色的前提下，符合当地环境与自然群落特点，符合自然的演变与更新的规律，使其更加贴近自然，从而引导人们回归自然，享受自然。同时要平衡好生态、经济与城市建设以及可持续发展的相互关系，使现代园林更加绿色化、生态化和人文化。

总之，现代园林的发展，应立足于现代，并高于现代，应着眼于可持续发展的总体规划，既继承传统，又要有所创新，既要体现本土文化特色，又要关注世界发展前沿。积极汲取世界各地园林造园精髓，以适用现代先进的科学文化与造园艺术的发展要求，以全新的姿态展现本土，面向世界，以园林建设推动社会发展，同时借助社会发展的强大动力深化现代园林发展前景，把园林景观设计推向新的高度。

三、现代园林的发展趋势

（一）现代园林的发展思路

城市绿地系统建设是园林发展的前提，而园林的发展则是对于城市绿地系统的实现和完善。

（二）城市整体自然观

在园林设计中的整体自然观应该强调园林和绿地系统的衔接，同时强调园林对于城市整体生态的作用。

1. 尊重和善待土地；

2. “城在园中”与“园在城中”；

3. 生态园林城市是城市园林建设的目标，城市生态系统是一个以人为核心的系统。

（三）为人民设计园林

以人为本是园林设计的一个重要原则。满足现代人的审美情趣，一般的审美心理学把审美心理分为感知、想象、情感、理解四个层次，首先，对于园林美的感知从游和观开始，生理和心理功能不断得到发挥，调整、协和的过程产生的审美愉悦感正是园林审美的追求。其次，园林空间首先是人创造的空间，是比自然空间更有意义的空间系统，中国园林审美基础是生态美。再者，对于园林投入情感和理解才是审美的最高层次。

（四）与时俱进体现时代性

1. 节约和循环的科学发展观

通过实现城市物种的多样化提高城市可持续发展能力，实现节约和循环的可持续发展理念同时也是时代和人民的要求。

2．利用新材料创造新景观

对于废弃材料的应用也是一种运用材料的新方式，或再利用的方法，形成十分奇特有趣的园林小品，如利用搅拌机剩余的混凝土制成的“假山石”，以铺路剩余的石块、砾石作为园林铺地，以及利用死树枯干装饰、构造的园林景观等等。

3．现代园林的发展方向

中国现代园林的健康发展，既要认真汲取西方现代风景园林发展的成功经验，又要深入研究中国古典园林文化和本土资源环境特征。抛弃古典园林的历史局限，把握传统观念的启示意义，融入现代生活的环境需求，才是中国现代风景园林真正的发展方向。

（1）与时俱进，拓展园林设计领域

随着时代的发展，中国园林如何自我更新，拓展设计思路和领域，将中国园林理念与内涵带入人居环境、城市景观、风景名胜、自然保护、郊野公园、乡村景观、工业园区，以及道路、河流等景观规划设计之中，产生新的思想与活力，是中国园林能否持续发展的关键。

（2）开阔眼界，研究园林发展趋势

中国园林要走向世界，前提是开阔眼界，对各国园林发展史和现代园林发展趋势有清醒的认识。

（3）立足本土，再现地域文化景观

中国现代园林的发展，必须依赖于本土风景园林师长期的艰苦努力和整体水平的不断提高，不断关注现代园林的本土化研究，积极探索富有地域景观文化特征的园林作品。

（4）博采众长，关注园林文化内涵

虽然中西方园林在表现形式上差异较大，但在本质上存在诸多相通之处。中国现代园林的发展，也应研究借鉴西方园林的成功经验。取西方园林之长，补中国现代园林之短，融西方园林现代理念与设计方法于中国本土景观资源与文化内涵之中，是加速中国现代园林发展的捷径。

（5）重科学，加强行业交流合作

当今，园林设计已成为一门十分综合的学科。这就要求园林设计师不仅要用感性的眼光，更要用科学和理性的方法去观察、研究自然与环境，要用科学的手段指导园林建设。

（6）朴实无华，融设计于自然

现代园林设计最忌讳人工堆砌、矫揉造作，这些恰恰是当代园林设计中最常见的弊病。在中西方园林发展史上，真正具有极高艺术价值的，都是那些朴实无华、简洁肯定与地域景观和历史文脉紧密联系的作品。

四、现代园林的主要趋势

（一）人性化设计

由于环境心理学和行为心理学的研究受到广泛关注，现代园林设计中更重视人性化的园林空间塑造。园林环境是否为使用者认可以及使用率的高低成为评价园林设计是否成功的主要标志。

（二）多样化设计

现代园林的发展过程中受到建筑思潮、当代艺术以及相近设计专业的影响，园林设计队伍呈现多元化的特点。这些因素带来园林设计风格的多样性。同时新材料和新技术的运用更是为园林注入了新鲜的创作元素。园林所处大环境的差异也是园林创作中需重要考虑的元素，不同环境条件下的园林有其不一样的特质。

（三）文化表达

现代园林除了要满足人们的多种使用功能以外，还承载着表现地域文化的职责。隐喻和象征是重要的文化表达方式。设计中应当挖掘场地的特质，充分把握场地的历史文化内涵，采取恰当的方式营造园林景观，激发人们对于园林环境的深层理解。

参考文献

［1］成玉宁. 园林建筑设计［M］. 北京：中国农业出版社，2009：3.

［2］周维权. 中国古典园林史［M］. 北京：清华出版社，2008：11.

［3］张国栋，刘立朋，隋艺. 中国园林建筑的作用、特点及设计［J］. 中国园艺文摘，2010（8）：98-100.

［4］刘飞. 浅谈园林景观建筑设计的方法与技巧［J］. 黑龙江科技信息，2011（12）：154-155.

［5］姚时章，王江萍. 城市居住外环境设计［J］. 重庆大学出版社，2010（06）.

［6］滨谊. 现代景观规划设计［J］. 东南大学出版社，2009（08）.

［7］梁美勤. 园林建筑［M］. 中田林业出版社，2009.

［8］郝瑞霞. 园林工程规划与设计便携手册［M］. 中国电力出版社，2010.

［9］吴卓珈. 园林建筑设计［M］. 机械工业出版社，2008.

［10］唐学山. 园林设计［M］. 北京：中国林业出版社，1996.

［11］任有华，李竹英. 园林规划设计［M］. 北京：中国电力出版社，2009.

［12］孙筱祥. 园林艺术及园林设计［M］. 北京：中国建筑工业出版社，2011.

［13］芦建国，任勤红. 中国造园史——中国古代造园之精髓与传承［J］. 中国园林，2009（11）.

［14］汪菊渊. 中国古代园林史［M］. 中国建筑工业出版社，2006（10）.

［15］潘谷西．中国建筑史．

［16］萧默．中国建筑艺术史．

［17］罗哲文．中国古代建筑．

［18］陈道兴：《我国私家园林概述》，《四川林业科技》，1988年第4期。

［19］刘庭风：《中日私家园林造园手法比较》，《园林》，2001年第3期。

［20］杨丽萍：《元旦的起源》，《珠江水运》，2005年第1期。

［21］杨宏烈，余穗瑶．《应该鼓励营造私家园林》，《南方建筑》，2003年第4期。

［22］李天民：《论中国早期私家园林》，《浙江师大学报》（社会科学版），2001年第2期。

［23］黄冀：《浅论我国私家园林的发展趋势》，《南方论刊》，2007年第4期。

［24］方茜：《岭南私家园林中的景名文化》，《中外建筑》，2004年第4期。

［25］周海星、朱江：《明清时期江南与岭南私家园林风格差异探源》，《南方建筑》，2004年第2期。

［26］胡希军、张纯大：《江南私家园林的花窗艺术》，《家具与室内装饰》，2005年第5期。

［27］赵洋：《车轮的起源》，《科学大观园》，2005年第18期。

［28］龚力．构建“大庐山旅游圈”战略设想［J］．哈尔滨师范大学，2012（11）．

［29］杨芳．论庐山旅游营销模式的创新［J］．商业文化，2010（11）．

［30］杨华斌．旅游市场初探［J］．旅游调研，1995（9）．

［31］曹冰．CaoBing中国景观建筑的民族性、时代性、社会性和地域性［J］-林业科技情报2008，40（4）

［32］杨冬辉全面介入城市的环境设计——从风景园林到景观建筑

[J] -新建筑2001(5)

[33] 刘勇. 兰益. LIUYong. LANYi高等职业教育园林建筑课程教学的探索与实践[J] -广西大学学报(自然科学版)2008, 33(11)

[34] CatherineSlessor. SustainableArchitectureandHighTechnology, ThamesandHudsonLtd, London. 2007

[35] 赵向东. 参差纵目琳琅宇, 山亭水榭那徘徊在清代皇家阅林建筑的类型与审美. [J], 天津: 天津大学建筑学院, 2000

[36] LandscapeJournal, Eco—revelatoryDesign: Natureconstructed / NatureRevealed. 2008, SpecialIssue, 2009

[37] 计成, 园治[M]. 济南: 山东画报出版社, 2003, 4

[38] 金学智, 中国园林美学[M]. 中国建筑工业出版社, 2005, 8.

[39] 张帆, 张斌, 景园设计[M]. 天津: 天津大学出版社, 2002, 4.

[40] 王根强, 欧洲古典园林发展及对现代景观设计的影响[J]. 园林, 第160期.

[41] 格兰特·W·里德, 园林景观设计——从概念到形式[M]. 中国建筑工业出版社, 2004年9月

[42] 李立新. 艺术设计学研究方法[M]. 江苏美术出版社, 2010.

[43] 成玉宁. 现代景观设计理论与方法[M]. 东南大学出版社.

[44] 胡长龙. 园林规划设计[M]. 中国农业出版社, 2002.

[45] 田中一光. 设计的觉醒[M]. 朱锷, 编. 广西师范大学出版社, 2009.

[46] 向日群, 杨晓琴. 论园林景观工程的细部处理[J]. 中国园艺文摘, 2010, 26(6): 78-80.

[47] 黄高敏. 论园林景观工程的细部特性分析与处理[J]. 科技资讯, 2011, (9): 59-59.

[48] 罗锋. 园林景观工程的细部处理[J]. 绿色科技, 2010, (11): 30-31, 34.

［49］柳建华，颖勤芳．建筑公共空间景观设计［M］．北京：水利水电出版社，2008.

［50］彭一刚．中国园林史［M］．北京：机械出版社，2008.

［51］王新军．现代设计理论及在园林设计中的应用研究［D］．西安：西北农林科技大学，2004.

［52］郑永莉．平面构成在现代景观设计中的应用研究［D］．东北林业大学，2005.

［53］李颖．平面构成基础教学初探—谈平面构成的要素点、线、面［J］．苏州大学学报（工科版），2002.

［54］鄢泽兵，孙良辉．试论现代风景园林景观的点，线，面设计法［J］．四川建筑，2004，04

［55］见吴焕加：《20世纪西方建筑史》，p290.

［56］戈德伯格对新奥尔良意大利广场的评价。引自孙成仁《广场设计的后现代语汇》，《规划师》，1998年1期p81.

［57］王晓俊。西方现代园林设计［M］．南京：东南大学出版社，2000，（3）。

［58］金广君。国外现代城市设计精选［M］哈尔滨：黑龙江科学技术出版社，1995

［59］吴焕加。20世纪西方建筑史［M］．郑州：河南科学技术出版社，1998.

［60］倪琪。西方园林与环境［M］．杭州：浙江科学技术出版社，2000

［61］世界建筑导报（SWA事务所专辑）1998，（1）

［62］孙成仁。后现代城市设计倾向研究（博士论文）［C］1999

［63］Steven Best& Douglas Kellner，朱元鸿。后现代理论——批划的质疑［M］．中国台北：台湾巨流出版社。

［64］Martha Schwartz.Back Bay Bagel Garden[J].Landscape Architecture 1980，（1）。

［65］Contemporary Landscape in the World.

[66] Philip Pregill and Nancy Volkman. Land scape in History[M].1998.

[67] Sutherland Lyall.Designing the New Landscape [M].1991.

[68] 田建林. 园林设计初步 [M]. 北京：中国建材工业出版社：2010，179–188.

[69] 李德华. 城市规划原理 [M]. 北京：中国建筑工业出版社：2001，51–52.

[70] 周志祥. 景观生态学基础 [M]. 北京：中国农业出版社：2007，274–283.

[71] 孙明. 城市园林设计类型与方法 [M]. 天津：天津大学出版社：2007，30–48.

[72] 李铮生. 城市园林绿地规划与设计 [M]. 北京：中国建筑工业出版社：2006，450–475.

[73] 吴良镛. 城市特色美的追求与认知《建筑意（第四辑）》[M]. 合肥安徽教育出版社，2005.

[74] 尚林国际园林景观绿化知识博客http：//www. shineland. cn/yuanlin/content/202. html

[75] 马军山. 现代园林种植设计研究 [D]. 2004

[76] 车生泉，郑丽蓉. 古典园林与现代园林植物配置的比较 [J].

[77]《园林》：2004. 015. 隋然洪. 现代园林植物景观设计的手法 [J].《中华建筑》：2008. 04

[78] 张诗媛. 园林植物季相设计理论基础及应用研究 [D]. 2007

[79] 侯银梅. 植物造景在现代城市景观设计中的应用 [N].《山西林业科技》2005. 03

[80] 陈辉，张显. 浅析芳香植物的历史及在园林中的应用 [N].《陕西农业科学》2005. 03

[81] 车生泉，郑丽蓉. 人性、文化、生态现代园林植物配置概念 [J].《园林》：2004. 02

[82] 阎振华马文起现代园林的发展趋势与高等园林教育改革【J】河北林学院学报1995年第四期

[83] 赵国业我国园林的发展趋势【J】山西林业2006(02)

[84] 刘荣凤现代园林的发展趋势【J】农业科技与信息(现代园林)2008(06)[85] http://wenku.baidu.com/view/0ef2d4c24028915f804dc2cc.html

[86] 王议."游憩空间"的功能与价值[J].中国高等教育,2004.

[87] (苏)A.B.布宁T.ф.萨瓦连斯卡娅《城市建设艺术史-20世纪资本主义国家的城市建设》中国建筑工业出版社1992.6.

[88] 郭彦弘《城市规划概论》中国建筑工业出版社1992.4.

[89] 富晶,章锦荣.关于创建有中国特色现代游憩空间景观设计的思考[J].昆明理工大学学报.2004.

[90] 田逢军.城市游憩导向的上海公园绿地深度开发[D].上海:上海师范大学硕士学位论文,2005.

[91] 马卫华.中国南北传统皇家园林色彩差异及其对现代园林色彩的影响和借鉴.中南林业科技大学.硕士论文.2007.06

[92] 聂庆娟等.色彩在园林中的应用.河北林果研究,2002.03

[93] (美)约翰.O.西蒙兹,巴里.W.斯塔克朱强等译.景观设计学——场地规划与设计手册[M].中国建筑工业出版社,2009,10.

[94] 王桂华.现代景观设计探讨[J].安徽农学通报,2005,11(3):67,75.

[95] 魏晗.浅谈现代景观设计的形式表现[J].城市形象与建筑设计,2003,8.

[96] 何贤芬.中国现代景观设计浅析[J].城乡规划与环境建设.

[97] 俞孔坚,理想景观探源:风水与理想景观的文化意义,北京商务印书馆,1998

[98] 俞孔坚,景观:文化,生态与感知,科学出版社,1998

[99] 尚郭,生态环境与景观,天津大学学报增刊,1989

[100] 王向荣、林箐,西方现代景观设计的理论与实践,中国建筑工业出版社,2002

[101] 王晓俊，西方现代园林设计，东南大学出版社，2000

[102]（英）PaulCooper，刘林海译，新技术庭园，贵州科技出版社，2002

[103] 俞孔坚、李迪华，城市景观之路——与市长们交流，中国建筑工业出版社，2003

[104] 何依，中国当代小城镇规划精品集，中国建筑工业出版社，2003年3月

[105] 牛慧恩，城市中心广场主导功能的演变给我们的启示，城市规划，2002（1）35-37

[106] 黄文宪，现代实际基础教材丛书——景观设计，广西美术出版社，2003

[107] 俞孔坚、石颖、郭选昌，设计源于解读地域、历史和生活——都江堰广场，建筑学报，2003（9）46-49